高等学校机械类专业应用型本科系列教材

机械工程专业实验指导书

主　编　邓清方　伏　军

中国水利水电出版社
www.waterpub.com.cn
·北京·

内 容 提 要

本书是普通高校机械工程专业的实验指导书，实验内容紧密结合机械工程实验教学与工程实践，从工程应用的角度，全面介绍了机械工程基础课和专业课的实用实验技术。实验含认知、验证、综合、创新设计四大类型。实验项目包括验证性、综合性和开放性三种，以适应不同实验学时的需要。本书将教学科研成果转化为实验教学资源，叙述简练、深入浅出、直观形象、图文并茂，含基础课和专业课实验内容，实验项目设置科学，注重先进性、开放性，形成了适应专业特点和行业需求的完整的实验课程体系。

本书共分 2 个部分，分别为基础课和专业课，其中基础课 8 章，专业课 13 章。

本书可作为普通高等院校机械工程专业的实验教材，也可供高职、高专、职业培训的师生，实验室工作人员及工程技术人员参考。

图书在版编目（CIP）数据

机械工程专业实验指导书 / 邓清方，伏军主编. -- 北京 : 中国水利水电出版社，2022.9(2023.12重印)
高等学校机械类专业应用型本科系列教材
ISBN 978-7-5226-0955-3

Ⅰ. ①机… Ⅱ. ①邓… ②伏… Ⅲ. ①机械工程－实验－高等学校－教学参考资料 Ⅳ. ①TH-33

中国版本图书馆CIP数据核字(2022)第157097号

书　　名	高等学校机械类专业应用型本科系列教材 **机械工程专业实验指导书** JIXIE GONGCHENG ZHUANYE SHIYAN ZHIDAOSHU
作　　者	主编　邓清方　伏军
出版发行	中国水利水电出版社 （北京市海淀区玉渊潭南路 1 号 D 座　100038） 网址：www. waterpub. com. cn E-mail：sales@mwr. gov. cn 电话：（010）68545888（营销中心）
经　　售	北京科水图书销售有限公司 电话：（010）68545874、63202643 全国各地新华书店和相关出版物销售网点
排　　版	中国水利水电出版社微机排版中心
印　　刷	清淞永业（天津）印刷有限公司
规　　格	184mm×260mm　16 开本　17.5 印张　426 千字
版　　次	2022 年 9 月第 1 版　2023 年 12 月第 2 次印刷
印　　数	2001—4500 册
定　　价	**52.00** 元

前言

机械工程学科作为连接自然科学与工程行为的桥梁，在国家经济发展与科学技术发展中占有重要的地位。当前机械工程学科进入了一个全新的发展阶段，以培养应用型人才为主要任务的地方院校面临新的挑战。改革人才培养模式，使教学内容更符合当前科技发展的要求，已成为地方院校发展中迫切需要解决的问题。高等学校实验室承担着培养高级专门人才，提高学生实践能力、创新能力的重要任务。高等学校实验室是学校教学、科研工作的重要组成部分，是知识创新、技术开发的重要基地。

为了顺应机械工程学科高等教育发展的新形势，邵阳学院机械与能源工程学院组织了本教材的编写，从整体来看，本教材具有以下特点：

(1) 符合我国普通高等工科院校机械设计制造及自动化专业的培养目标。

(2) 为适应应用型本科院校机械工程专业学生的实验要求，考虑到多数院校的实验课时有限，本教材对基础课程中的验证性实验进行了适量删减，而有些课程因实验设备更新，增加了综合性和开放性实验。

(3) 本教材含高等学校机械工程专业基础课和专业课的实验内容，以尽可能满足该专业教学的需求。

本教材由邓清方、伏军担任主编。参与编写的老师有王海容、危洪清（第一章），陈国新、吴海江（第二章），肖飚、肖彪（第三章），肖飚、曾娣平（第四章），申爱玲、戴正强（第五章），钟新宝、周东一、刘长青、武德智、王文军（第六章），邓维克、戛晓伟、张桂菊、王本亮（第七章），戴正强（第八章），李冬英、刘志辉（第九章），刘元（第十章），戴正强（第十一章、第十二章），默辰星（第十三章），曾娣平（第十四章），罗玉梅（第十五章），申爱玲（第十六章），肖彪（第十七章），戴正强（第十八章），马仪

（第十九章），宁佐归（第二十章），艾琦（第二十一章）。

在编写过程中，我们参阅了很多文献，在此对这些文献的作者表示衷心的感谢！

由于编者水平有限，书中难免有错误和不妥之处，恳请读者批评指正。

编者

2022 年 5 月

目录

第二篇　专　业　课

第一篇

基础课

第一章　工　程　力　学

实验一　低碳钢和铸铁的拉伸实验

拉伸实验是测定材料力学性能的最基本、最重要的实验之一。由本实验所测得的结果，可以说明材料在静拉伸下的一些性能，诸如材料对载荷的抵抗能力的变化规律，材料的弹性、塑性、强度等重要机械性能，这些性能是工程上合理选用材料和进行强度计算的重要依据。

一、实验目的

（1）测定拉伸时低碳钢的屈服极限 σ_s、强度极限 σ_b、延伸率 δ、截面收缩率 ψ 和铸铁的强度极限 σ_b。

（2）观察低碳钢和铸铁在拉伸过程中的表现，绘出外力 F 和变形 ΔL 之间关系的拉伸图（$F-\Delta L$ 曲线）。

（3）比较低碳钢和铸铁两种材料的拉伸性能和断口情况。

（4）掌握电子万能材料试验机的工作原理和使用方法。

二、实验仪器

（1）WD－P6105 微机控制电子万能材料试验机，如图 1－1－1 所示。

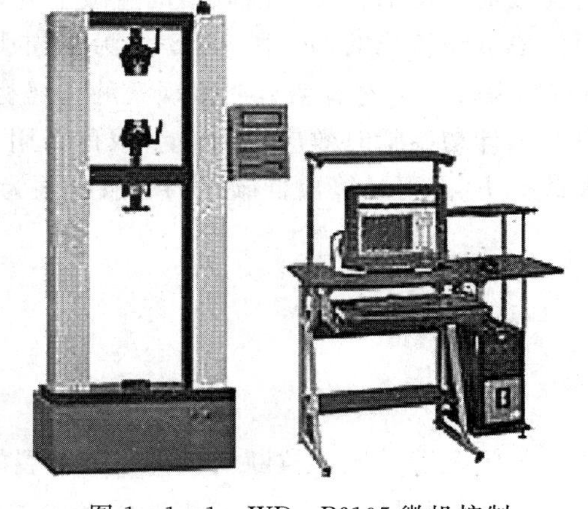

图 1－1－1　WD－P6105 微机控制电子万能材料试验机

（2）游标卡尺。

三、试件

拉伸实验所用的试件都是符合国家标准《金属材料　拉伸试验　第 1 部分：室温试验方法》（GB/T 228.1—2010）规定的标准试件，形状如图 1－1－2 所示。

图中 L_0 称为原始标距，试件的拉伸变形量一般由这一段的变形来测定，两端较粗部分是为了便于装入试验机的夹头内。d_0 为试件原始直径，为了使实验测得的结果可以互相比较，通常 $L_0=5d_0$ 或 $L_0=10d_0$。

对于一般材料的拉伸实验，应按国家标准做成矩形截面试件。其截面面积和试件标距关系为 $L_0=11.3\sqrt{S_0}$ 或 $L_0=5.65\sqrt{S_0}$，S_0 为标距段内的原始横截面积。

四、实验原理

（一）低碳钢的拉伸实验

低碳钢的拉伸图全面而具体地反映了整个变形过程。试验机软件自动绘出的拉伸曲线如图 1-1-3 所示。图中横坐标为试件拉伸长度 ΔL，纵坐标为拉力 F。

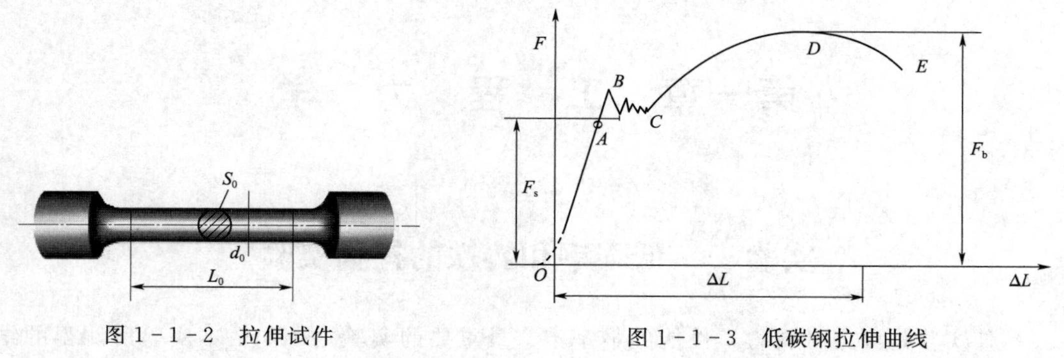

图 1-1-2 拉伸试件　　图 1-1-3 低碳钢拉伸曲线

在实验之初，绘出的拉伸图是一段曲线，如图中虚线所示，这是因为试件开始变形之前机器的机件之间和试件与夹具之间留有空隙，所以当实验刚刚开始时，在拉伸图上首先产生虚线所示的线段，继而逐步夹紧，最后只留下试件的变形。为了消除在拉伸图起点处发生的曲线段，须将图形的直线段延长至坐标系横轴，所得相交点 O 即为拉伸图之原点。随着载荷的增加，图形沿倾斜的直线上升，到达 A 点及 B 点。过 B 点后，低碳钢进入屈服阶段（锯齿形的 BC 段），B 点为上屈服点，即屈服阶段中力首次下降前的最大载荷，用 F_{su}来表示。对有明显屈服现象的金属材料，一般只需测试下屈服点，即应测定屈服阶段中不计初始瞬时效应时的最小载荷，用 F_s来表示。对试件连续加载直至拉断，测出最大载荷 F_b。可计算出低碳钢的屈服极限为

$$\sigma_s=\frac{F_s}{S_0} \tag{1-1-1}$$

强度极限为

$$\sigma_b=\frac{F_b}{S_0} \tag{1-1-2}$$

关闭机器，取下拉断的试件，将断裂的试件紧对到一起，用游标卡尺测量出断裂后试件标距间的长度L_1，则低碳钢的延伸率为

$$\delta=\frac{L_1-L_0}{L_0}\times 100\% \tag{1-1-3}$$

将断裂试件的断口紧对在一起，用游标卡尺量出断口（细颈）处的直径d_1，计算出面积S_1，则低碳钢的截面收缩率为

$$\psi=\frac{S_0-S_1}{S_0}\times 100\% \tag{1-1-4}$$

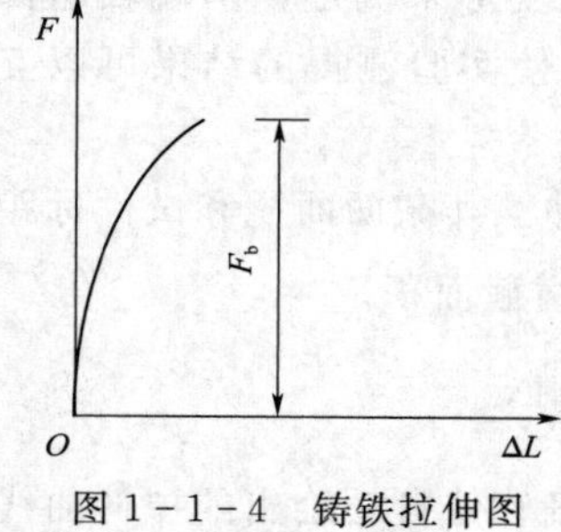

图 1-1-4 铸铁拉伸图

（二）铸铁的拉伸实验

用游标卡尺在试件标距范围内测量中间和两端三处直径 d，取最小值计算试件截面面积，根据铸铁的强度极限 σ_b，估计拉伸试件的最大载荷。开动机器，缓慢均匀加载直到断裂为止，记录最大载荷 F_b，观察自动绘图装置上的曲线，如图 1-1-4 所示。将最大载荷值 F_b 除以试件的原始截面积

S，就得到铸铁的强度极限 $\sigma_b = F_b / S$。因为铸铁为脆性材料，在变形很小的情况下会断裂，所以铸铁的延伸率和截面收缩率很小，很难测出。

五、实验步骤

测定一种材料的力学性能，一般用一组试件（3～6 根）来进行，而且应该尽可能测出每一根试件所要求的性能。低碳钢和铸铁拉伸实验的基本实验步骤如下：

（1）按照表 1-1-1 测量出试件尺寸。在标距内取中间及两端三个截面位置按两个相互垂直方向用游标卡尺各测一次，计算每个位置所测结果的平均值，并取其中最小值作为直径 d_0。

表 1-1-1　　**实验前试样尺寸**

材　料	原始标距 L_0/mm	原　始　直　径 d_0/mm									原始横截面面积 S_0/mm²
		截面 1			截面 2			截面 3			
		（1）	（2）	平均	（1）	（2）	平均	（1）	（2）	平均	
低碳钢											
铸铁											

（2）如图 1-1-2 所示，在试件上做好标距，标距 L_0 取 $10d_0$（或 $5d_0$），在标距间分若干等分格，画上线纹。

（3）启动试验机的动力电源及计算机的电源，检查试验机状态是否正常。

（4）调出试验机计算机的控制软件，按提示逐步进行操作，将表 1-1-1 中的参数输入到控制软件中。

（5）将试件装入试验机，并将试件两端夹紧。

（6）估算试件破坏时的最大载荷，在计算机上选择适当的量程；调 0，回到实验初始状态。

（7）选择合适的加载速度，启动试验机进行加载。试验进行中，要注意观察试件变形，要密切注意其现象与特征；实验完成，保存记录数据，并画下草图。

（8）卸载。取下试件，关闭试验机的动力系统及计算机系统。

六、实验结果处理

（1）根据实验记录，算出低碳钢材料的屈服极限、强度极限、断面收缩率、延伸率以及铸铁材料的强度极限等力学性能数据，并将实验数据以表格形式给出。

（2）将不同材料在不同受力状态下的力学性能特点及破坏情况进行分析比较，参考表 1-1-2 绘制低碳钢、铸铁试件的拉伸图，绘制低碳钢、铸铁试件的断口示意简图。

表 1-1-2　　**实验后试样尺寸和形状**

低碳钢试件断裂后标距长度 L_1/mm	断口（颈缩处最小直径 d_1/mm）			断口处最小横截面面积 S_1/mm²
	（1）	（2）	平均	
低碳钢和铸铁试件拉伸曲线图	低　碳　钢		铸　铁	
低碳钢和铸铁试件断裂后简图				

(3) 分析低碳钢和铸铁材料的破坏原因。

七、预习报告与分析讨论

(1) 根据所学专业要求不同选择不同的试件材料与破坏形式做比较实验。

(2) 预先对不同材料的机械性能、特点及不同破坏形式下的力学性能有所了解。

(3) 了解所需仪器设备的原理、使用方法及注意事项。

(4) 预先了解不同受力情况下各阶段将出现的特性。

(5) 对试件断口形状进行描述，并分析破坏原因。

实验二 低碳钢和铸铁的压缩实验

一、实验目的

(1) 观察低碳钢，铸铁压缩时的变形和破坏现象，并进行比较。

(2) 测定压缩时低碳钢的屈服极限σ_s和铸铁的强度极限σ_b。

(3) 掌握电子万能材料试验机的原理及操作方法。

二、实验设备

(1) WD-P6105 微机控制电子万能材料试验机，如图 1-1-1 所示。

(2) 游标卡尺。

三、试件

低碳钢和铸铁等金属材料的压缩试件一般制成圆柱形，试件都是符合国家标准《金属压缩试验方法》（GB/T 7314—1987）规定的标准试件，如图 1-2-1 所示，试件初始高 h，初始直径 d，初始横截面积S_0，并规定 $2.5\leqslant\frac{h}{d}\leqslant3.5$。

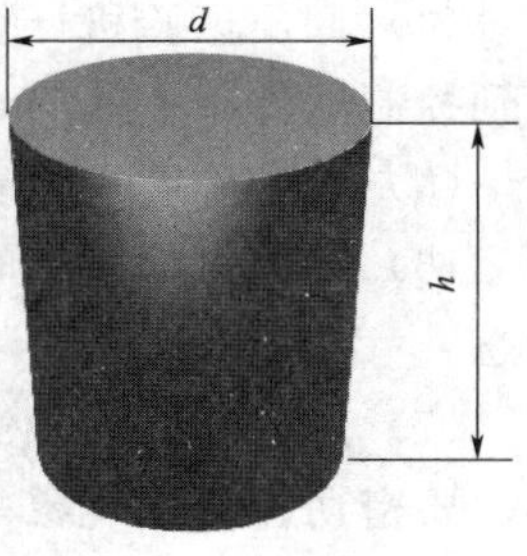

图 1-2-1 用于压缩实验时的试件

四、实验原理

图 1-2-2 为低碳钢试件的压缩图，在弹性阶段和屈服阶段，它与拉伸时的形状基本上是一致的，而且 F_s 也基本相同。由于低碳钢的塑性好，试件越压越粗，不会破坏，所以没有强度极限。横向膨胀在试件两端受到试件与承垫之间巨大摩擦力的约束，试件被压成鼓状；进一步压缩，会压成圆饼状，低碳钢试件压不坏。低碳钢的屈服极限为

$$\sigma_s=\frac{F_s}{S_0} \tag{1-2-1}$$

图 1-2-3 为铸铁试件的压缩图，$F-\Delta L$ 曲线比同材料的拉伸曲线要高 4～5 倍，当达到最大载荷 F_b 时，铸铁试件会突然破裂，断裂面法线与试件轴线大致成 45°～55°的倾角。铸铁的强度极限为

$$\sigma_b=\frac{F_b}{S_0} \tag{1-2-2}$$

五、实验步骤

(1) 参考表 1-2-1，用游标卡尺测出试件的初始直径 d 和初始高度 h。

表 1-2-1　　　　试件几何尺寸及测定屈服和极限载荷的实验记录

材料	试件几何尺寸								屈服载荷 F_s/kN	极限载荷 F_b/kN
	直径 d_0/mm						高度 h_0/mm	面积 S_0/mm²		
低碳钢	方向 1		方向 2		平均					
铸铁	方向 1		方向 2		平均					

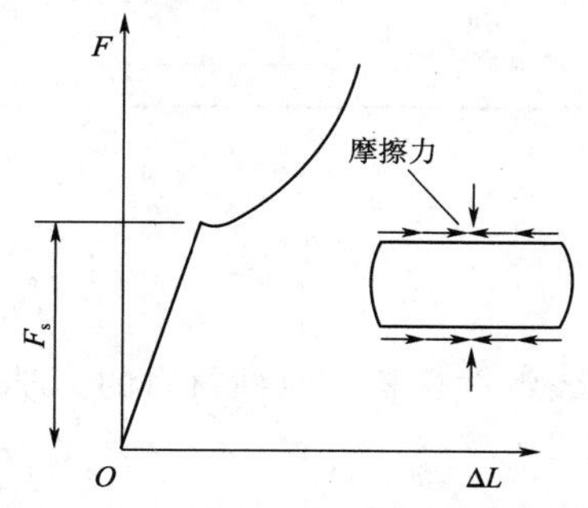

图 1-2-2　低碳钢试件的压缩图

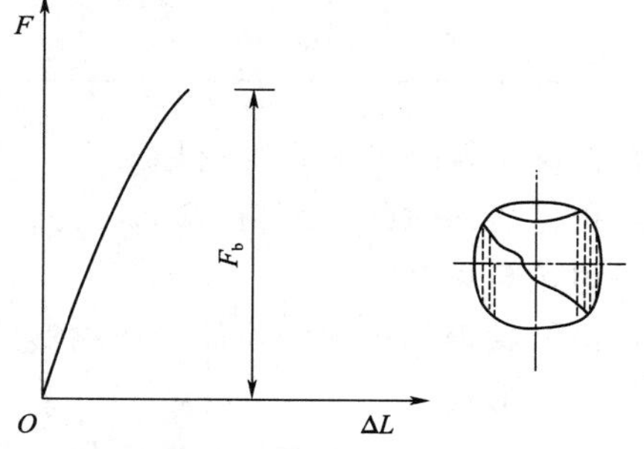

图 1-2-3　铸铁试件的压缩图

(2) 检查试验机的各种限位是否在实验状态下就位。

(3) 启动试验机的动力电源及计算机的电源。

(4) 调出试验机的控制操作软件，按提示逐步进行操作，设置好参数。估算最大载荷，选择合适的最大量程。

(5) 安装试件。将试件两端面涂油，置于试验机下压头上，注意放在下压头中心，以保证力线与试件轴线重合。控制软件调 0，回到试验初始状态。

(6) 根据实验设定，启动试验机进行加载，注意观察试验中的试件及计算机上的曲线变化。对低碳钢试件应注意观察屈服现象，并记录下屈服载荷。因其越压越扁，压到一定程度即可停止试验。对于铸铁试件，应压到破坏为止，记下最大载荷。实验完成，保存记录数据。

(7) 卸载。取下试件，观察试件受压变形或破坏情况，并画下草图。

(8) 关闭试验机的动力系统及计算机系统。

六、实验记录及结果的整理

根据两种典型材料的压缩曲线，比较它们在压缩过程中的变形和破坏现象，给出强度指标和试样破坏简图。分析试验误差原因，并对试验结果进行讨论，参考表 1-2-2。

表 1-2-2　　　　低碳钢和铸铁压缩的力学性能比较

材料	低碳钢		铸铁	
	实验前	实验后	实验前	实验后
试样草图				

续表

材料	低　碳　钢	铸　铁
实验数据	屈服极限 $\sigma_s=\dfrac{F_s}{S_0}=$ 　　MPa	强度极限 $\sigma_b=\dfrac{F_b}{S_0}=$ 　　MPa
压缩曲线示意图	F–ΔL 坐标（O 为原点）	F–ΔL 坐标（O 为原点）

（1）低碳钢压缩时的强度指标σ_s。

（2）铸铁压缩时的强度指标σ_b。

七、讨论与思考

（1）由低碳钢和铸铁的拉伸和压缩实验结果，比较塑性材料和脆性材料的力学性质以及它们的破坏形式。

（2）试比较铸铁在拉伸和压缩时的不同点。

（3）为什么铸铁试件在压缩时沿着与轴线大致成45°的斜线截面破坏？

（4）低碳钢试件压缩后为什么成鼓状？

实验三　低碳钢和铸铁的扭转实验

一、实验目的

（1）测定铸铁的扭转强度极限 τ_b。

（2）测定低碳钢的扭转屈服极限 τ_s及扭转强度极限 τ_b。

（3）观察比较两种材料在扭转变形过程中的各种现象及其破坏形式，并对试件断口进行分析。

二、实验设备

（1）TNW－500 电子扭转试验机，如图 1－3－1 所示。

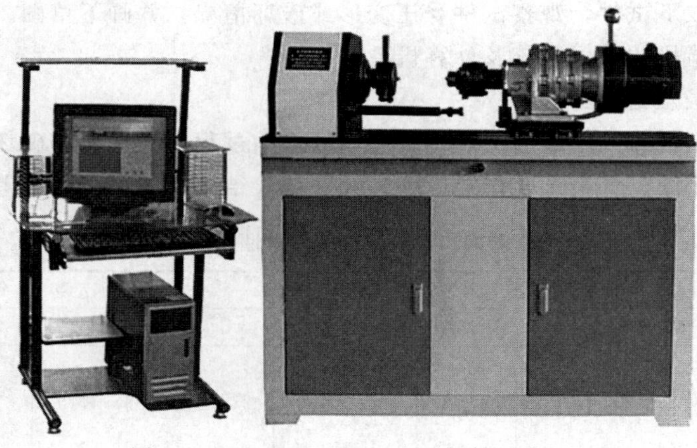

图 1－3－1　TNW－500 电子扭转试验机

(2) 游标卡尺。

三、试件

根据《金属室温扭转试验方法》(GB/T 10128—1988) 规定,扭转试件可采用圆形截面,也可采用薄壁管,对于圆形截面试件,推荐采用直径 $d_0=10$mm,标距 $L_0=50$mm 或 100mm,平行段长度 $L=L_0+2d_0$。本实验采用圆形截面试件,如图 1-3-2 所示。

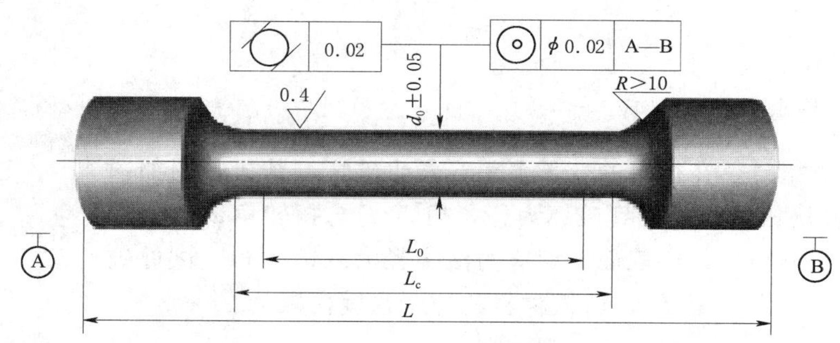

图 1-3-2 用于扭转实验时的试件

四、实验原理

低碳钢扭转时的扭矩-扭转角 ($T-\varphi$) 曲线如图 1-3-3 所示。

低碳钢试件在受扭的最初阶段,扭矩 T 与扭转角 φ 成正比关系 (图 1-3-3),横截面上剪应力 τ 沿半径线性分布,如图 1-3-4 (a) 所示。随着扭矩 T 的增大,横截面边缘处的剪应力首先达到剪切屈服极限 τ_s 且塑性区逐渐向圆心扩展,形成环形塑性区,但中心部分仍是弹性的,如图 1-3-4 (b) 所示。试件继续变形,屈服从试件表层向心部扩展直到整个截面几乎都是塑性区,如图 1-3-4 (c) 所示。此时在 $T-\varphi$ 曲线上出现屈服平台 (图 1-3-3),试验机的扭矩读数基本不动,对应的扭矩即为屈服扭矩 T_s。随后,材料进入强化阶段,变形增加,扭矩随之增加,直到试件破坏为止。因扭转无颈缩现象,所以扭转曲线一直上升直到破坏,试件破坏时的扭矩即为最大扭矩 T_b。由

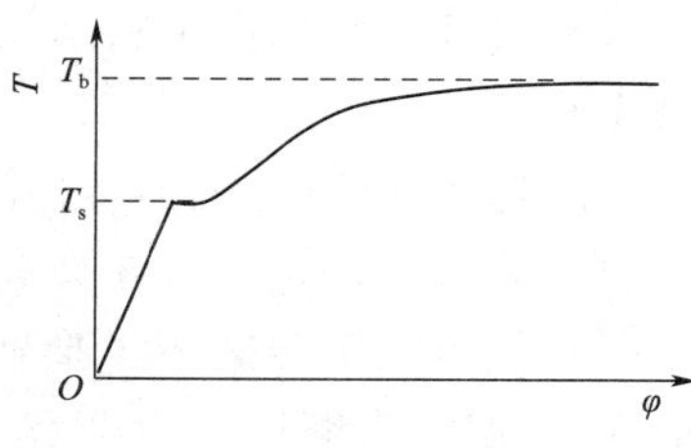

图 1-3-3 低碳钢的扭转图

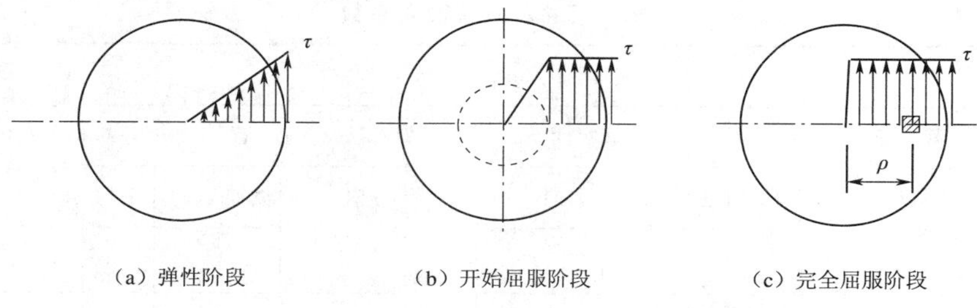

图 1-3-4 低碳钢圆轴试件扭转时的应力分布示意图

$$T_s=\int_A \rho\tau_s \mathrm{d}A=\tau_s\int_0^{d/2}\rho(2\pi\rho\mathrm{d}\rho)=\frac{4}{3}\tau_s W_t \tag{1-3-1}$$

可得低碳钢的扭转屈服极限为

$$\tau_s=\frac{3T_s}{4W_t} \tag{1-3-2}$$

同理，可得低碳钢扭转时强度极限为

$$\tau_b=\frac{3T_b}{4W_t} \tag{1-3-3}$$

式中：W_t 为抗扭截面模量，$W_t=\frac{\pi}{16}d^3$。

铸铁试件受扭时，在很小的变形下就会发生破坏，其扭转图如图 1-3-5 所示。从扭转开始直到破坏为止，扭矩 T 与扭转角 φ 近似成正比关系，且变形很小，横截面上剪应力沿半径为线性分布。试件破坏时的扭矩即为最大扭矩 T_b，铸铁材料的扭转强度极限为

$$\tau_b=\frac{T_b}{W_t} \tag{1-3-4}$$

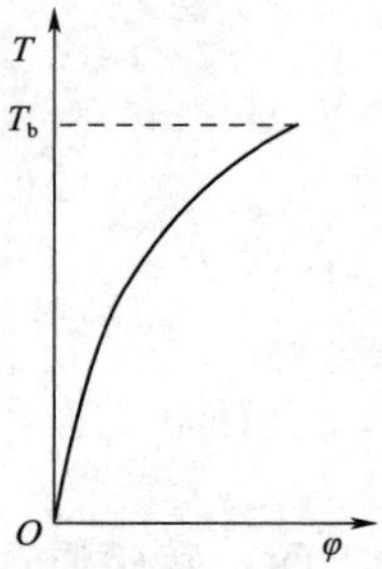

图 1-3-5 铸铁材料的扭转图

五、实验步骤

(1) 参考表 1-3-1 测量低碳钢和铸铁试件直径 d_0，并在低碳钢试件上画一条轴向线和两条圆周线，用以观察其扭转变形。

(2) 检查试验机设备状态是否正常，打开设备电源以及配套计算机操作软件。

(3) 选择合适的量程，应使最大扭转处于量程的 50%～80%范围内，设定修正系数。

(4) 装夹试件，使其在夹头的中心位置，然后通过控制软件启动实验。

(5) 低碳钢扭转破坏实验时，观察线弹性阶段、屈服阶段的力学现象，记录屈服点扭矩值 T_s；试件扭断后，记录最大扭矩值 T_b，观察断口特征。

(6) 铸铁扭转破坏实验时，试件扭断后，记录铸铁试件的最大扭矩 T_b，观察断口特征。

(7) 实验结束后，记录好实验数据，关闭软件，关闭计算机系统和试验机电源。

六、实验结果整理

(1) 参考表 1-3-1 和表 1-3-2，将实验数据以表格形式给出。

表 1-3-1 试件尺寸及抗扭截面系数

试件	直 径 d/mm									最小平均直径 d_0/mm	抗扭截面系数 W_t/mm³
	截 面 1			截 面 2			截 面 3				
	方向 (1)	方向 (2)	平均	方向 (1)	方向 (2)	平均	方向 (1)	方向 (2)	平均		
低碳钢											
铸铁											

表 1-3-2　　低碳钢和铸铁扭转的力学性能比较

试件	低　碳　钢	铸　　铁
实验数据	屈服扭矩 $T_s=$　　　N·m 最大扭矩 $T_b=$　　　N·m	最大扭矩 $T_b=$　　　N·m
	扭转屈服应力：$\tau_s=\frac{3T_s}{4W_t}=$　　　MPa 扭转极限应力：$\tau_b=\frac{3T_b}{4W_t}=$　　　MPa	剪切强度极限应力 $\tau_b=\frac{T_b}{W_t}=$　　　MPa
扭转图	T — O — φ	T — O — φ

（2）计算低碳钢的屈服极限 τ_s 及扭转条件强度极限 τ_b。

七、讨论与思考

（1）根据低碳钢和铸铁的拉伸、压缩和扭转三种实验结果，分析总结两种材料的机械性质。

（2）低碳钢拉伸屈服极限和剪切屈服极限有何关系？

（3）低碳钢扭转时圆周线和轴向线如何变化？与扭转平面假设是否相符？

（4）根据低碳钢和铸铁的扭转断口特征，分析两种材料扭转破坏的原因。

实验四　纯弯曲梁的正应力电测实验

一、实验目的

（1）掌握电测法的基本原理。

（2）熟悉静态电阻应变仪的使用方法。

（3）测定矩形截面梁承受纯弯曲时的正应力分布，并与理论计算结果进行比较；以验证弯曲正应力公式。

二、实验设备

（1）FCL-Ⅰ型材料力学多功能实验装置，如图 1-4-1 所示。

（2）HD-16A 静态电阻应变仪，如图 1-4-2 所示。

图 1-4-1　FCL-Ⅰ型材料力学多功能实验装置

图 1-4-2　HD-16A 静态电阻应变仪

（3）钢尺。

三、实验原理及方法

在纯弯曲条件下，根据平面假设和纵向纤维间无挤压的假设，可得到梁横截面上任一点的正应力，理论应力值计算公式为

$$\sigma_{理}=\frac{My}{I_z} \tag{1-4-1}$$

式中：M 为弯矩；I_z为横截面对中性轴的惯性矩；y 为所求应力点至中性轴的距离。

如图 1-4-3 所示，为了测量梁在纯弯曲时横截面上正应力的分布规律，在梁的纯弯曲段沿梁侧面不同位置 y_i（-20mm、-10mm、0mm、10mm 和 20mm），平行于轴线贴应变片。实验采用 1/4 桥测量方法。加载采用增量法，即每增加等量的载荷 ΔP（500N），测出各点的应变增量 $\Delta\varepsilon_i$，然后分别取各测点应变增量的平均值 $\Delta\varepsilon_{实i}$，依次求出各点的应变增量，由胡克定律得到实测应力值

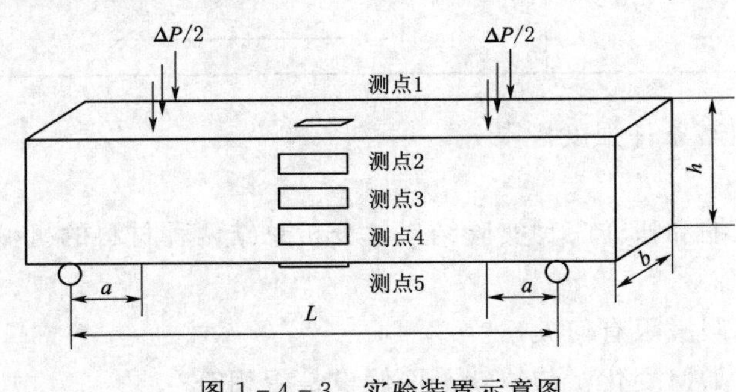

图 1-4-3　实验装置示意图

$$\sigma_{实i}=E\Delta\varepsilon_{实i} \tag{1-4-2}$$

将实测应力值与理论应力值进行比较，以验证弯曲正应力公式。

四、实验步骤

（1）参考表 1-4-1 和表 1-4-2，设计好本实验所需的数据表格。

（2）拟订加载方案。为减少误差，先选取适当的初载荷 P_0（一般 P_0=300N 左右），估算 P_{max}，分级加载。

（3）根据加载方案，调整好实验加载装置。测量矩形截面梁的宽度 b、高度 h、跨度 L、载荷作用点到梁支点距离 a 及各应变片到中性层的位置坐标 y_i。

（4）按实验要求接线组成测量电桥后，调节应变仪的灵敏系数指针，并进行预调平衡。观察几分钟看应变仪指针有无漂移，正常后即可开始测量。

（5）加载。均匀缓慢加载至初载荷 P_0，记下各点应变的初始读数；然后分级等增量加载，每增加一级载荷，依次记录各点电阻应变片的应变值 ε_i，直到最终载荷。至少重复两次。

（6）做完实验后，卸掉载荷，关闭电源，整理好所用仪器设备，清理实验现场，将所用仪器设备复原，实验资料交指导教师检查签字。

五、实验记录及数据处理

实验中试件相关参考数据记录及其处理见表 1-4-1 和表 1-4-2。

表 1-4-1　　试件相关参考数据

应变片至中性层距离/mm		梁的尺寸和有关参数
y_1	-20	宽度 b=　　mm
y_2	-10	高度 h=　　mm

续表

应变片至中性层距离/mm		梁的尺寸和有关参数
y_3	0	跨度 $L=$ mm
y_4	10	载荷距离 $a=$ mm
y_5	20	弹性模量 $E=$ GPa
		泊松比 $\nu=$
		轴惯性矩 $I_z=bh^3/12=$ m^4

表 1-4-2　实 验 数 据

载荷/N	P		500		1000	1500		2000	2500		3000
	ΔP			500			500		500		500	500
各测点电阻应变仪读数	1	ε_1									
		$\Delta\varepsilon_1$									
		平均值$\overline{\Delta\varepsilon_1}$									
	2	ε_2									
		$\Delta\varepsilon_2$									
		平均值$\overline{\Delta\varepsilon_2}$									
	3	ε_3									
		$\Delta\varepsilon_3$									
		平均值$\overline{\Delta\varepsilon_3}$									
	4	ε_4									
		$\Delta\varepsilon_4$									
		平均值$\overline{\Delta\varepsilon_4}$									
	5	ε_5									
		$\Delta\varepsilon_5$									
		平均值$\overline{\Delta\varepsilon_5}$									

六、实验结果处理

(1) 理论值计算。载荷增量为 $\Delta P=500\text{N}$，弯矩增量为 $\Delta M=\Delta P\cdot a/2$（N·m），各点理论值计算公式为

$$\sigma_{理i}=\frac{\Delta M y_i}{I_z} \tag{1-4-3}$$

(2) 实验值计算。根据测得的各点应变值 ε_i 求出应变增量平均值 $\Delta\overline{\varepsilon_i}$，代入胡克定律公式计算各点的实验应力值。因 $1\mu\varepsilon=10^{-6}\varepsilon$，所以，各点实验应力为

$$\sigma_{实i}=E\varepsilon_{实i}=E\times\overline{\Delta\varepsilon_i}\times10^{-6} \tag{1-4-4}$$

(3) 理论值与实验值的比较。将理论值和实验值记入表 1-4-3，并计算相对误差。

表 1-4-3 实验数据比较

测点	理论值 $\sigma_{理i}$/MPa	实验值 $\sigma_{实i}$/MPa	相对误差
1			
2			
3			
4			
5			

(4) 绘出理论应力值和实验应力值的分布图。分别以横坐标轴表示各测点的应力($\sigma_{理i}$和$\sigma_{实i}$),以纵坐标轴表示各测点距梁中性层位置 y_i,选用合适的比例绘出理论应力值和实验应力值的分布图,如图 1-4-4 所示。

七、实验结果分析及讨论

(1) 如实验值与理论值之间存在误差,试分析误差产生的原因。

(2) 梁的材料是普通碳素钢,若 $[\sigma]=160$MPa,试计算此梁能承受的最大载荷。

(3) 纯弯曲梁正应力测试中未考虑梁的自重,是否会引起实验结果误差?

(4) 实验中弯曲正应力大小是否受材料弹性模量 E 的影响?

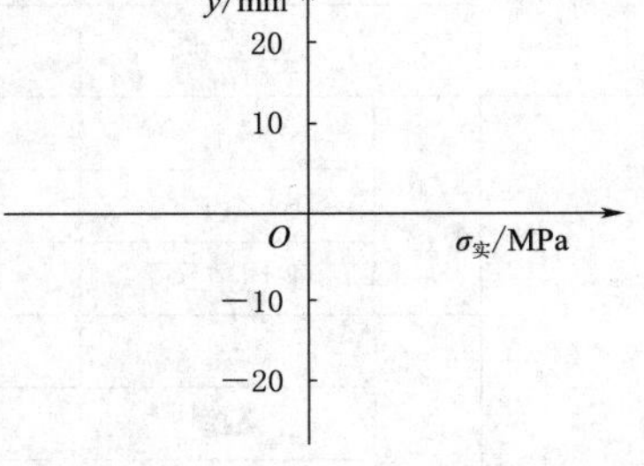

图 1-4-4 理论应力值和实验应力值分布图

第二章 机械工程材料

实验一 铁碳合金平衡组织分析

一、实验目的

（1）观察和识别铁碳合金在平衡状态下的显微组织特征。

（2）分析碳钢的含碳量与其平衡组织的关系。

（3）进一步认识对平衡状态下铁碳合金的成分、组织、性能间的关系。

二、实验原理

（一）碳钢和白口铸铁的平衡组织

平衡组织一般是指合金在极为缓慢冷却的条件下（如退火状态）所得到的组织。铁碳合金在平衡状态下的显微组织可以根据 $Fe-Fe_3C$ 相图来分析。由相图可知，所有碳钢和白口铸铁在室温时的显微组织均由铁素体（F）和渗碳体（Fe_3C）组成。但是，由于碳质量分数的不同、结晶条件的差别，铁素体和渗碳体的相对数量、形态、分布的混合情况均不一样，因而呈现各种不同特征的组织组成物。

（二）各种相组分或组织组分的特征和性能

碳钢和白口铸铁的金相试样经侵蚀后，其平衡组织中各种相组分或组织组分的形态特征和性能如下。

1. 铁素体

铁素体是碳溶于 $\alpha-Fe$ 中形成的间隙固溶体。经 3%～5%的硝酸酒精溶液侵蚀后，在显微镜下为白亮色多边形晶粒。在亚共析钢中，铁素体呈块状分布；当含碳量接近于共析成分时，铁素体则呈断续的网状分布于珠光体周围。铁素体具有良好的塑性及磁性，硬度较低，一般为 50～80HBW。

2. 渗碳体

渗碳体抗侵蚀能力较强，经 3%～5%硝酸酒精溶液侵蚀后，在显微镜下观察同样呈白亮色。一次渗碳体呈长白条状分布在莱氏体之间，二次渗碳体呈网状分布于珠光体的边界上，三次渗碳体分布在铁素体晶界处，珠光体中的渗碳体一般呈片状。另外，经不同的热处理后，渗碳体可以呈片状、粒状或断续网状。渗碳体的硬度很高，可达 800HV 以上，但其强度、塑性都很差，是一种硬而脆的相。

3. 珠光体

珠光体是由铁素体片和渗碳体片相互交替排列形成的层片状组织。经 3%～5%硝酸酒精溶液侵蚀后，在显微镜下观察其组织中的铁素体和渗碳体都呈白亮色，而铁素体和渗碳体的相界被侵蚀后呈黑色线条。实际上，珠光体在不同放大倍数的显微镜下观察时，具有不大一样的特征。在高倍（600倍以上）下观察时，珠光体中平行相间的宽条铁素体和细条渗碳体都呈亮白色，而其边界呈黑色；在中倍（400倍左右）下观察时，白亮色的渗碳体被黑色边界所“吞食”，而成为细黑条，这时看到的珠光体是宽白条铁素体和细黑条渗碳体的相间混合物；在低倍（200倍以下）下观察时，连宽白条的铁素体和细黑条的渗碳体也很难分辨，这时珠光体为黑色块状组织。由此可见，在其他条件相同情况下，当放大倍数不同时，同一组织所呈现的特征会不一样，所以在显微镜下鉴别金相组织首先要注意放大倍数。珠光体硬度为180HBW，且随层间距的变小硬度升高；强度较好，塑性和韧性一般。

4. 莱氏体

莱氏体在室温下是珠光体和渗碳体的机械混合物。渗碳体中包括共晶渗碳体和二次渗碳体，两种渗碳体相连在一起，没有边界线，无法分辨开来。经3%～5%硝酸酒精溶液侵蚀后，其组织特征是在白亮色渗碳体基体上分布着许多黑色点（块）状或条状珠光体。莱氏体硬度为700HV，性脆。它一般存在于含碳量大于2.11%的白口铸铁中，在某些高碳合金钢的铸造组织中也常出现。

（三）典型铁碳合金在室温下的显微组织特征

1. 工业纯铁

工业纯铁中碳的质量分数小于0.0218%，其组织为单相铁素体，呈白亮色的多边形晶粒，晶界为黑色的网络，晶界上有时分布着微量的三次渗碳体（$Fe_3C_{Ⅲ}$）。工业纯铁的显微组织如图2-1-1所示。

2. 亚共析钢

亚共析钢中碳的质量分数为0.0218%～0.77%，其组织为铁素体和珠光体。随着钢中含碳量的增加，珠光体的相对量逐渐增加，而铁素体的相对量逐渐减少。45钢的显微组织如图2-1-2所示。

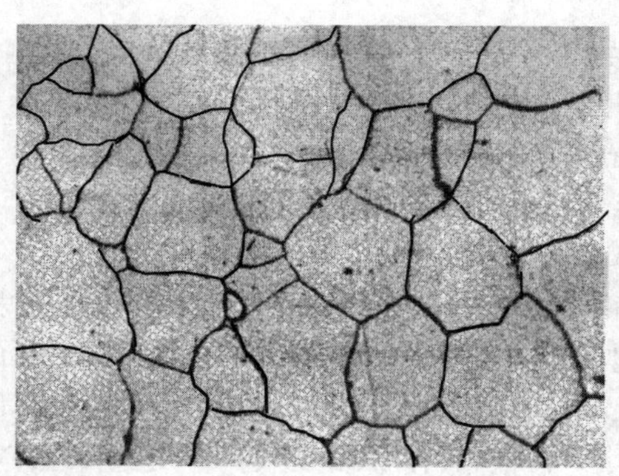

图2-1-1　工业纯铁的显微组织

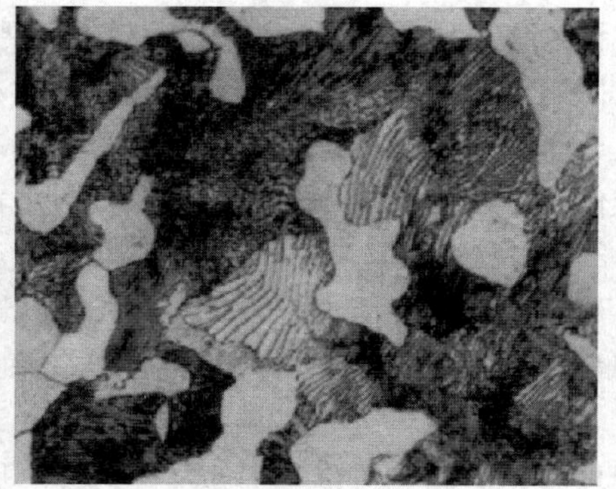

图2-1-2　45钢的显微组织

3. 共析钢

共析钢中碳的质量分数为0.77%，其室温组织为单一的珠光体。共析钢（T8钢）的显微组织如图2-1-3所示。

4. 过共析钢

过共析钢中碳的质量分数为 0.77%～2.11%，在室温下的平衡组织为珠光体和二次渗碳体。其中，二次渗碳体呈网状分布在珠光体的边界上。T12 钢的显微组织如图 2-1-4 所示。

在过共析钢中的二次渗碳体与亚共析钢中的初生铁素体，经硝酸酒精溶液侵蚀时均呈现白光亮色。有时为了区别白色网状晶界是铁素体还是渗碳体，可用碱性苦味酸钠水溶液腐蚀，此时渗碳体呈黑色，而铁素体仍为白色，这样就可以区别铁素体和渗碳体。T12 钢的显微组织（碱性苦味酸钠溶液侵蚀）如图 2-1-5 所示。

5. 亚共晶白口铸铁

亚共晶白口铸铁中碳的质量分数为 2.11%～4.3%，室温下的显微组织为珠光体、二次渗碳体和变态莱氏体。其中，变态莱氏体为基体，在基体上呈较大的黑色块状或树枝状分布的为珠光体，在珠光体枝晶边缘的一层白色组织为二次渗碳体。亚共晶白口铸铁的显微组织如图 2-1-6 所示。

图 2-1-3　T8 钢的显微组织

图 2-1-4　T12 钢的显微组织

图 2-1-5　T12 钢的显微组织
（碱性苦味酸钠溶液侵蚀）

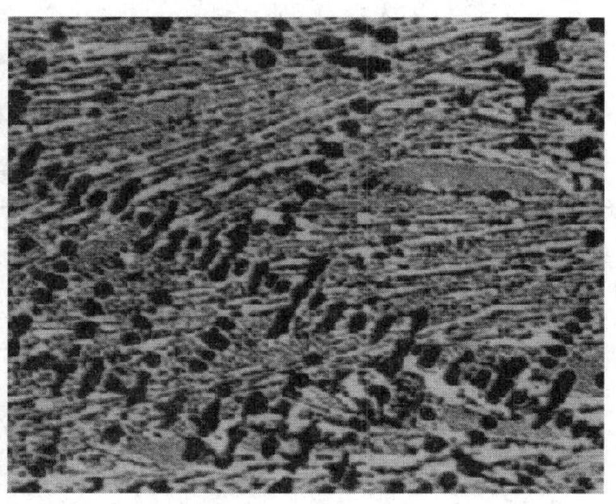

图 2-1-6　亚共晶白口铸铁的显微组织

6. 共晶白口铸铁

共晶白口铸铁中碳的质量分数为 4.3%，其室温下的显微组织为变态莱氏体，其中，渗碳体为白亮色基体，而珠光体呈黑色细条及斑点状分布在基体上。共晶白口铸铁的显微组织如图 2-1-7 所示。

7. 过共晶白口铸铁

过共晶白口铸铁中碳的质量分数为 4.3%～6.69%，室温下的显微组织为变态莱氏体和一次渗碳体，一次渗碳体呈白亮色条状分布在变态莱氏体的基体上。过共晶白口铸铁的显微组织如图 2-1-8 所示。

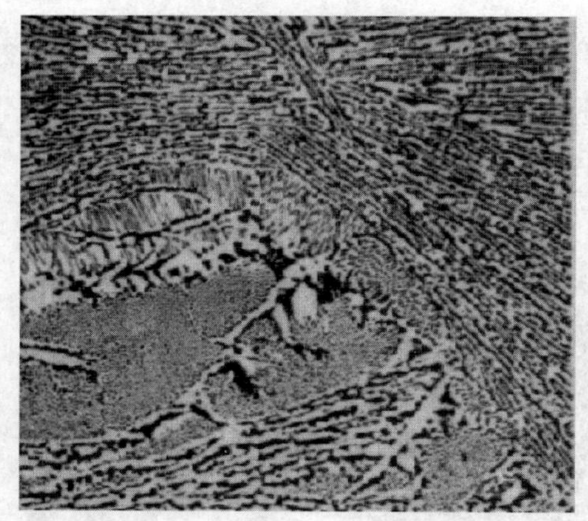

图 2-1-7　共晶白口铸铁的显微组织

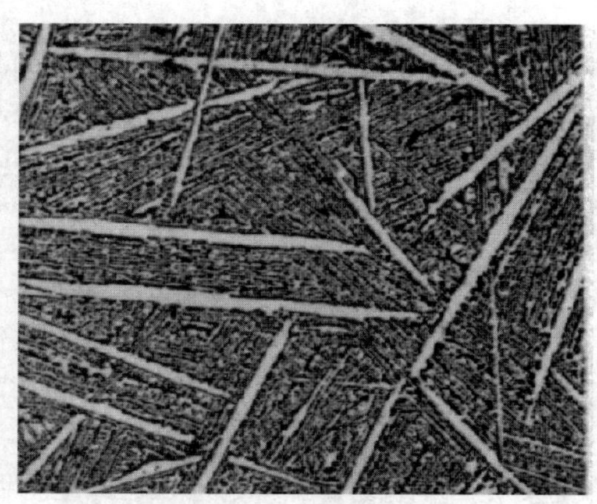

图 2-1-8　过共晶白口铸铁的显微组织

三、实验设备

实验设备使用光学金相显微镜。

四、试件

试件为各种铁碳合金的平衡组织标准金相试样。

五、实验内容与步骤

(1) 在显微镜下仔细观察辨认表 2-1-1 中所列试样组织，研究每个样品的组织特征，并结合铁碳相图分析其组织形成过程。

表 2-1-1　**铁碳合金平衡状态下的金相试样**

材　料	碳质量分数 w (C)/%	处理方法	显　微　组　织
工业纯铁	<0.0218	退火	单相铁素体
亚共析钢	0.0218～0.77	退火	铁素体+珠光体
共析钢	0.77	退火	珠光体
过共析钢	0.77～2.11	退火	珠光体+二次渗碳体
亚共晶白口铸铁	2.11～4.3	铸态	珠光体+二次渗碳体+变态莱氏体
共晶白口铸铁	4.3	铸态	变态莱氏体
过共晶白口铸铁	4.3～6.69	铸态	一次渗碳体+变态莱氏体

(2) 绘出所观察试样的显微组织示意图（绘在规定的圆圈内），并用引线和符号标明各组织组成物的名称。绘图时要抓住各种组织组成物形态的特征，用示意的方法去画。组织示意图一律用铅笔绘制，必须在实验室内完成。

(3) 实验结束后将显微镜卸载，关闭照明灯，交回试样，清整实验场地。

六、实验数据处理及结论

(1) 画出所观察组织示意图，并填写材料名称、金相组织、处理方法、放大倍数、侵蚀剂。记录格式如图 2-1-9 所示。

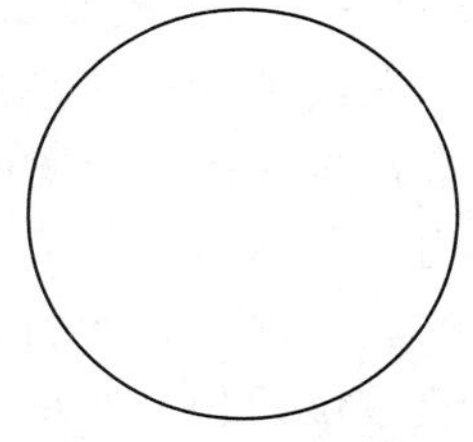

图 2-1-9 金相显微组织记录格式

材料名称________________

金相组织________________

处理方法________________

放大倍数________________

侵 蚀 剂________________

(2) 根据所观察的组织，说明碳含量对铁碳合金的组织和性能影响的大致规律。

七、注意事项

(1) 在观察显微组织时，可先用低倍全面地进行观察，找出典型组织，然后再用高倍放大，对部分区域进行详细观察。

(2) 在移动金相试样时，不得用手指触摸试样表面或将试样表面在载物台上滑动，以免引起显微组织模糊不清，影响观察效果。

(3) 画组织示意图时，应抓住组织形态的特点，画出典型区域的组织，注意不要将磨痕或杂质画在图上。

八、讨论与思考

(1) 渗碳体有哪几种？它们的形态有什么差别？

(2) 珠光体组织在低倍观察和高倍观察时有何不同？

(3) 怎样区别铁素体和渗碳体组织？

实验二 金属材料的硬度实验

一、实验目的

(1) 了解布氏、洛氏和维氏硬度试验机的使用方法和实验原理。

(2) 初步掌握布氏、洛氏硬度的测定方法和应用范围。

二、实验原理

硬度是指金属材料抵抗比它硬的物体压入其表面的能力。硬度越高，表明金属抵抗塑性变形的能力越大。由于硬度试验简单易行，又不会损坏零件，因此在生产和科研中应用广泛。

常用的硬度试验方法有：

——布氏硬度试验法，主要用于黑色、有色金属原材料检验，也可用于退火、正火钢铁零件的硬度测定。

——洛氏硬度试验法，主要用于金属材料热处理后的产品性能检测。

——维氏硬度试验法，主要用于薄板材或金属表层的硬度测定，以及较精确的硬度测定。

——显微硬度试验法，主要用于测定金属材料的组织组成物或相的硬度。

本实验重点介绍最常用的布氏硬度试验法、洛氏硬度试验法以及维氏硬度试验法。

（一）布氏硬度试验原理

布氏硬度试验是将一直径为 D 的硬质合金球，在规定的试验力 F 作用下压入被测金属表面，保持一定时间后卸除试验力，并测量出试样表面的压痕直径 d，根据所选择的试验力 F、球体直径 D 及所测得的压痕直径 d，求出被测金属的布氏硬度值 HBW。布氏硬度试验原理示意如图 2-2-1 所示，图 2-2-1 中 h 为压痕深度。布氏硬度值的大小就是压痕单位面积上所承受的压力，单位为 N/mm^2，但一般不标出。硬度值越高，表示材料越硬。在试验测量时，可由测出的压痕直径 d 直接查压痕直径与布氏硬度对照表而得到所测的布氏硬度值。

布氏硬度值的计算公式为

$$HBW=0.102\frac{F}{S}=0.102\frac{2F}{\pi D(D-\sqrt{D^2-d^2})} \quad (2-2-1)$$

式中：F 为试验力，N；D 为球体直径，mm；d 为压痕直径，mm；S 为压痕面积，mm^2。

布氏硬度试验方法和技术条件有相应的国家标准。实际测定时，应根据金属材料种类、试样硬度范围和厚度的不同，按照标准试验规范，选择球体直径、载荷及载荷保持时间。

（二）洛氏硬度试验原理

洛氏硬度试验是目前应用最广的试验方法，和布氏硬度试验一样，也是一种压入硬度试验，但它不是测定压痕的面积，而是测量压痕的深度，以深度的大小表示材料的硬度值。

洛氏硬度试验是以锥角为 120°的金刚石圆锥体或者直径为 1.588mm 的淬火钢球为压头，在规定的初载荷和主载荷作用下压入被测金属的表面，然后卸除主载荷。在保留初载荷的情况下，测出由主载荷所引起的残余压入深度 h，再由 h 确定洛氏硬度值 HR 的大小。洛氏硬度试验原理示意如图 2-2-2 所示。

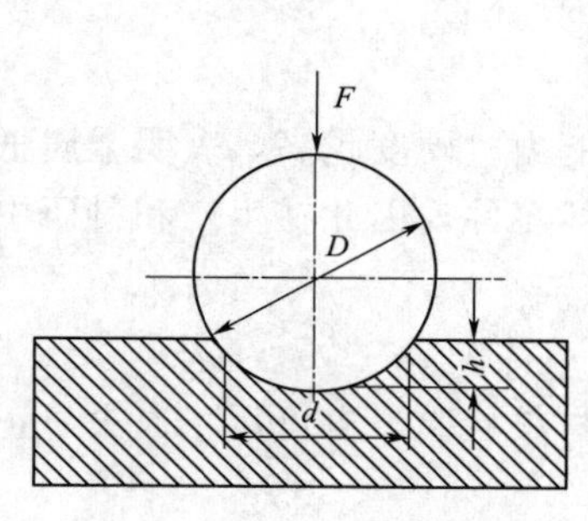

图 2-2-1 布氏硬度试验原理示意图

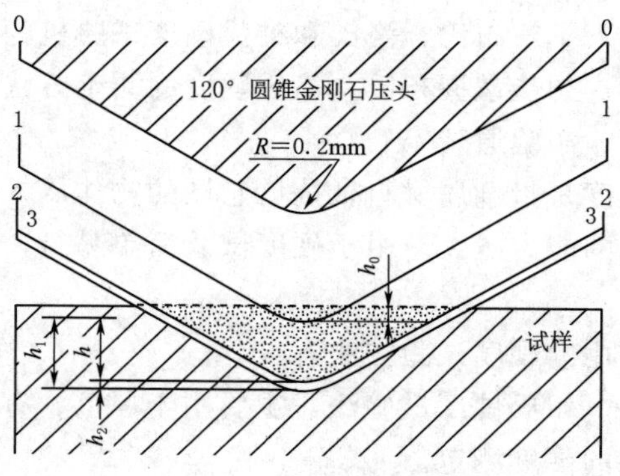

图 2-2-2 洛氏硬度试验原理示意图

洛氏硬度值的计算公式为

$$HR=K-\frac{h}{0.002} \tag{2-2-2}$$

式中：h 为残余压入深度，mm；K 为常数，当采用金刚石圆锥压头时 $K=100$，当采用淬火钢球压头时 $K=130$。

为了能用同一硬度计测定从极软到极硬材料的硬度，可以通过采用不同的压头和载荷，组成15种不同的洛氏硬度标尺，其中最常用的有HRA、HRB、HRC三种。其试验规范见表2-2-1。

表2-2-1　常用的三种洛氏硬度试验规范

硬度符号	压头类型	总载荷/N	常用硬度值范围	应用举例
HRA	120°金刚石圆锥	588.4	20～88HRA	碳化物、硬质合金、表面淬火钢等
HRB	ϕ1.588mm淬火钢球	980.7	20～100HRB	软钢、退火或正火钢、铜合金等
HRC	120°金刚石圆锥	1471	20～70HRC	淬火钢、调质钢等

（三）维氏硬度试验原理

维氏硬度的测定原理基本上和布氏硬度相同，也是根据压痕单位面积上的载荷计量硬度值。维氏硬度试验原理示意如图2-2-3所示。所不同的是维氏硬度试验采用的是锥面夹角为136°的正四棱锥体金刚石压头。试验时，在载荷 F 的作用下，试样表面上压出一个四方锥形的压痕，测量压痕对角线长度 d，借以计算压痕的锥形面积 S，以 F/S 的数值表示试样的硬度值，用符号HV表示。

维氏硬度值的计算公式为

$$HV=0.102\frac{F}{S}=0.1891\frac{F}{d^2} \tag{2-2-3}$$

式中：F 为试验力，N；S 为压痕锥形面积，mm^2；d 为压痕对角线长度，mm。

三、实验设备

布氏硬度计，洛氏硬度计，维氏硬度计。

四、试件

碳钢试样和标准硬度块。

五、实验内容与步骤

（1）熟悉各种硬度计的构造原理、使用方法及注意事项。

（2）在硬度计上测量碳钢试样或标准硬度块的压痕直径的水平长度和垂直长度，再取平均值，然后计算得到布氏硬度值，并记录试验结果。

（3）在硬度计上测定碳钢试样的洛氏硬度，每个试样至少测三个试验点，再取平均值，记录实验结果。

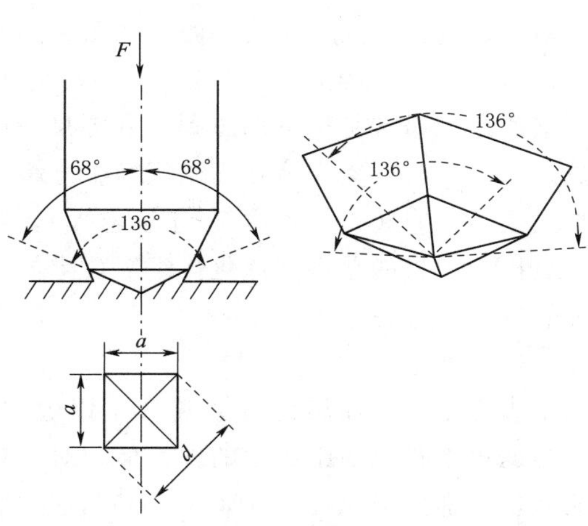

图2-2-3　维氏硬度试验原理示意图

六、实验数据记录和结果整理

(1) 实验前需自己设计表格，在实验时把实验数据认真填写到表格中，并计算出硬度的平均值。

(2) 归纳总结布氏、洛氏、维氏硬度计的适用范围。

七、注意事项

(1) 试样的试验表面应尽可能是光滑的平面，不应有氧化皮及外来污物。

(2) 试样的坯料可采用各种冷热加工方法从原材料或机件上截取，但在试样制备过程应尽量避免各种操作因素引起的试样过热，造成试样表面硬度的改变。

(3) 试样的厚度至少应为压痕深度的10倍。

八、讨论与思考

(1) 布氏、洛氏、维氏硬度值能否进行比较?

(2) 布氏、洛氏、维氏硬度值是否有单位，需要写单位吗?

(3) 布氏、洛氏、维氏硬度试验方法各有哪些优缺点?

实验三 碳钢的热处理

一、实验目的

(1) 了解普通热处理（退火、正火、淬火和回火）的方法。

(2) 分析碳钢在热处理时，加热温度、冷却速度及回火温度对其组织与硬度的影响。

(3) 了解碳钢含碳量对淬火后硬度的影响。

二、实验原理

热处理是一种很重要的热加工工艺方法，也是充分发挥金属材料性能潜力的重要手段。热处理的主要目的是改变钢的性能，其中包括使用性能及工艺性能。钢的热处理工艺特点是将钢加热到一定的温度，经一定时间的保温，然后以某种速度冷却下来，通过这样的工艺过程能使钢的性能发生改变。

(一) 加热温度选择

对碳钢进行退火、正火、淬火和回火热处理时，要求达到的温度也有不同。

1. 退火加热温度

钢的退火通常是把钢加热到临界温度 Ac_1 或 Ac_3 以上，保温一段时间，然后缓缓地随炉冷却。此时，奥氏体在高温区发生分解而得到比较接受平衡状态的组织。一般亚共析钢加热至 Ac_3 + (30～50)℃（完全退火），共析钢和过共析钢加热至 Ac_1 + (20～30)℃（球化退火），目的是得到球化体组织，降低硬度，改善高碳钢的切削性能，同时为最终热处理做好组织准备。

2. 正火加热温度

正火则是将钢加热到 Ac_3 或 Ac_{cm} 以上 30～50℃，保温后进行空冷。由于冷却速度稍快，与退火组相比，组织中的珠光体相对量较多，且片层较细密，所以性能有所改善。一般亚共析钢加热至 Ac_3 + (30～50)℃，过共析钢加热至 Ac_{cm} + (30～50)℃，即加热到奥氏体单相区。退火和正火加热温度范围选择如图 2-3-1 所示。

3. 淬火加热温度

淬火就是将钢加热到 Ac_3（亚共析钢）或 Ac_1（过共析钢）以上 30～50℃，保温后放入各种不同的冷却介质中快速冷却，以获得马氏体组织。碳钢经淬火后的组织由马氏体及一定数量的残余奥氏体所组成。加热温度范围选择如图 2-3-2 所示。

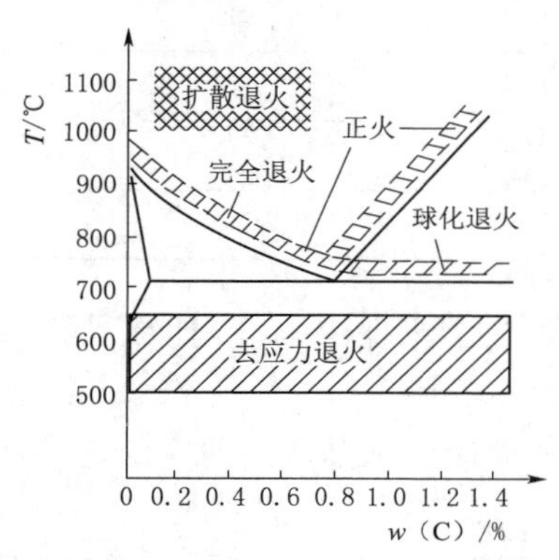

图 2-3-1 退火和正火的加热温度范围

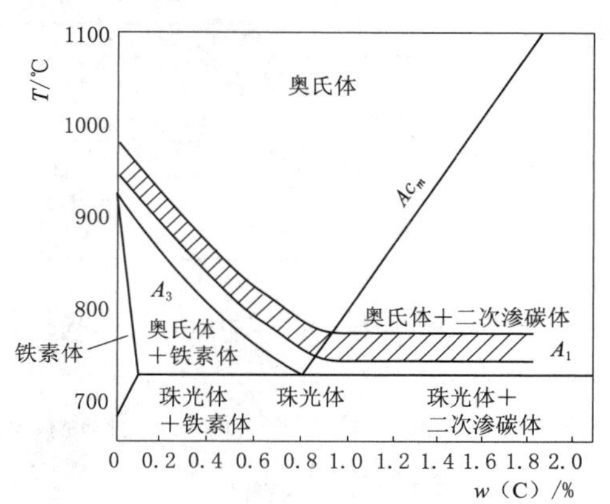

图 2-3-2 淬火的加热温度范围

在适宜的加热温度下，淬火后得到的马氏体呈细小的针状；若加热温度过高，其形成粗针状马氏体，使材料变脆甚至可能在钢中出现裂纹。

4. 回火加热温度

钢淬火后都需要进行回火处理，回火温度取决于最终所要求的组织和性能。通常按加热温度的高低将回火分为以下三类：

（1）低温回火：加热温度为 150～250℃。其目的主要是降低淬火钢中的内应力，减少钢的脆性，同时保持钢的高硬度和耐磨性。常用于高碳钢制的切削工具、量具和滚动轴承件及渗碳处理后的零件等。

（2）中温回火：加热温度为 350～500℃。其目的主要是获得高的弹性极限，同时有高的韧性。主要用于各种弹簧热处理。

（3）高温回火：加热温度为 500～650℃。其目的主要是使得钢既有一定的强度、硬度，又有良好冲击韧性的综合机械性能。通常把淬火后加高温回火的热处理称作调质处理。主要用于处理中碳结构钢，即要求高强度和高韧性的机械零件，如轴、连杆、齿轮等。

（二）保温时间的确定

在实验室进行热处理实验，一般采用各种电炉加热试样。当炉温升到规定温度时，即打开炉门装入试样。通常将工件升温和保温所需时间算在一起，统称为加热时间。

热处理加热时间实际上是将试样加热到淬火所需的时间及淬火温度停留所需时间的总和。加热时间与钢的成分、工件的形状尺寸、所用的加热介质、加热方法等因素有关，一般按照经验公式加以估算。一般规定，在空气介质中，升到规定温度后的保温时间，对碳钢来说，按工件厚度（或直径）1～1.5min/mm 估算；合金钢按 2min/mm 估算。在盐浴炉中，保温时间则可缩短一半以上。钢件在电炉中的保温时间可参考表 2-3-1。

表 2-3-1　　钢件在电炉中的保温时间参考值

材　料	工件厚度或直径/mm	保温时间/min
碳钢	<25	20
	25～50	45
	50～75	60
低合金钢	<25	25
	25～50	60
	50～75	60

当工件厚度或直径小于 25mm 时，其保温时间可按每毫米保温 1min 计算。

(三) *冷却方式和方法*

热处理时冷却方式（冷却速度）影响着钢的组织和性能。选择适当的冷却方式，才能获得所要求的组织和性能。

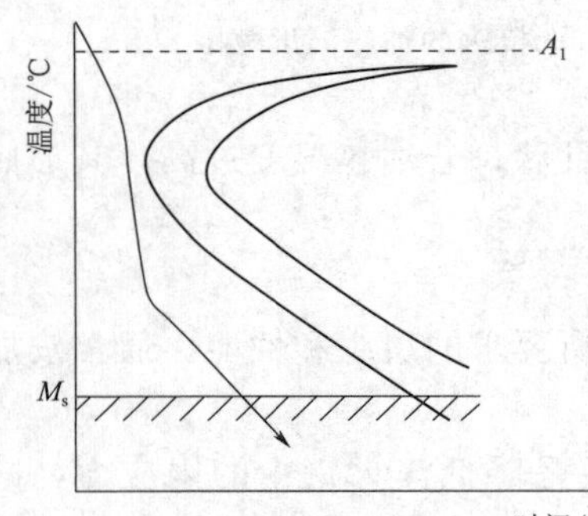

图 2-3-3　淬火时的理想冷却曲线

钢的退火一般采用随炉冷却到 600～550℃ 再出炉空冷；正火采用空气冷却；淬火时，钢在过冷奥氏体最不稳定的范围 650～550℃ 内冷却速度应大于临界冷却速度，以保证工件不转变为珠光体类型组织，而在 M_s 点附近时，冷却速度应尽可能慢些，以降低淬火内应力，减少工件的变形和开裂。理想的冷却曲线如图 2-3-3 所示。

淬火介质不同，其冷却能力不同，因而工件的冷却速度也就不同。合理选择冷却介质是保证淬火质量的关键。对于碳钢来说，用室温的水作淬火介质通常能保证得到较好的结果。

目前常用的淬火介质及其冷却能力数据见表 2-3-2。

表 2-3-2　　常用的淬火介质及其冷却能力数据

淬　火　介　质	冷却速度/(℃/s)	
	在 650～550℃区间内	在 200～300℃区间内
水（18℃）	600	270
水（26℃）	500	270
水（50℃）	100	270
水（74℃）	30	200
10%苛性钠水溶液（18℃）	1200	300
10%氯化钠水溶液（18℃）	1100	300
矿物油（50℃）	150	30

（四）碳钢热处理后的组织

1. 碳钢的退火和正火组织

亚共析钢采用“完全退火”后，得到接近于平衡状态的显微组织，即铁素体加珠光体。共析钢和过共析钢多采用“球化退火”，获得在铁素体基体上均匀分布着粒状渗碳体的组织，该组织称为球状珠光体或球化体。球状珠光体的硬度比层片状珠光体低。亚共析钢的正火组织为铁素体加索氏体，共析钢的正火组织一般均为索氏体；过共析钢的正火组织为细片状珠光体及点状渗碳体。对于同样的碳钢，正火的硬度比退火的略高。

2. 钢的淬火组织

钢淬火后通常得到马氏体组织。当奥氏体中碳质量分数大于0.5%时，淬火组织为马氏体和残余奥氏体。马氏体可分为两类板条马氏体和片（针）状马氏体。

3. 淬火后的回火组织

回火是将淬火后的钢件加热到指定的回火温度，经过一定时间的保温后，空冷到室温的热处理操作。回火时引起马氏体和残余奥氏体的分解。

淬火钢经低温回火（150～250℃），马氏体内的过饱和碳原子脱溶沉淀，析出与母相保持着共格联系的ε碳化物，这种组织称为回火马氏体。回火马氏体仍保持针片状特征，但容易受侵蚀，故颜色要比淬火马氏体深些，是暗黑色的针状组织。回火马氏体具有高的强度和硬度，而韧性和塑性较淬火马氏体有明显改善。

淬火钢经中温回火（350～500℃）得到在铁素体基体中弥散分布着微小粒状渗碳体的组织，该组织称为回火托氏体。回火托氏体中的铁素体仍然基本保持原来针状马氏体的形态，渗碳体则呈细小的颗粒状，在光学显微镜下不易分辨清楚，故呈暗黑色的回火托氏体有较好的强度、最高的弹性、较好的韧性。

淬火钢高温回火（500～650℃）得到的组织称为回火索氏体，它是由粒状渗碳体和等轴形铁素体组成的混合物。回火索氏体具有强度、韧性和塑性较好的综合机械性能。

回火所得到的回火索氏体和回火托氏体与由过冷奥氏体直接分解出来的索氏体和托氏体在显微组织上是不同的，前者中的渗碳体呈粒状而后者则为片状。

三、实验设备和工具

箱式电阻炉及控温仪表，洛氏硬度计，冷却介质水和油，淬火水桶、长柄铁钳、砂纸等。

四、试件

45钢、T10（T12）钢等热处理试样。

五、实验内容与步骤

（1）每5人一组，每组共同完成一套实验。领取45钢试样一套、T10（T12）钢试样一套。

（2）各组讨论并决定45钢试样的加热温度、保温时间，调整好控温装置，接着将一套45钢试样放入已升到合适温度的电炉中进行加热保温，然后分别进行炉冷、空冷与水冷，最后测定它们的硬度，并做好记录。

（3）各组讨论并决定T10（T12）钢试样的加热温度、保温时间，调整好控温装置；接着将一套T10（T12）钢试样放入已升到温度的电炉中进行加热保温；然后进行水冷，测定它们的硬度值，并做好记录；最后将水淬后的 T10（T12）钢分别放入 200℃、400℃、600℃的不同温度的电炉中进行回火，30min 后出炉空冷，再测量硬度，并做好记录。

（4）注意应将各种不同方法热处理后的样式用砂纸磨去两端面的氧化皮（以免影响硬度数值），再测定硬度。每个试样至少三个实验点，再取一个平均值。

六、实验数据处理及结论

（1）实验前需自己设计表格，在实验时把实验数据认真填写到表格中，并计算出硬度的平均值。

（2）分析冷却速度及回火温度对钢性能的影响（含碳量相同的试样）。

（3）分析含碳量对钢性能的影响（处理方法相同）。

七、注意事项

（1）淬火时，试样要用钳子夹住，动作要迅速，并不断在水中搅动，以免影响热处理质量。

（2）淬火或回火后的试样均要用砂纸打磨，去掉氧化皮后再测定硬度值。

（3）装取试样时炉门开启时间应尽量短，以延长电炉使用寿命。

八、讨论与思考

（1）45 钢常用的热处理是什么？它们的组织是什么？有何工程应用？

（2）退火状态的 45 钢试样分别加热到 600～900℃之间不同的温度后，在水中冷却，其硬度随加热温度如何变化？为什么？

（3）45 钢调质处理得到的组织和 T10（T12）钢球化退火得到的组织在本质、形态、性能上有何差异？

第三章　机　械　原　理

实验一　机构自由度计算以及测绘

一、实验目的

（1）掌握机构自由度的计算方法。

（2）熟悉机构运动简图的画法。

（3）分析机构具有确定运动的必要条件，加深对机构分析的了解。

（4）掌握高副低代的方法，并能熟悉运用。

二、实验原理和方法

由于机构的运动仅与机构中可动的构件数目、运动副的数目和类型及相对位置有关，因此，绘制机构运动简图要抛开构件的外形及运动副的具体构造，而用国家标准规定的简略符号来代表运动副和构件，并按一定的比例尺表示运动副的相对位置，以此说明机构的运动特征。

要正确地反映机构的运动特征，首先就必须清楚地了解机构的运动，其方法如下：

（1）在机构缓慢运动中观察，搞清运动的传动顺序，找出机构的原动件、从动件（包括执行机构）和固定构件（机架）。

（2）确定组成机构的可动构件数目以及构件之间所形成的相对运动关系（即组成何种运动副）。

（3）分析各构件的运动平面，选择多数构件的运动平面作为运动简图的视图平面。

（4）将机构停止在适当的位置（即能反映全部运动副和构件的位置），确定原动件，并选择适当比例尺，按照与实际机构相应的比例关系，确定其他运动副的相对位置，直到机构中所有运动副全部表示清楚。

（5）测量实际机构的运动尺寸，如转动副的中心距、移动副的方向、齿轮副的中心距等。

（6）按所测的实际尺寸，修改所画的草图并将所测的实际尺寸标注在草图上的相应位置，按同一比例尺将草图画成正规的运动简图。

（7）按运动的传递顺序用数字式 1、2、3、…和大写字母 A、B、C、…分别标出构件和运动副。

（8）计算机构的自由度，并检查是否与实际机构相符，以检验运动简图的正确性。

（9）对机构中的高副选用相关低副来代替，并将两者的简图绘出。

三、实验设备与工具

（1）各种实际机器及各种机构模型。

(2) 钢板尺、卷尺、内外卡尺、量角器等。

(3) 铅笔、橡皮、草稿纸等。

四、实验步骤

(1) 观察所画机构，弄懂运动原理。

(2) 熟悉运动副的标准代表符号。

(3) 描绘简图的草图。

(4) 测量实际机构的运动尺寸并标注在草图上。

(5) 选择比例尺，标注构件和运动副。

(6) 计算机构的自由度。

(7) 做机构的结构分析。

(8) 采用低副替代机构中的高副，并分析两者的区别。

实验二　机构组合创新设计实验

一、实验目的

(1) 加深对平面机构的组成原理、结构组成的认识，了解平面机构组成及运动特点。

(2) 培养机构综合设计能力、创新能力和实践动手能力。

二、实验原理

根据平面机构的组成原理——任何平面机构都可以由若干个基本杆组（阿苏尔杆组）依次连接到原动件和机架上而构成，故可通过实验规定的机构类型，选定实验的机构，并拼装该机构；在机构适当位置装上测试元器件，测出构件的各瞬时的线位移或角位移，通过对时间求导，得到该构件相应的速度和加速度，完成参数测试。

三、实验设备及工具

(1) ZBS－C 机构创新设计方案实验台。

(2) 构件：

1) 齿轮：模数 2，压力角 20°，齿数为 28、35、42、56，中心距组合为 63mm、70mm、77mm、91mm、98mm。

2) 凸轮：基圆半径 20mm，升回型，从动件行程为 30mm。

3) 齿条：模数 2，压力角 20°，单根齿条全长为 400mm。

4) 槽轮：4 槽槽轮。

5) 拨盘：可形成两销拨盘或单销拨盘。

6) 主动轴：轴端带有一平键，有圆头和扁头两种结构型式（可构成回转副或移动副）。

7) 从动轴：轴端无平键，有圆头和扁头两种结构型式（可构成回转副或移动副）。

8) 移动副：轴端带有扁头结构型式。

9) 转动副轴（或滑块）：用于两构件形成转动副或移动副。

10) 复合铰链Ⅰ（或滑块）：用于三构件形成复合转动副或形成转动副＋移动副。

11) 复合铰链Ⅱ（或滑块）：用于四构件形成复合转动副。

12）主动滑块插件：插入主动滑块座孔中，使主动运动为往复直线运动。

13）主动滑块座：装入直线电机，在齿条轴上形成往复直线运动。

14）活动铰链座Ⅰ、活动铰链座Ⅱ、滑块导向杆（或连杆）、连杆Ⅰ、连杆Ⅱ、压紧螺栓、带垫片螺栓、层面限位套、紧固垫片、高副锁紧弹簧、齿条护板、T型螺母、行程开关碰块、皮带轮、张紧轮、张紧轮支承杆、张紧轮轴销、螺栓、直线电机、旋转电机、实验台机架、标准件和紧固件若干（A型平键、螺栓、螺母、紧定螺钉等）。

(3) 组装、拆卸工具：一字起子、十字起子、呆扳手、内六角扳手、钢板尺、卷尺。

四、实验步骤

(1) 使用“机构创新设计方案实验台”提供的各种零件。按照拟订的运动方案简图，先在桌面上进行机构的初步实验组装，这一步的目的是杆件分层。一方面为了使各个杆件在互相平行的平面内运动，另一方面为了避免各个杆件，各个运动副之间发生运动干涉。

(2) 按照上一步骤实验好的分层方案，从最里层开始，依次将各个杆件组装连接到机架上。选取构件杆，连接转动副或移动副。凸轮、齿轮、齿条与杆件用转动副连接，杆件以转动副的形式与机架相连，最后组装连接输入转动的原动件或输入移动的原动件。

(3) 根据输入运动的形式选择原动件。若输入运动为转动（工程实际中以柴油机、电动机等为动力的情况），则选用双轴承式主动定铰链轴或蜗杆为原动件，并使用电机通过软轴联轴器进行驱动。若输入运动为移动（工程实际中以油缸、气缸等为动力的情况），可选用适当行程的气缸驱动，用软管连接好气缸、气控组件和空气压缩机并进行空载形成实验。

(4) 先用手动的方式摇动或推动原动件，观察整个机构各个杆、副的运动；确定运动没有干涉后，安装电动机，用柔性联轴节将电机与机构相连；或安装气缸，用附件将气缸与机构相连。

(5) 检查无误后，接通电源试机。

(6) 观察机构系统的运动，对机构系统的工作到位情况、运动学及动力学特性做出定性的分析和评价。一般包括如下几个方面：

1）各个杆、副是否发生干涉。

2）有无形成运动副的两构件的运动不在一个平面，因而出现摩擦力过大的现象。

3）输入转动的原动件是否为曲柄。

4）输出构件是否具有急回特性。

5）机构的运动是否连续。

6）最小传动角（或最大压力角）是否超过其许用值。

7）机构运动过程中是否产生刚性冲击或柔性冲击。

8）机构是否符合设计要求、是否运动到位、是否灵活可靠。

9）多自由度机构的几个原动件，能否使整个机构实现良好的协调动作。

10）动力元件的选用及安装是否合理，是否按预定的要求正常工作。

(7) 若观察到机构系统运动出现问题，则必须按前述步骤进行组装调整，直到该模型机构完全按照设计要求灵活、可靠地运动。

(8) 至此已经用实验方法确定了设计方案和参数，再测绘自己组装的模型，换算出实际尺寸，填写实验报告，包括按比例绘制正规的机构运动简图，标注全部参数，计算自由度，划分杆组，简述各项评价情况，指出自己有所创新之处，指出不足之处并简述改进的设想。

五、实验要求

组合机构中要求滑块行程大于10cm，要求绘出平面机构简图，计算出自由度并写出机构的工作原理。

实验三　渐开线直齿圆柱齿轮参数的测定与分析

一、实验目的

（1）掌握测量渐开线直齿圆柱变位齿轮参数的方法。

（2）通过测量和计算，进一步掌握有关齿轮各几何参数之间的相互关系和渐开线性质。

二、实验内容

对渐开线直齿圆柱齿轮进行测量，确定其基本参数（模数 m 和压力角 α）并判别它是否为标准齿轮，对非标准齿轮，求出其变位系数 x。

三、实验设备和工具

（1）待测齿轮分别为标准齿轮、正变位齿轮、负变位齿轮，齿数各为奇数、偶数。

（2）游标卡尺，公法线千分尺。

（3）计算器（自备）。

四、实验原理及步骤

渐开线直齿圆柱齿轮的基本参数有：齿数 Z、模数 m、压力角 α、齿顶高系数 h_a^*、顶隙系数 C^*、中心距 a 和变位系数 x 等。本实验是用游标卡尺和公法千分尺测量，并通过计算来确定齿轮的基本参数。

1. 确定齿数 Z

齿数 Z 从被测齿轮上直接数出。

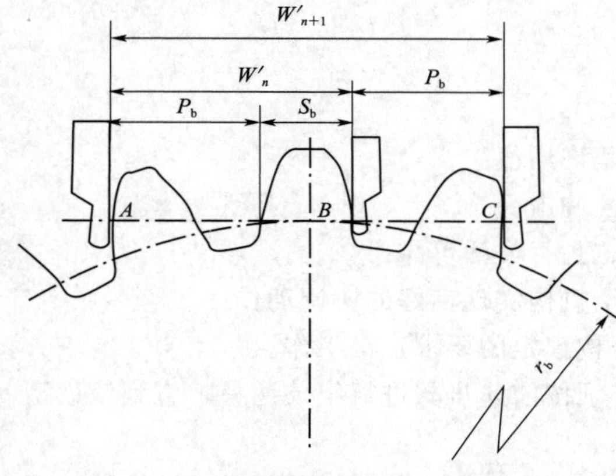

图 3-3-1　公法线长度测量

2. 确定模数 m 和分度圆压力角 α

在图 3-3-1 中，由渐开线性质可知，齿廓间的公法线长度 $\overline{AB}$ 与所对应的基圆弧长相等。根据这一性质，用公法线千分尺跨过 n 个齿，测得齿廓间公法线长度为 W'_n，然后再跨过 $n+1$ 个齿测得其长度为 W'_{n+1}。

$$\begin{cases} W'_n=(n-1)P_b+S_b \\ W'_{n+1}=nP_b+S_b \\ P_b=W'_{n+1}-W'_n \end{cases} \tag{3-3-1}$$

式中：P_b 为基圆齿距，mm，$P_b=\pi m\cos\alpha$，与齿轮变位与否无关；S_b 为实测基圆齿厚，

mm，与变位量有关。

由此可见，测定公法线长度 W'_n 和 W'_{n+1} 后就可求出基圆齿距 P_b，实测基圆齿厚 S_b，进而可确定出齿轮的压力角 α、模数 m 和变位系数 x。因此，齿轮基本参数测定中的关键环节是准确测定公法线长度。

（1）测定公法线长度 W'_n 和 W'_{n+1}。根据被测齿轮的齿数 Z，按下式计算跨齿数：

$$n=\frac{\alpha}{180^\circ}Z+0.5 \tag{3-3-2}$$

式中：α 为压力角；Z 为被测齿轮的齿数。

我国采用模数制齿轮，其分度圆标准压力角是 20°和 15°。若压力角为 20°可直接参照表 3－3－1 确定跨齿数 n。

表 3－3－1　　跨齿数 n（压力角为 20°）

Z	12～18	19～27	28～36	37～45	46～54	55～63	64～72	73～81	82～90
n	2	3	4	5	6	7	8	9	10

公法线长度测量按图 3－3－1 所示方法进行，首先测出跨 n 个齿时的公法线长度 W'_n。测定时应注意使千分尺的卡脚与齿廓工作段中部（齿轮两个渐开线齿面分度圆）附近相切。为减少测量误差，W'_n 值应在齿轮一周的三个均分位置各测量一次，取其平均值。

按同样方法量出跨测 $n+1$ 齿时的公法线长度 W'_{n+1}。

（2）确定基圆齿距 P_b，实际基圆齿厚 S_b。计算公式如下：

$$P_b=W'_{n+1}-W'_n \tag{3-3-3}$$

$$S_b=W_n-(n-1)P_b \tag{3-3-4}$$

（3）确定模数 m 和压力角 α。

根据求得的基圆齿距 P_b，可按下式计算出模数：

$$m=P_b/(\pi\cos\alpha) \tag{3-3-5}$$

由于式中 α 可能是 15°也可能是 20°，故分别用 $\alpha=15^\circ$ 和 $\alpha=20^\circ$ 代入计算出两个相应模数，取数值接近于标准模数的一组 m 和 α，即是被测齿轮的模数 m 和压力角 α。

3. 测定齿顶圆直径 d'_a 和齿根圆直径 d'_f 及计算全齿高 h'

为减少测量误差，同一数值在不同位置上测量三次，然后取其算术平均值。

当齿数为偶数时，d'_a 和 d'_f 可用游标卡尺直接测量，如图 3－3－2 所示。

当齿数为奇数时，直接测量得不到 d'_a 和 d'_f 的真实值，须采用间接测量方法，如图 3－3－3 所示，先量出齿轮安装孔直径 D，再分别量出孔壁到某一齿顶的距离 H_1、孔壁到某一齿根的距离 H_2。则 d'_a 和 d'_f 可按下式求出：

齿顶圆直径：
$$d'_a=D+2H_1 \tag{3-3-6}$$

齿根圆直径：
$$d'_f=D+2H_2 \tag{3-3-7}$$

全齿高 h 的计算分以下两种情况：

奇数齿全齿高：
$$h'=H_1-H_2 \tag{3-3-8}$$

偶数齿全齿高：

$$h'=\frac{1}{2}(d_a-d_f) \tag{3-3-9}$$

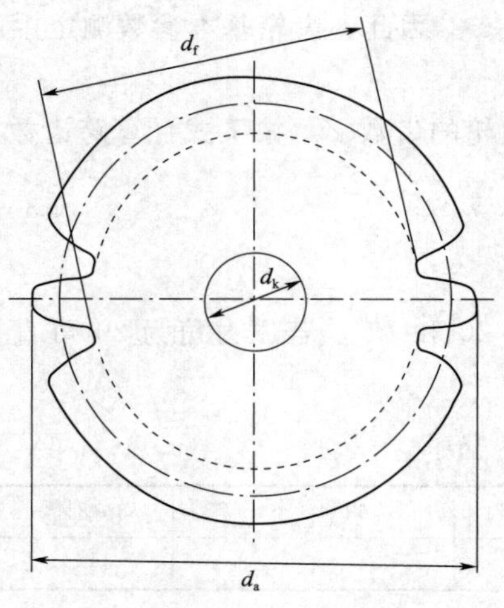

图 3-3-2 偶数齿测量

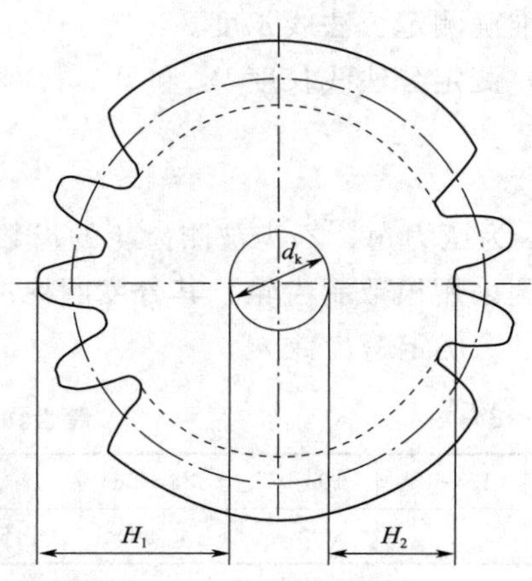

图 3-3-3 奇数齿测量

4. 确定变位系数 x

与标准齿轮相比，变位齿轮的齿厚发生了变化，所以它的公法线长度与标准齿轮的公法线长度也就不相等。两者之差就是公法线长度的增量，增量等于 $2m\sin\alpha$。

若实测得齿轮的公法线长度 W'_n，标准齿轮的理论公法线长度为 W_n（可从机械零件设计手册中查得），则变位系数按下式求出：

$$X=\frac{W'_n-W_n}{2m\sin\alpha} \tag{3-3-10}$$

5. 确定 h_a^*、C^*

由于按实测计算所得的 h' 值中包含有（h_a^*、C^*），而全齿高的计算公式为

$$h=m(2h_a^*+C^*-x) \tag{3-3-11}$$

由实测 h'、m、x，且 h_a^*、C^* 为标准值，可得正常齿 $h_a^*=1$，$C^*=0.25$；短齿 $h^*=0.8$，$C^*=0.3$。就可判定 h_a^*、C^* 的值。

五、讨论思考

(1) 测量公法线长度时，游标卡尺卡脚放在渐开线齿廓工作段的不同位置上，对测量结果有无影响？为什么？

(2) 同一模数、齿数、压力角的标准齿轮的公法线长度是否相等？为什么？

实验四 回转体智能化动平衡实验

一、实验目的

(1) 利用补偿重径积法测定试件的两平衡平面中的不平衡重量的大小和相位。

(2) 了解 DPJ 简易动平衡机的实验原理和实验方法。

二、实验设备

DPJ 简易动平衡机。

三、实验原理及步骤

任何回转体的构件的动不平衡都可认为是分别处于两个任意选定的回转平面 T_1 和 T_2 内的不平衡重量 G_0'和 G_0''所产生，如图 3－4－1 所示。因此进行平衡实验时便可以不管被平衡构件的实际不平衡重量所在位置及其大小如何，只要根据构件实际外形的许可，选择两回转平面作为平衡校正平面，且把不平衡重量看作处于该两平衡平面之中的 G_0'和 G''_0，然后针对 G_0'和 G_0''进行平衡就可以达到目的。

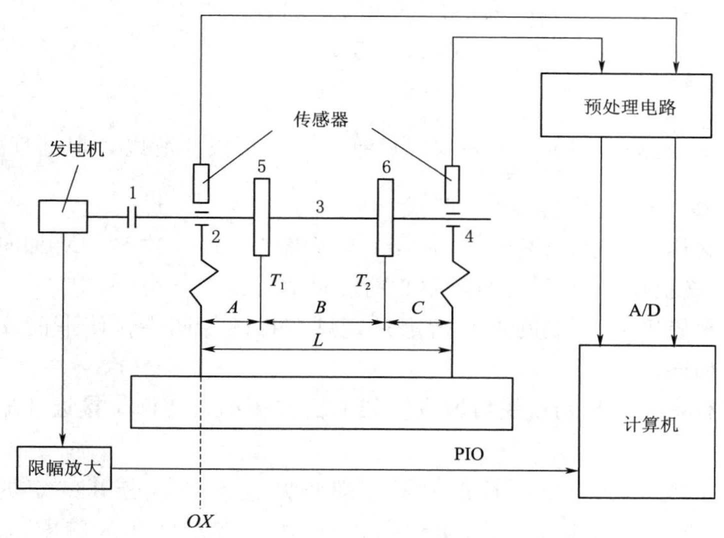

图 3－4－1　动平衡试验台工作原理

将要平衡的试件 3 架于两个滚动支承 2、4 上，通过挠性联轴器 1 由主电机带动。此时试件不平衡重量可以看成在两平衡面 T_1 和 T_2 上的两个不平衡重量 G_0'和 G_0''产生。平衡时，先令平衡平面 T_2 通过振摆轴线 OX，当回转构件转动时，T_2 面上不平衡重量的离心力 P_0''所产生的力矩为 0，不引起框架的振动，而平衡平面 T_1 上的不平衡重量 G_0'的离心力 P_0'对振摆轴线的力矩为 $M_0=P_0'l\cos\varphi_0$，（l 为 T'面到轴线 OX 的垂直距离）。这个力矩使整个框架产生振动。

为了测出 T'面上的不平衡重量的大小和相位，需加上一个补偿重块，使产生一个补偿力矩。即在 T_1 和 T_2 对应的两个圆盘上各装一个平衡重量 G_c，平衡重量的轴心与圆盘的轴线相距 r_c，但相位差 180°。两个圆盘相距 l_c。当电动机旋转时，T_1 和 T_2 对应的两个圆盘也旋转，这时 G_c 的离心力 P_0 就构成一个力偶矩 M_c，它也影响到框架 OX 轴线的振摆，其大小为

$$M_c=P_cl_c\cos\varphi_c \tag{3-4-1}$$

框架振动的合力矩为

$$M=M_0+M_c=P_0'l\cos\varphi_0-P_cl_c\cos\varphi_c=0 \tag{3-4-2}$$

或

$$G_0' r_0' l \cos\varphi_0 - G_c r_c l_c \cos\varphi_c = 0 \tag{3-4-3}$$

满足上式的条件为

$$G_0' r_0' = G_c r_c \frac{l_c}{l} \tag{3-4-4}$$

$$\varphi_0 = \varphi_c \tag{3-4-5}$$

在平衡机的补偿装置中装上的平衡质量 G_c 和平衡重量的轴心与圆盘的轴线距离 r_c 是已知的，此时，读出 l_c、φ_c 的数值就可得知 $G_0' r_0'$、和相位角 φ_0 的大小。当选定加平衡重的回转半径 r_b'后，平衡重量 G_b'的大小为

$$G_b' = \frac{G_0' r_0'}{r_b'} = \frac{G_c r_c l_c}{l r_b'} = C l_c \tag{3-4-6}$$

公式中 G_c、r_c 已知，当 r_b'、l 确定后 $C = \frac{G_c r_c}{r_0' l}$ = 常数。所以，根据读得的 l_c 值便可直接求得 G_b'值。G_b'的位置应为 $\varphi + 180°$。

其相位可以这样来确定，停车后，使指针转到图 3-4-1 中与 OX 轴向垂直的虚线位置，此时 G_b'的位置就在平面 T'内回转中心的铅直上方。

测量另一个平衡平面 T''上的不平衡重量，只需将试件调头，使平面 T'通过 OX 轴，测量方法与上述相同。

在框架上装有重块，移动重块可改变框架的固有频率，使框架接近共振状态，即振幅放大。

具体操作时，可先加一定的补偿力矩（即将圆盘 5 和 6 分开一定的距离 l_c），然后调节 φ_c 值。因回转件与圆盘的转速相等，故 M_0 与 M_c 变化的频率也相等。当调节到 $\varphi_c = \varphi + 180°$时，$M_c$ 与 M_0 同向，两力矩正向叠加，此时框架的振幅最大，当调节至 $\varphi_c = \varphi$ 时，两力矩反向叠加，此时框架的振幅最小。即不平衡重量的相位已经找到。继续调节 l_c 改变 M_c 的幅度，当 $G_0' r_0' = G_c r_c \frac{l_c}{l}$时，两力矩相互抵消，框架振动便完全消失。

四、实验数据处理

本机实验系数 $G_c = 179$g，$r_c = 6$cm，$l = 25$cm，$r_b' = 5.5$cm，则

$$C = \frac{G_c r_c}{r_0 l} = \frac{179 \times 6}{5.5 \times 25} \approx 7.8 \text{ (g/cm)}$$

五、注意事项

注意实验软件中的初始角度与实际仪器的初始角度是否一致。

实验五 曲柄导杆机构综合实验

一、实验目的

(1) 了解位移、速度测定方法。

(2) 初步了解“QTD-Ⅲ型组合机构实验台”的基本原理，并掌握使用方法。

二、实验设备

(1) QTD-Ⅲ型组合机构实验台。

(2) 曲柄滑块试验仪。

(3) 计算机。

三、实验原理

本实验配套的为曲柄导杆机构，其原动力采用直流调速电机，电机转速可在0～3000r/min范围做无级调速。经蜗轮蜗杆减速器减速，机构的曲柄转速为0～100r/min。

图3-5-1为曲柄导杆机构的结构简图，利用往复运动的滑块推动光电脉冲编码器，输出与滑块位移相当的脉冲信号，经测试仪采集处理后传输给计算机，并在数据采集界面上显示滑块的位移、速度、加速度等数据。

四、实验步骤

(1) 将光电脉冲编码器输出的插头及同步脉冲发生器输出的插头分别插入测试仪相应接口上。

(2) 把串行传输线一头插在计算机任一串口上，另一头插在实验仪的串口上。

(3) 打开QTD-Ⅲ组合机构实验台上的电源，此时带有LED数码管显示面板上将显示“0”。

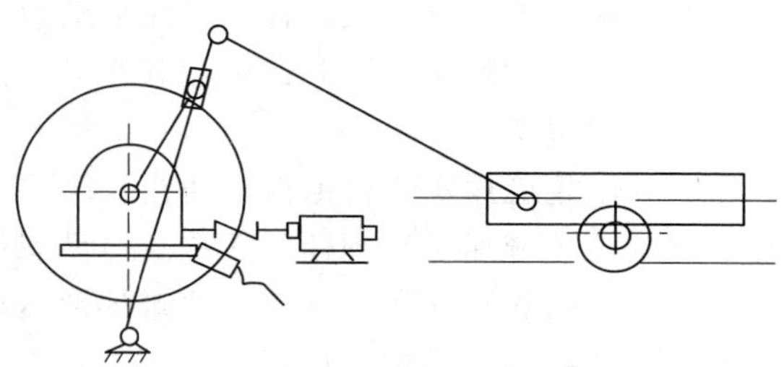

图3-5-1 曲柄导杆机构的结构简图

(4) 打开计算机数据采集软件。

(5) 启动机构，在机构电源接通前将电机调速电位器逆时针旋转至最低速位置，然后接通电源，并顺时针转动电位器，使转速逐渐加至所需的值（否则易烧坏保险丝，甚至损坏调速器），显示面板上实时显示曲柄轴的转速。

(6) 机构运转正常后，就可在计算机上进行操作了。

(7) 先熟悉系统软件的界面及各项操作的功能。

(8) 选择好串口，点击“数据系集”。在弹出的采样参数设置区内选择相应的采样方式和采样常数。可以选择定时采样方式，采样的时间常数有10个选择挡，分别是2ms、5ms、10ms、15ms、20ms、25ms、30ms、35ms、40ms、50ms，比如选25ms。也可以选择定角采样方式，采样的角度常数有5个选择挡，分别是2°、4°、6°、8°、10°，比如选择4°，不用写在实验报告上。

(9) 按下“采样”按键，开始采样。请等若干时间，此时测试仪正在按接收到的计算机指令进行对机构运动的采样，并回送采集的数据给计算机，得到运动的位移值等数据，不用写在实验报告上。

(10) 当采样完成，在“数据显示区”内显示采样的数据，记录数据，并绘制位移、速度和加速度曲线。

五、实验数据及处理

(1) 按照表3-5-1记录实验数据。

表 3-5-1　　实　验　数　据

序　号	位　移	速　度	加　速　度

（2）根据获得的实验数据绘制位移、速度和加速度曲线。

实验六　凸轮机构综合实验

一、实验目的

（1）了解凸轮机构的运动过程。

（2）掌握凸轮轮廓和从动件的常用运动规律。

（3）掌握机构运动参数测试的原理和方法。

二、实验设备

TL-I凸轮机构实验台由盘形凸轮、圆柱凸轮和滚子推杆组件构成，提供了等速运动规律、等加速等减速运动规律、多项式运动规律、余弦运动规律、正弦运动规律、改进等速运动规律、改进正弦运动规律、改进梯形运动规律等八种盘形凸轮和一种等加速等减速运动规律的圆柱凸轮供检测使用。

该实验台可拼装平面凸轮和圆柱凸轮两种凸轮机构。

有关构件尺寸参数如下：基圆半径 $R_0=40$mm，最大升程 $h_{max}=80$mm，圆柱凸轮升程角 $\alpha=150°$，升程 $h=38.5$mm。

三、实验原理

凸轮机构主要是由凸轮、从动件和机架三个基本构件组成的高副机构，如图 3-6-1 所示。其中凸轮是一个具有曲线轮廓或凹槽的构件，一般为主动件，做等速回转运动或往复直线运动。从动件与凸轮轮廓接触，传递动力和实现预定的运动规律，故从动件的运动规律取决于凸轮轮廓曲线。由于组成凸轮机构的构件数较少，结构比较简单，只要合理地设计凸轮的轮廓曲线就可以使从动件获得各种预期的运动规律。

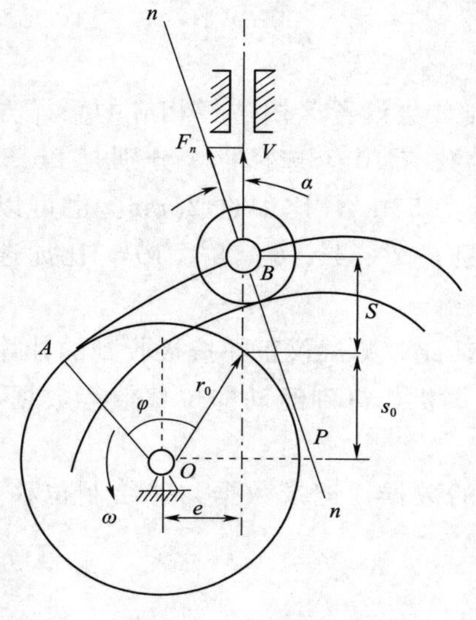

图 3-6-1　凸轮机构

凸轮相关参数：推程，回程，行程 h，凸轮转角 φ、推程运动角 ϕ，回程运动角 ϕ'，近休止角 ϕ'_s，远休止角 ϕ_s，从动件的位移 s。

TL-I凸轮机构实验台采用单片机与A/D转换集成相结合进行数据采集，处理分析及实现与计算机的通信，达到适时显示运动曲线的目的。该测试系统先进、测试稳定、抗干扰性强。同时该系统采用光电传感器、位移传感器作为信号采集手段，具有较高的检测精度。数据通过传感器与数据采集分析箱将机构的运动数据通过计算机串口送到计算机内进行处理，形成运动构件运动参数变化的实测曲线，为机构运动分析提供手段和检测方法。

本实验台电机转速控制系统有两种方式：①手动控制，通过调节控制面板上的液晶调速菜单调节电机转速；②软件控制，在实验软件中根据实验需要来调节。其原理框图如图 3-6-2 所示。

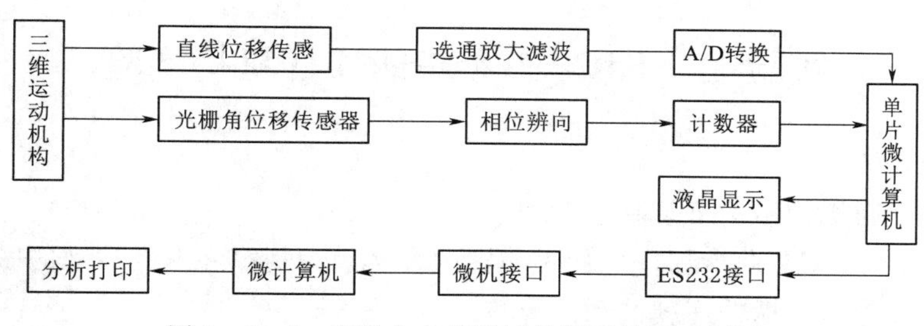

图 3-6-2 实验台电机转速控制系统原理框图

四、实验步骤

(1) 选择一凸轮，然后将其安装于凸轮轴上，并紧固。

(2) 用手拨动机构，检查机构运动是否正常。

(3) 连接或检查传感器、采集箱和计算机之间接线是否正确。

(4) 打开采集箱电源，启动电机，逐步增加电机转速，观察凸轮运动。

(5) 打开计算机上的控制软件，进入“数据采集”界面，采集相应数据。

(6) 采集数据完毕后，点击界面上方“文件”按钮，选择其中“生成全部曲线 Excel 文件”，保存生成的文件。

(7) 剔除掉曲线 Excel 文件中不合理的数据，根据采集的数据绘制凸轮的角位移线图、角速度线图和角加速度线图，并计算凸轮相关参数。

(8) 判断从动件的运动类型，绘出从动件的运动规律图，即从动件的位移 s 与凸轮转角 φ 的关系图。

(9) 运用“反转法”绘制凸轮机构的轮廓曲线，包括实际廓线与理论廓线。

(10) 点击“运动仿真”进入机构设计仿真窗体，确认凸轮机构的几何参数，点击“仿真”按钮，便可以把仿真机构的位移、速度、加速度曲线在窗体下方的黑色坐标框中绘制出来。

(11) 更换另一凸轮，重新进行上述操作。

(12) 实验完毕后，关闭电源，拆下构件。

(13) 分析比较理论曲线和实测曲线，并编写实验报告。

五、注意事项

(1) 机构运动速度不宜过快。

(2) 机构启动前一定要仔细检查连接部分是否牢靠；检查手动转动机构曲柄是否可整转。

(3) 运行时间不宜太长，隔一段时间应停下来检查机构连接是否松动。

(4) 绘制曲线时注意选择合适的采集点。

六、讨论与思考

(1) 在构建凸轮轮廓线的曲线应注意哪些事项?

(2) 凸轮轮廓线与从动件运动规律之间有什么内在联系?

(3) 测量凸轮轮廓时,凸轮不同转向是否会影响所得凸轮轮廓形状?

实验七 PJC-CⅡ曲柄摇杆机构实验

一、实验目的

(1) 掌握平面机构结构组装和运动调节。

(2) 了解 PJC-CⅡ曲柄摇杆机构中曲柄的真实运动规律和速度波动的影响。

(3) 了解飞轮对曲柄的速度波动的影响。

(4) 了解 PJC-CⅡ曲柄摇杆机构中摇杆的真实运动规律。

二、实验设备

由曲柄摇杆结构、角位移传感器、PCI8310 卡采集、计算机构成试验平台,实验设备如图 3-7-1 所示。

图 3-7-1 实验设备

三、实验原理

曲柄摇杆在接通电源时,由曲柄作为原动件驱动从动件摇杆进行摇摆运动,运动过程中通过 PCI8310 卡采集摇杆的角位移并处理数据后输入计算机,通过计算机测试软件显示出实测的曲柄角速度图和角加速度图,然后通过数模仿真,获得曲柄角速度线图和角加速度线图,实验台工作原理如图 3-7-2 所示。

四、实验步骤

(1) 点击软件进入测试界面,单击"搭接机构"选择"曲柄摇杆机构"。

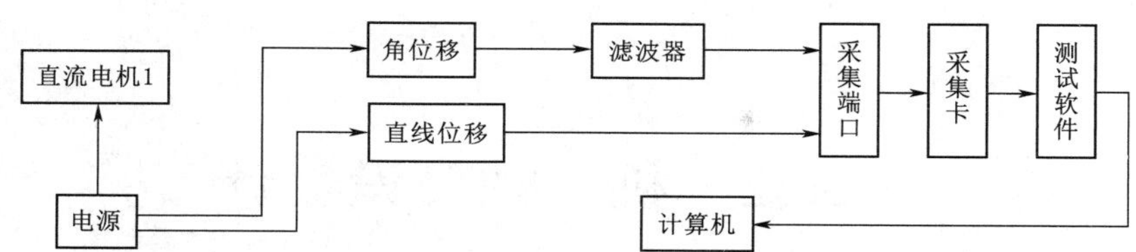

图 3-7-2 实验台工作原理

(2) 将电机启动按钮按下，电机进入运行状态，在桌面单击左上的“测试”，几秒后计算机自动生成主动件实测曲线，测试摆动从动件步骤相同。

(3) 返回主界面，在“实验分析”菜单下的“曲柄摇杆机构”中选择“曲柄运动实测分析”。进入界面后，单击“实测曲线”，数秒后计算机便自动采集数据形成曲柄运动实测曲线，然后单击“保存”存储数据。

(4) 返回主界面，在“实验分析”菜单下的“曲柄摇杆机构”中选择“摇杆运动仿真与实测分析”。进入界面后，单击“实测曲线”，数秒后计算机便自动采集数据形成摇杆运动实测曲线，摇杆运动仿真曲线的测试和实测一样。然后单击“保存”存储数据。

(5) 在操作的过程中可以单击“机构尺寸”查看曲柄摇杆机构原始参数，可根据实际情况更改数据。

五、注意事项

1. 开机前的准备

(1) 设备在实验室就位好后，应将机箱下固定地脚紧密接地，固定机身。

(2) 检查电器线路，确认无故障后，才可接电源线。

(3) 机构各运动构件要清理干净，加少量 N68～48 机油至各运动构件滑动轴承处。

(4) 面板上调速旋钮逆时针旋到底（转速最低）。

(5) 转动曲柄盘 1～2 周，检查各运动构件的运行状况，各螺母紧固件应无松动，各运动构件应无卡死现象。

2. 注意事项

(1) 在实验前，必须给学生上安全知识课，要求每个学生严格遵守操作规程。

(2) 在实验前，长发女生必须盘起长发，天气寒冷时，不得戴毛手套。

(3) 在实验前，检查各机械连接部件是否牢固，不得在未连接牢固前做实验。

(4) 在操作前，首先检查电器框的元件、线是否松动、脱落，方可通电试车。

(5) 绝不能在电位器旋到最大时，按下启停开关，启动电机。

(6) 电器箱及电机应可靠接地。

(7) 遇到紧急异常情况时，必须立即按下紧停开关，待检查原因后，方可再次通电试车。

六、讨论与思考

(1) 是否存在急回特性？

(2) 摆杆的角速度与角加速度有何规律？

第四章 机 械 设 计

实验一 螺栓组受力测试实验

一、实验目的

（1）测试螺栓组连接在倾覆力矩作用下各螺栓所受的载荷。

（2）深化课程学习中对螺栓组连接受力分析的认识。

（3）初步掌握静态电阻应变仪的工作原理和使用方法。

二、实验原理

多功能螺栓组连接实验台上的被连接件机座和托架被双排共 10 个螺栓连接，连接面间加入垫片，砝码的重力通过双级杠杆加载系统增力作用到托架上，托架受到翻转力矩的作用，螺栓组连接受横向载荷和倾覆力矩联合作用，各个螺栓所受轴向力不同，它们的轴向变形也就不同。在各个螺栓上贴有电阻应变片，可在螺栓中段测试部位的任一侧贴一片，或在对称的两侧各贴一片，各个螺栓的受力可通过贴在其上的电阻应变片的变形，用静态电阻应变仪测得。

静态电阻应变仪主要由测量电桥、直流电源、滤波器、A/D 转换器、MCU、面板、显示屏组成。测量方法为：由 DC2.5V 高精度稳定直流电源供电，通过高精度放大器，把测量桥的桥臂压差（μV 信号）放大，然后经过数字滤波器，滤去杂波信号，通过 24 位 A/D 模数转换送入 MCU（即 CPU）处理，调 0 点方式采用计算机内部自动调 0。送显示屏显示测量数据，同时配有 RS232 通信口，可以与计算机通信。

粘贴在螺栓上的工作电阻应变片和补偿电阻应变片分别接入静态电阻应变仪测量电桥的相邻桥臂。当螺栓受力变形，长度变化 Δl 时，粘贴在其上的工作电阻应变片的电阻也要变化 ΔR，并且 $\Delta R/R$ 正比于 $\Delta l/l$，ΔR 使测量电桥失去平衡。通过应变仪测量出桥臂压差 ΔU_{BD} 的变化，从而测量出螺栓的应变量。桥臂压差与螺栓的应变之间的关系为

$$\Delta U_{BD}=\frac{E}{4K}\varepsilon \tag{4-1-1}$$

式中：ΔU_{BD} 为工作片平衡电压差；E 为桥压；K 为电阻应变系数；ε 为应变值。

多功能螺栓组连接实验台的托架上还安装有一测试齿块，它是用来做齿根应力测试实验的；机座上还固定有一测试梁，它是用来做梁的应力测试实验的。测试齿块与测试梁与本实验无关，在做本实验前应将测试齿块固定螺钉拧松。

三、实验设备及工具

（1）多功能螺栓组连接实验台。

（2）静态电阻应变仪。

(3) 其他工具：螺丝刀，扳手、砝码。

四、实验方法与步骤

(一) 实验方法

1. 仪器连线

用导线从实验台的接线柱上把各螺栓的应变片引出端及补偿片的连线连接到电阻应变仪上。采用半桥测量时，如每个螺栓上只贴一个应变片，其连线如图 4-1-1 所示；如每个螺栓上对称两侧各贴一个应变片，其连线如图 4-1-2 所示。后者可消除螺栓偏心受力的影响。

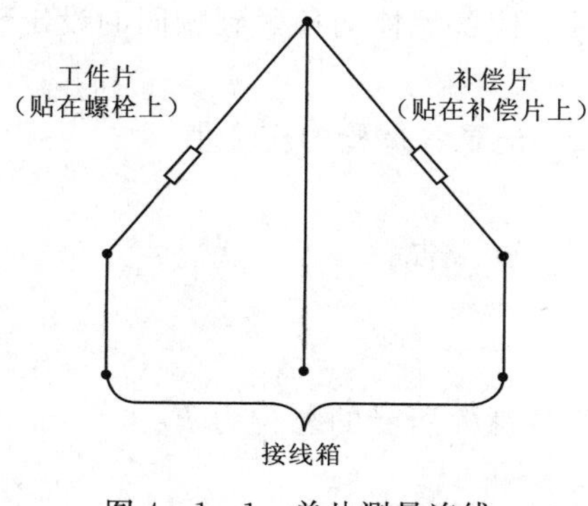

图 4-1-1　单片测量连线

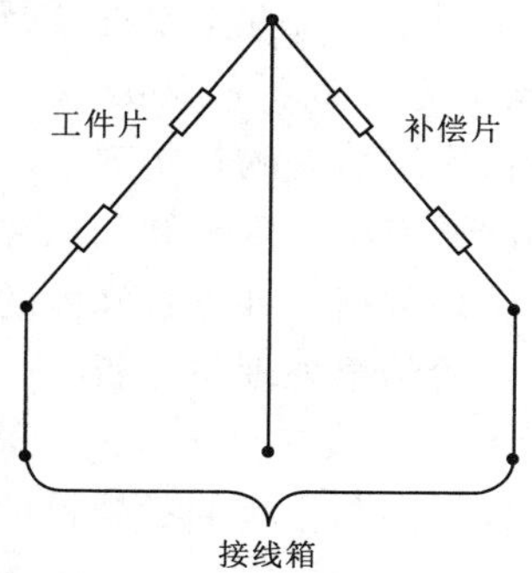

图 4-1-2　双片测量连线

2. 螺栓初预紧

抬起杠杆加载系统，不使加载系统的自重加到螺栓组连接件上。先将左端各螺母用手尽力拧紧，然后再把右端的各螺母也用手尽力拧紧。如果在实验前螺栓已经受力，则应将其拧松后再做初预紧。

3. 应变测量点预调平衡

以各螺栓初预紧后的状态为初始状态，先将杠杆加载系统安装好，使加载砝码的重力通过杠杆放大，加到托架上；然后再进行各螺栓应变测量的“调 0”(预调平衡)，即把应变仪上各测量点的应变量都调到读数“0”。预调平衡砝码加载前，应松开测试齿块（即使载荷直接加在托架上，测试齿块不受力)；加载后，加载杠杆一般呈向右倾斜状态。

4. 螺栓预紧

实现预调平衡后，再用扳手拧各螺栓左端螺母来加预紧力。为防止预紧时螺栓测试端受到扭矩作用产生扭转变形，在螺栓的右端设有一段 U 形断面，它嵌入托架接合面处的矩形槽中，以平衡拧紧力矩。在预紧过程中，为防止各螺栓预紧变形的相互影响，各螺栓应先后交叉并重复预紧，使各螺栓均预紧到相同的设定应变量（即应变仪显示值为 $\varepsilon=280\sim320\mu\varepsilon$)。为此，要反复调整预紧 3～4 次或更多。在预紧过程中，用应变仪来监测。螺栓预紧后，加载杠杆一般会呈右端上翘状态。

5. 加载实验

完成螺栓预紧后，在杠杆加载系统上依次增加砝码，实现逐步加载。加载后，记录各螺栓的应变值（据此计算各螺栓的总拉力）。注意：加载后，任一螺栓的总应变值（预紧应变＋工作应变）不应超过允许的最大应变值（$\varepsilon_{max} \leqslant 800\mu\varepsilon$），以免螺栓超载损坏。

（二）实验步骤

（1）检查各螺栓处于卸载状态。

（2）将各螺栓的电阻应变片接到应变仪预调箱上。

（3）在不加载的情况下，先用手拧紧螺栓组左端各螺母，再用手拧紧右端螺母，实现螺栓初预紧。

（4）在加载的情况下，在应变仪上各个测量点的应变量都调到“0”，实现预调平衡。

（5）用扳手交叉并重复拧紧螺栓组左端螺母，使各螺栓均预紧到相同的设定预应变量（应变仪显示值为 $280 \sim 320\mu\varepsilon$）。

（6）依次增加砝码，实现逐步加载到 2.5kg，记录各螺栓的应变值。

（7）测试完毕，逐步卸载，并去除预紧。

（8）整理数据，计算各螺栓的总拉力，填写实验报告。

五、实验结果处理与分析

1. 螺栓组连接实测工作载荷图

（1）根据实测记录的各螺栓的应变量，计算各螺栓所受的总拉力 F_{2i}：

$$F_{2i} = E\varepsilon_i S \tag{4-1-2}$$

式中：E 为螺栓材料的弹性模量，GPa；S 为螺栓测试段的截面积，m^2；ε_i 为第 i 个螺栓在倾覆力矩作用下的拉伸变量。

（2）根据 F_{2i} 绘出螺栓连接实测工作载荷图。

2. 螺栓组连接理论计算受力图

砝码加载后，螺栓组受到横向力 F 和倾覆力矩 M 的作用，即

$$\begin{cases} Q = 75G + G_0 \\ M = QL \end{cases} \tag{4-1-3}$$

式中：G 为加载砝码重力，N；G_0 为杠杆系统自重折算的载荷，700N；L 为力臂长，$L = 214$mm。

在倾覆力矩作用下，各螺栓所受的工作载荷 F_i 为

$$F_i = \frac{M}{\sum_{i=1}^{Z} L_i} = F_{max}\frac{L_i}{L_{max}} \tag{4-1-4}$$

$$F_{max} = \frac{ML_{max}}{\sum_{i=1}^{Z} L_i^2} = \frac{1}{2 \times 2(L_1^2 + L_2^2)} \tag{4-1-5}$$

式中：Z 为螺栓个数；F_{max} 为螺栓中的最大总拉力，N；L_i 为螺栓轴线到底板翻转轴线的距离，mm。

六、螺栓组连接实验数据

螺栓组连接实验数据、工作载荷图见表 4－1－1、表 4－1－2。

表 4-1-1　　测　试　记　录

数　据	1	2	3	4	5	6	7	8	9	10
预紧力 F_1										
总拉力 F_2										
ΔF										
理论计算										

表 4-1-2　　螺栓组连接工作载荷图

实　测	理　论　计　算

七、讨论与思考

（1）螺栓组连接理论计算与实测的工作载荷间存在误差的原因有哪些？

（2）实验台上的螺栓组连接可能的失效形式有哪些？

实验二　皮带传动参数实验

一、实验目的

（1）该实验装置采用压力传感器和 A/D 板采集主动带轮和从动带轮的驱动力矩和阻力力矩数据，采用角位移传感器和 A/D 板采集并转换成主、从动带轮的转速，最后输入计算机进行处理作出滑差率曲线和效率曲线，使学生了解带传动的弹性滑动和打滑对传动效率的影响。

（2）该实验装置配置的计算机软件，在输入实测主、从动带轮的转数后，通过数模计算作出皮带传动运动模拟，可清楚观察皮带传动的弹性滑动和打滑现象。

（3）利用计算机的人机交互性能，使学生可在软件界面说明书的指导下，独立自主地进行实验，培养学生的动手能力。

二、实验原理

该仪器的转速控制由两部分组成：一部分为根据脉冲宽度调制原理设计的直流电机调速电源，另一部分为电动机和发电机各自的转速测量电路、显示电路及红外传感器电路。

调速电源不仅能输出电动机和发电机励磁电压，还能输出电动机所需的电枢电压。调节面板上“调速”旋钮，即可获得不同的电枢电压，也就改变了电动机的转速；通过皮带的作用，也就同时改变了发电机的转速，使发电机输出不同的功率。发电机的电枢端最多可并接8个40W灯泡作为负载，改变面板上A～H的开关状态，即可改变发电机的负载量。转速测量及显示电路有左、右两组LED数码管，分别显示电动机和发电机的转速。在单片机的程序控制下，可分别完成“复位”“查看”和“存储”功能，同时完成“测量”功能。通电后，该电路自动开始工作，个位右下方的小数点亮，即表示电路正在检测并计算电动机和发电机的转速；通电后或检测过程中，一旦发现测速显示不正常或需要重新启动测速时，可按“复位”键；当需要存储记忆所测到的转速时，可按“存储”键，一共可存储记忆最后存储的10个数据；如果按“查看”键，即可查看前一次存储的数据，再按可继续向前查看；在“存储”和“查看”操作后，如需继续测量，可按“测量”键，这样就可以同时测量电动机和发电机的转速。

三、实验设备

实验设备是皮带传动实验台。

四、实验步骤

(1) 开启计算机，单击“皮带传动”图标，进入皮带传动的界面；单击左键，进入皮带传动实验说明界面。

(2) 在皮带传动实验说明界面下方单击“实验”键，进入皮带传动实验分析界面。

(3) 启动实验台的电动机，待皮带传动运转平稳后，可进行皮带传动实验。

(4) 在皮带传动实验分析界面下方单击“运动模拟”键，观察皮带传动的运动和弹性滑动及打滑现象。通过逐渐增加发电机端的负载，观察打滑现象。每次增加负载后，单击“稳定测试”键，稳定记录实时显示的皮带传动实测结果，直到出现打滑现象后，单击“实测曲线”键显示皮带传动滑动曲线和效率曲线。

(5) 如果要打印皮带传动滑动曲线和效率曲线，在该界面下方单击“打印”键，打印机即自动打印出皮带传动滑差率曲线和效率曲线。

(6) 实验结束，单击“退出”键，返回Windows界面。

五、实验注意事项

(1) 通电前应进行以下准备工作：

1) 面板上调速旋钮逆时针旋到底（转速最低）位置，连接地线。

2) 加上一定的砝码使皮带张紧。

3) 断开发电机所有负载。

(2) 通电后，电动机和发电机转速显示的四位数码管亮。

(3) 调节调速旋钮，使电动机和发电机有一定的转速，测速电路可同时测出它们的转速。

六、讨论与思考

(1) 绘出皮带传动滑差率曲线和效率曲线图。

(2) 皮带传动中的弹性滑动和打滑现象产生的原因是什么？

(3) 分析并解释实验所得的滑差率曲线和效率曲线。

实验三　滑动轴承测试实验

一、实验目的

(1) 观察径向滑动轴承液体动压润滑油膜的形成过程和现象。

(2) 测定和绘制径向滑动轴承径向油膜压力分布曲线，求轴承的承载能力。

(3) 观察载荷和转速改变时油膜压力的变化情况。

(4) 观察径向滑动轴承油膜的轴向压力分布情况。

(5) 了解径向滑动轴承的摩擦系数 f 的测量方法和摩擦特性曲线的绘制方法。

二、实验原理

由直流电动机通过带传动驱动轴沿顺时针方向转动，由无级调速器实现轴的无级调速。在轴瓦的一个径向平面内沿圆周钻有 7 个小孔，每个小孔沿圆周相隔 20°，每个小孔连接一个压力表，用来测量该径向平面内相应点的油膜压力，由此可绘制出径向油膜压力分布曲线。

三、实验设备

滑动轴承实验台。

四、实验步骤

1. 绘制径向油膜压力分布曲线与承载曲线

(1) 开启计算机，单击“滑动轴承实验”图标，进入滑动轴承实验的界面；点击“动压油膜”实验键，进入动压油膜实验界面。

(2) 启动电机，将轴的转速调整到一定值，注意观察从轴开始运转至 200r/min 时灯泡亮度的变化情况，待灯泡完全熄灭时处于完全液体润滑状态。

(3) 用加载装置加载（约为 700N），在加载过程中观察计算机界面中动压润滑油膜的形成过程和油膜压力的变化情况。

(4) 待各压力表的压力值稳定后，由左至右依次记录各压力表的压力值。

(5) 卸载、关机。

(6) 根据测出的各压力表的压力值按一定比例绘制出油膜压力分布曲线与承载曲线，如图 4-3-1 所示。

此图的具体画法是：沿着圆周表面从左至右画出角度分别为 30°、50°、70°、90°、110°、130°、150°得出的油孔点 1、2、3、4、5、6、7 的位置。通过这些点与圆心 O 连线，在各连线的延长线上，将压力表（比例：0.1MPa＝5mm）测出的压力值画出压力线 1—1′、2—2′、3—3′、4—4′、…、7—7′。将 1′、2′…、7′各点连成光滑曲线，此曲线就是所测轴承的一个径向截面的径向油膜压力分布曲线。

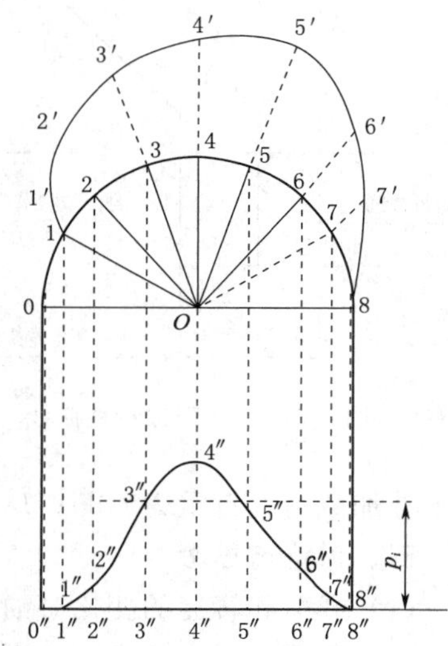

图 4-3-1　油膜压力分布曲线

为了确定轴承的承载量，用 $P_{l\sin\varphi_l}$（$l=1, 2, \cdots, 7$）求得向量 1—1′、2—2′、3—3′、…、7—7′在载荷方向（即 y 轴）的投影值。角度 φ_l 与 $\sin\varphi_l$ 的数值关系见表 4-3-1。

表 4-3-1　　角度 φ_l 与 $\sin\varphi_l$ 的数值关系

φ_l/(°)	30	50	70	90	110	130	150
$\sin\varphi_l$	0.5000	0.7660	0.9397	1.0000	0.9397	0.7660	0.5000

然后将 $P_{l\sin\varphi_l}$ 平行于 y 轴的向量移到直径 0—8 上。为清楚起见，将直径 0—8 平移到图 4-3-1 的下部，在直径 0″—8″上先画出轴承表面上油孔位置的投影点 1″～7″等点，然后通过这些点画出上述相应各点压力在载荷方向的分量，即 1″～7″等点，将各点平滑连接起来，所形成的曲线即为不同位置轴承表面的压力分布曲线。

用数格法计算出曲线所围面积，以 0″—8″线为底边作一矩形，使其面积与曲线所围面积相等，其高 p_i 即为轴瓦中间截面的平均压力。轴承处在液体摩擦工作时，其油膜承载量与外载荷平衡轴承内油膜的承载量为

$$Q=\delta p_i dB \tag{4-3-1}$$

式中：Q 为轴承内油膜承载量；δ 为端泄对轴承能力影响系数，一般取 0.7；p_i 为平均压力；B 为轴瓦宽度；d 为轴的直径。

2. 测量摩擦系数 f 与绘制摩擦特性曲线

（1）开启计算机，单击“滑动轴承实验”图标，进入滑动轴承实验的界面；点击“摩擦特性实验”键，进入实验界面。

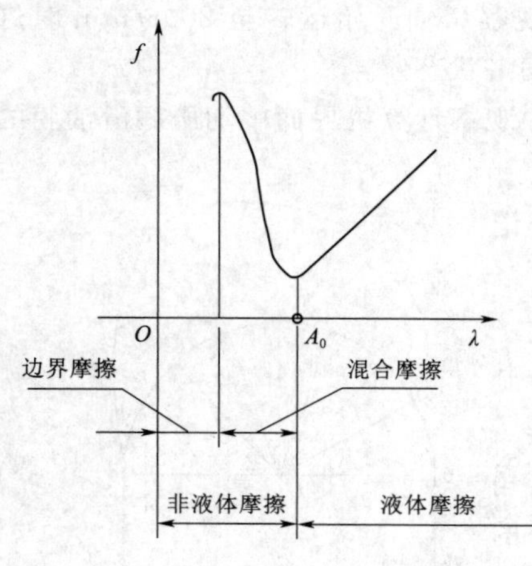

图 4-3-2　摩擦特性曲线

（2）启动电机，逐渐使电机升速，在转速达到 250～300r/min 时，旋转螺杆，逐渐加到 700N，稳定转速后减速。

（3）依次记录负载为 700N 时，转速为 300r/min、250r/min、200r/min、150r/min、100r/min、50r/min、20r/min、10r/min、2r/min 的摩擦系数。

（4）卸载，减速停机。

（5）根据记录的转速和摩擦力的值，计算整理摩擦系数 f 与轴承特性 λ 值，按一定比例绘制摩擦特性曲线，如图 4-3-2 所示。

$$p=\frac{Q}{Bd} \tag{4-3-2}$$

式中：p 为压力；Q 为轴上的载荷，Q＝轴瓦自重＋外加载荷，自重为 40N；B 为轴瓦的宽度，$B=110$mm；d 为轴的直径，$d=60$mm。

五、讨论与思考

（1）载荷和转速的变化对油膜压力有什么影响？

（2）载荷对最小油膜厚度有什么影响？

实验四　轴系组合创新实验

一、实验目的

(1) 熟悉并掌握轴系结构设计中有关轴的结构设计。

(2) 掌握滚动轴承组合设计的基本方法。

(3) 掌握轴上零部件的常用定位与固定方法。

(4) 综合创新轴系结构设计方案。

二、实验设备

(1) 组合式轴系结构设计分析实验箱提供的减速器圆柱齿轮轴系、小圆锥齿轮轴系及蜗杆轴系结构设计实验的全套零件。

(2) 测量及绘图工具：300mm 钢板尺、游标卡尺、内外卡钳、铅笔。

三、实验内容

(1) 指导老师根据表 4-4-1 选择性安排每组的实验内容。

表 4-4-1　实　验　内　容

实验题号	已知条件			
	齿轮类型	载荷	转速	其他条件
1	小直齿轮	轻	低	
2		中	高	
3	大直齿轮	中	低	
4		重	中	
5	小斜齿轮	轻	中	
6		中	高	
7	大斜齿轮	中	中	
8		重	低	
9	小锥齿轮	轻	低	锥齿轮轴
10		中	高	锥齿轮与轴分开
11	蜗杆	轻	低	发热量小
12		重	中	发热量大

(2) 进行轴的结构设计与滚动轴承组合设计。每组学生根据表 4-4-1 中实验题号的要求，进行轴系结构设计，解决轴承类型选择、轴上零件定位固定、轴承安装与调节、润滑及密封等问题。

四、实验步骤

(1) 复习有关轴的结构设计与轴承组合设计的内容与方法。

(2) 构思轴系结构方案。

1) 根据齿轮类型选择滚动轴承型号。

2) 确定支承轴向固定方式（两端固定、一端固定一端游动）。

3）根据齿轮圆周速度（高、中、低）确定轴承润滑方式（脂润滑、油润滑）。

4）选择端盖形式（凸缘式、嵌入式），并考虑透盖处密封方式（毡圈、皮腕、油沟）。

5）考虑轴上零件的定位与固定、轴承间隙调整等问题。

6）绘制轴系结构方案示意图。

（3）组装轴系部件。根据轴系结构方案，从实验箱中选取合适零件并组装成轴系部件，检查所设计组装的轴系结构是否正确。

（4）绘制轴系结构草图。

（5）测量零件结构尺寸（支座不用测量），并做好记录。

（6）将所有零件放入实验箱内的规定位置，并交还所借工具。

（7）整理实验报告，绘制轴系结构装配图。

五、讨论与思考

（1）在所设计装拆的轴系中，轴的各段长度和直径是根据什么来确定的？

（2）可采取哪几个方面的措施来提高轴系的回转精度和运转效率？

第五章 互换性与测量技术

实验一 用立式光学比较仪测量轴径

一、实验目的

（1）了解立式光学比较仪的结构及测量原理。

（2）熟悉测量技术中常用的度量指标和量块、量规的实际运用。

（3）掌握立式光学比较仪的调整步骤和测量方法。

二、实验原理

立式光学比较仪也称立式光学计，是一种精度较高且结构简单的光学仪器，适用于外尺寸的精密测量。

图 5-1-1 为立式光学比较仪的外形图。比较仪主要由底座 1、立柱 7、横臂 5、直角形光管 12 和工作台 15 等几部分组成。

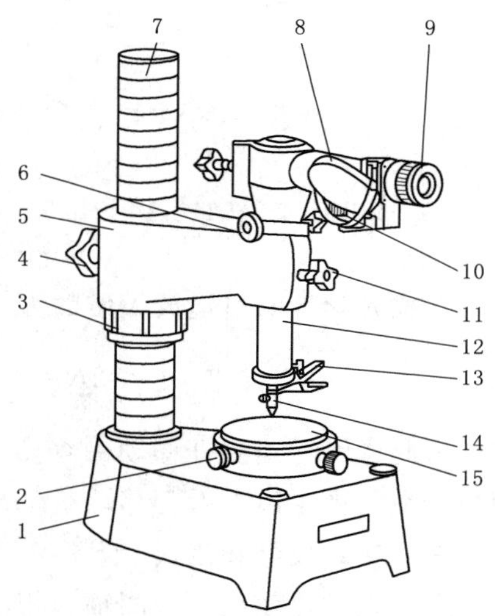

图 5-1-1 立式光学比较仪

1—底座；2—工作台调整螺钉（共 4 个）；3—横臂升降螺圈；4—横臂固定螺钉；5—横臂；6—细调螺旋；7—立柱；8—进光反射镜；9—目镜；10—微调螺旋；11—光管固定螺钉；12—直角形光管；13—测杆提升器；14—测杆及测头；15—工作台

立式光学比较仪是利用光学杠杆放大原理进行测量的仪器，其光学系统如图 5-1-2（b）所示。照明光线经反射镜 1 照射到刻度尺 8 上，再经直角棱镜 2、物镜 3，照射到反射镜 4 上。由于刻度尺 8 位于物镜 3 的焦平面上，故从刻度尺 8 上发出的光线经物镜 3 后成为一平行光束，若反射镜 4 与物镜 3 之间相互平行，则反射光线折回到焦平面，刻度尺像 7 与刻度尺 8 对称。若被测尺寸变动使测杆 5 推动反射镜 4 绕支点转动某一角度 α [图 5-1-2（a）]，则反射光线相对于入射光线偏转 2α 角度，从而使刻度尺像 7 产生位移 t [图 5-1-2（c）]，它代表被测尺寸的变动量。物镜 3 至刻度尺 8 间的距离为物镜焦距 f，设 b 为测杆中心至反射镜支点间的距离，s 为测杆移动的距离，则仪器的放大比 K 为

$$K=\frac{t}{s}=\frac{f\tan 2\alpha}{b\tan\alpha} \qquad (5-1-1)$$

当 α 很小时，$\tan 2\alpha\approx 2\alpha$，$\tan\alpha\approx\alpha$，因此

$$K=\frac{2f}{b} \qquad (5-1-2)$$

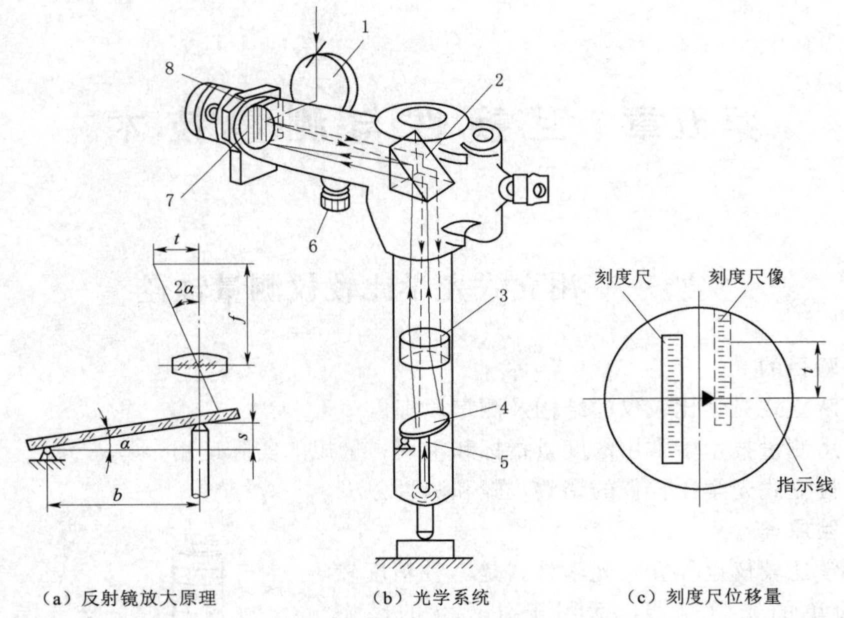

（a）反射镜放大原理　　（b）光学系统　　（c）刻度尺位移量

图 5-1-2 光学比较仪的系统图和原理

1—反射镜；2—直角棱镜；3—物镜；4—反射镜；5—测杆；6—微调螺旋；7—刻度尺像；8—刻度尺

立式光学计的目镜放大倍数为 12，$f=200\text{mm}$，$b=5\text{mm}$，故仪器的总放大倍数 n 为

$$n=12K=12\,\frac{2f}{b}=12\times\frac{2\times200}{5}=960\approx1000$$

由此说明，当测杆移动一个微小的距离 0.001mm 时，经过了 1000 倍的放大后，就相当于在明视距离下看到移动了 1mm 一样。

三、实验仪器和用具

立式光学比较仪、被测轴和相同尺寸量块各 1 组。

四、实验步骤

(1) 选择测头。根据被测零件表面的几何形状来选择测量头，使测量头与被测表面的接触面最小，即尽量满足点或线接触。测量头有球形、平面形和刀口形三种。测量平面或圆柱面零件时选用球形测头。测量球面零件时选用平面形测头。测量小圆柱面（小于 10mm 的圆柱面）零件时选用刀口形测头。

(2) 按被测零件的基本尺寸组合量块。

(3) 通过变压器接通电源。拧动 4 个螺钉 2，调整工作台 15 的位置，使它与测杆 14 的移动方向垂直（通常，实验室已调整好此位置，切勿再拧动任何一个螺钉 2）。

(4) 将量块组放在工作台 15 的中央，并使测头 14 对准量块的上测量面的中心点，按下列步骤进行量仪示值零位调整。

1) 粗调整：松开螺钉 4，转动螺圈 3，使横臂 5 缓缓下降，直到测头与量块测量面接触，且从目镜 9 的视场中看到刻线尺影像为止，然后拧紧螺钉 4。

2）细调整：松开螺钉 11，转动细调螺旋 6，使刻线尺零刻线的影像接近固定指示线（±10 格以内），然后拧紧螺钉 11。细调整后的目镜视场如图 5-1-3（a）所示。

3）微调整：转动微调螺旋 10，使零刻线影像与固定指示线重合。微调整后的目镜视场如图 5-1-3（b）所示。

4）按动测杆提升器 13，使测头起落次数，检查示值稳定性。要求示值零位变动不超过 1/10 格，否则应查找原因，并重新调整示值零位，直到示值零位稳定不变，方可进行测量工作。

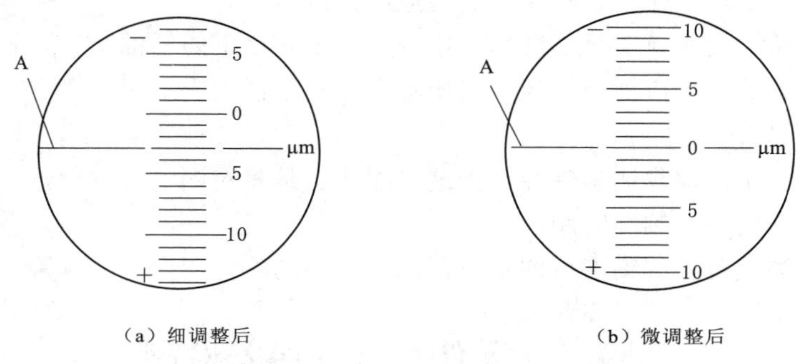

（a）细调整后　　（b）微调整后

图 5-1-3　目镜视场

A—固定指示线

（5）测量轴径：按实验规定的部位（参见图 5-1-4，在三个横截面上两个相互垂直的径向位置上）进行测量，并将测量结果填入实验报告。

（6）根据被测零件的要求，判断被测零件的合格性。

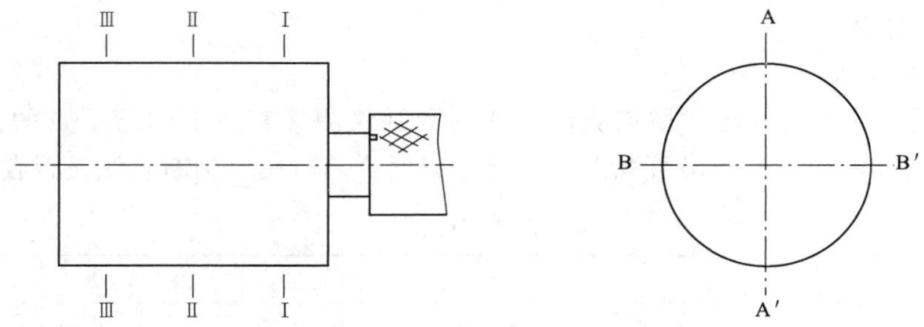

图 5-1-4　测量位置

五、实验分析与结论

测得的实际偏差加上基本尺寸则为实际尺寸。全部测量位置的实际尺寸应满足最大、最小极限尺寸的要求。考虑测量误差，工件公差应减少两倍测量不确定度的允许值 A（安全裕度值），即局部实际尺寸应满足上、下验收极限，即

$$\mathrm{EI(ei)}+A\leqslant \mathrm{Ea(ea)}\leqslant \mathrm{ES(es)}-A \tag{5-1-3}$$

式中：EI（ei）为孔（轴）的下偏差；ES（es）为孔（轴）的上偏差；Ea（ea）为孔（轴）的实际尺寸；A 为测量不确定度的允许值。

按轴、孔上述尺寸公差要求，判断其合格性，填入实验报告。

六、注意事项

(1) 测量前应先擦净零件表面及仪器工作台。

(2) 操作要小心，不得有任何碰撞，调整时观察指针位置，不应超出标尺示值范围。

(3) 使用量块时要正确推合，防止划伤量块测量面。

(4) 取拿量块时最好用竹镊子夹持，避免用手直接接触量块，以减少手温对测量精度的影响。

(5) 注意保护量块工作面，禁止量块碰撞或掉落地上。

(6) 量块用后，要用航空汽油洗净，用绸布擦干并涂上防锈油。

(7) 测量结束前，不应拆开块规，以便随时校对零位。

七、讨论与思考

(1) 用立式光学比较仪测量轴径属于绝对测量还是相对测量?

(2) 什么是分度值、刻度间距?

(3) 仪器的测量范围和刻度尺的示值范围有何不同?

实验二　零件直线度误差检测

一、实验目的

(1) 掌握直线度误差测量技能。

(2) 掌握直线度误差数据处理方法。

(3) 正确判断零件直线度是否合格。

(4) 加深对直线度公差与误差的定义及特征的理解。

二、实验原理

(一) 检测方法

直线度误差的测量方法常用点测法，即用测微仪测量直线上的若干点的误差，见表5-2-1。经过数据处理后得出直线误差，与直线度公差对比后判断直线是否合格。

表5-2-1　　测量点的误差

测点	0	1	2	3	4	5	6	7	8	9	10
示值/mm	0	+0.01	+0.03	−0.02	−0.03	−0.01	−0.02	0	+0.01	+0.02	0

(二) 数据处理

1. 两端点连线法计算直线误差

将测量数据绘成坐标图线，用直线连接点A和B，图中最大值减去最小值（$f_{AB}=h_{max}-h_{min}$）即为所测的直线误差，如图5-2-1所示。

2. 最小条件法计算直线误差

将测量数据绘成坐标图线，将图中两个最高点（或两个最低点）连成直线，过另一个最低点（或最高点）作平行于两个最高点（或两个最低点）直线的直线，两条平行线与纵坐标相交的距离即为所测的直线，如图5-2-2所示。

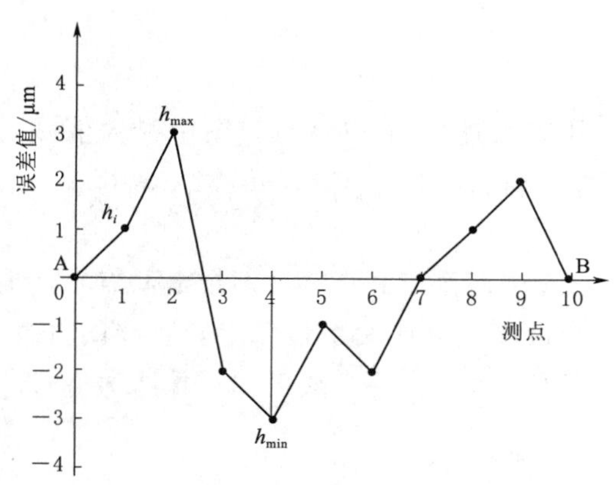

图 5-2-1　两端点连线法

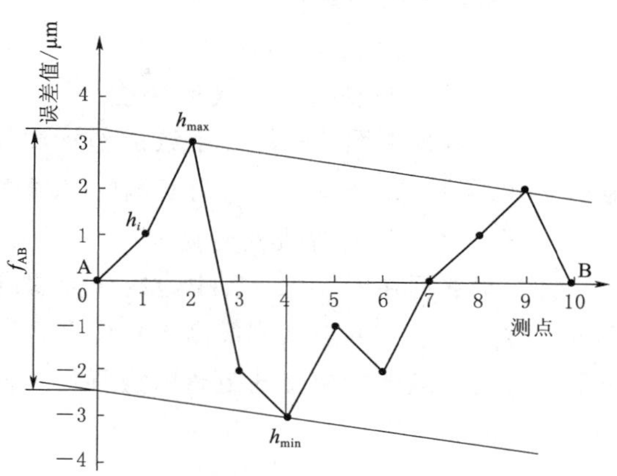

图 5-2-2　最小条件法

三、实验仪器和用具

江西南昌大学“零件形位误差测量与检验”组合训练装置。

四、实验步骤

(1) 按图 5-2-3 在“零件形位误差测量与检验”组合训练装置中找出相应零件，擦净被测零件表面，并组装好检测装置。

图 5-2-3　直线度误差检测组合装置

(2) 在“零件形位误差测量与检验”组合训练装置中找出被测零件图纸（图纸一），并将图纸中的直线度公差值填入表 5-2-2 中。

(3) 调整百分表架，使百分表测头接触被检测零件直线上的任一点，使百分表的小表盘示值大致在中间位置。

(4) 移动滑座，使百分表测头分别接触测量块直线上的点 0 和点 10，调整高度使两点的百分表大表盘的示值调整为 0，并填入表 5-2-2 中。

(5) 在测量块直线上再测量点 1～9，将测量数据填入表 5-2-2 中。

表 5-2-2　　**测量数据统计**

测点	0	1	2	3	4	5	6	7	8	9	10	图纸公差	计算值（f_{AB}）	合格	精度
示值/mm													两端点连线法		
													最小条件法		

五、实验分析与结论

（一）直线度误差数据处理

1. 两端点连线法计算直线度误差

将测量数据在图 5-2-4 中绘成坐标图线，用直线连接 A 和 B 点，图中最大值减去最小值（$f_{AB}=h_{max}-h_{min}$）即为所测的直线度误差，将直线误差填入表 5-2-2 中。

2. 最小条件法计算直线度误差

将测量数据在图 5-2-5 中绘成坐标图线，将图中两个最高点（或两个最低点）连成直线，过另一个最低点（或最高点）作平行于两个最高点（或两个最低点）直线的直线。两条平行线与纵坐标相交的距离即为所测的直线度误差 f_{AB}。将直线度误差填入表 5-2-2 中。

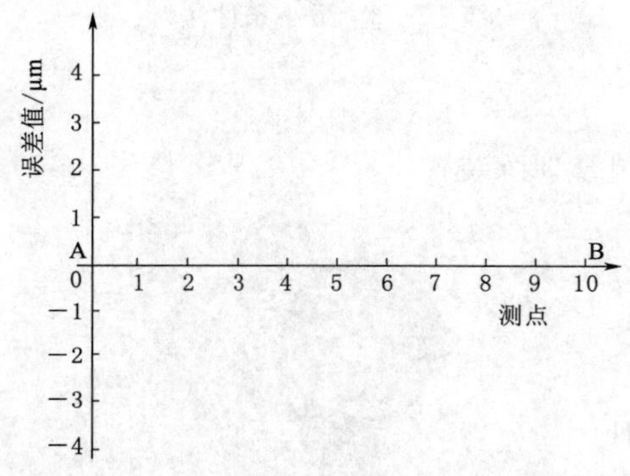

图 5-2-4　两端点连线计算直线度误差

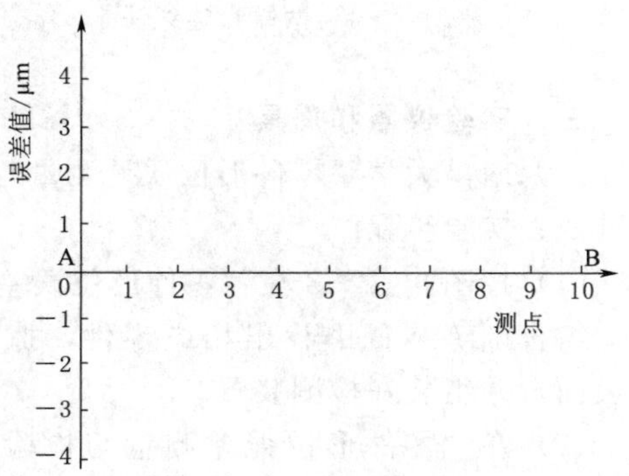

图 5-2-5　最小条件法计算直线度误差

（二）直线度误差合格判断

用计算出的测量块直线度误差与图纸直线度公差进行比较，判断该零件的直线度误差是否合格。在表 5-2-2 中，合格打√，不合格打×。

（三）误差精度分析

分析两端点连线法与最小条件法计算导轨直线度误差精度的高低，在表 5-2-2“精度”中填入高或低。

六、讨论与思考

按最小条件法和两端点连线法评定直线度误差有何区别？

实验三　零件垂直度误差检测

一、实验目的

（1）掌握垂直度误差测量技能及数据处理方法。

（2）正确判断零件垂直度是否合格。

（3）加深理解垂直度误差及垂直度公差的概念。

二、实验原理

1. 检测方法

垂直度误差的测量方法常用线测法，其原理如图 5-3-1（a）所示。用百分表按图 5-3-1（b）所示线路测量被测表面，经过数据处理后得出垂直度误差，与垂直度公差对比后判断平面的垂直度是否合格。

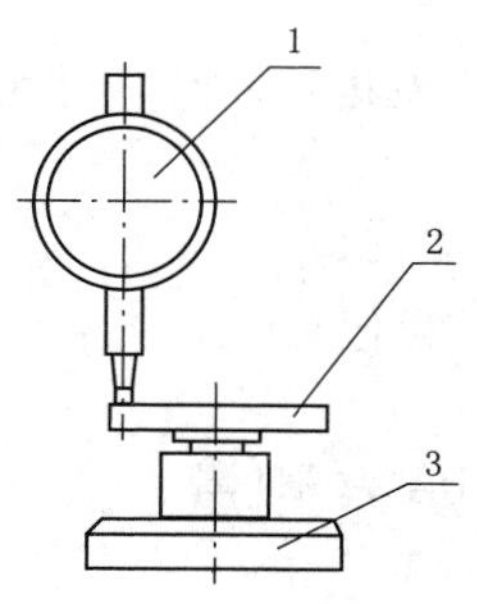

（a）垂直度误差测量原理图

（b）垂直度误差测量线路图

图 5-3-1　垂直度误差测量方法

1—百分表；2—测量轴；3—支承座

2. 数据处理

将测量数据填入表 5-3-1 中。表中的最大值减最小值，即为该平面的垂直度误差。

表 5-3-1　　测量数据

测量点	最大值	最小值	垂直度误差
示值/mm	+0.03	−0.03	0.06

三、实验仪器和用具

江西南昌大学《零件形位误差测量与检验》组合训练装置。

图 5-3-2　平面垂直度误差检测组合装置

四、实验步骤

1. 检测准备

(1) 按图 5-3-2 在《零件形位误差测量与检验》组合训练装置中找出相应零件，擦净被测零件表面，并组装好检测装置。

(2) 在《零件形位误差测量与检验》组合训练装置中找出被测零件图纸（图纸四、五），并将图纸中的垂直度公差值填入表 5-3-2 中。

表 5-3-2　　垂直度公差值

测量点	最大值	最小值	垂直度误差	垂直度公差	合格否
示值/mm					

2. 平面的垂直度误差检测

(1) 将被测零件放在平板上。

(2) 按图 5-3-1 (b) 所示线路测量被测表面，将测量数据填入表 5-3-2 中。

五、实验分析与结论

(1) 对表 5-3-2 中检测的数据进行分析，表中的最大值减最小值，即为该零件的垂直度误差。

(2) 将测量出的垂直度误差与图纸四中的垂直度公差进行对比，并将结果填入表 5-3-2 中，合格打√，不合格打×。

六、讨论与思考

上述零件测量垂直度误差和平行度误差值相同吗？为什么？

实验四　轴类零件形位误差测量

一、实验目的

(1) 了解轴类零件的检测项目及形位误差测量的仪器设备原理、使用方法。

(2) 掌握轴类零件形位误差测量的测量方法及数据处理方法。

(3) 加深对轴类零件圆度、圆柱度、同轴度、圆跳动、径向全跳动定义的理解。

二、实验原理

轴类零件是应用较多的两大类机械零件之一，对于轴类零件，检测项目一般包括各种尺寸、形位误差、表面粗糙度等，本实验主要测量轴类零件各种形位误差。

1. 轴类零件圆度、圆柱度误差的测量方法

(1) 圆度误差的测量方法常用截面测量法，即用测微仪测量圆柱垂直中心线的若干截面上的圆度误差，如图 5-4-1 所示。经过数据处理后得出圆度误差，与圆度公差对比后判断圆柱面是否合格。

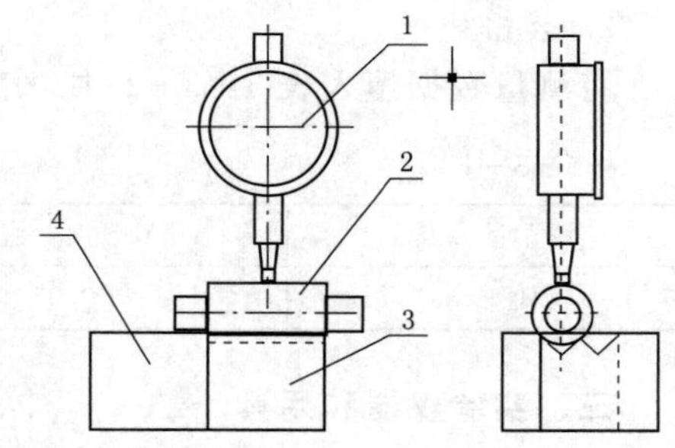

图 5-4-1　圆度误差测量方法、圆柱度误差测量方法

1—百分表；2—测量轴；3—V 形块 1；4—V 形块 2

某一截面上的圆度误差为该截面上最大值与最小值的差值的 1/2；圆柱面上的圆度误差为所有截面上最大圆度误差，见表 5-4-1。

表 5-4-1　　**圆　度　误　差**　　单位：mm

测量截面	Ⅰ	Ⅱ	Ⅲ	Ⅵ	Ⅴ	圆度误差
最大值	+0.04	+0.01	+0.03	-0.01	+0.01	
最小值	-0.01	-0.03	+0.01	-0.04	-0.01	0.025
圆度误差	0.025	0.02	0.01	0.015	0.01	

(2) 圆柱度误差的测量方法也是用截面测量法，即用测微仪测量圆柱垂直中心线的若干截面上的圆误差，如图 5-4-1 所示。经过数据处理后得出圆柱度误差，与圆柱度公差

对比后判断圆柱面的圆柱度是否合格。

所有截面上的最大值与所有截面上的最小值的差值的 1/2 为该圆柱面的圆柱度误差，见表 5-4-2。

表 5-4-2　圆柱度误差　单位：mm

测量截面	Ⅰ	Ⅱ	Ⅲ	Ⅵ	Ⅴ	圆柱度误差
最大值	+0.04	+0.01	+0.03	−0.01	+0.01	0.04
最小值	−0.01	−0.03	+0.01	−0.04	−0.01	

2. 轴类零件同轴度误差的测量方法

同轴度误差常用跳动仪来测量，即用跳动仪测量圆柱面上的若干圆截面相对于基准圆柱面的跳动误差。经过数据处理后得出同轴度误差，与同轴度度公差对比后判断被测圆柱面与基准圆柱面的同轴度是否合格。

将测量数据填入表 5-4-3 中，表中的最大误差值即为该圆柱面的同轴度误差。

表 5-4-3　同轴度误差　单位：mm

测量截面	Ⅰ	Ⅱ	Ⅲ	Ⅵ	Ⅴ	同轴度误差（最大误差值）
最大值	+0.04	+0.01	+0.03	−0.01	+0.01	0.05
最小值	−0.01	−0.03	+0.01	−0.04	−0.01	
误差值	0.05	0.04	0.02	0.03	0.02	

3. 轴类零件圆跳动、径向全跳动误差的测量方法

（1）径向圆跳动误差常用跳动仪来测量，即用跳动仪测量圆柱面上的若干圆截面相对于基准轴心线的跳动误差，如图 5-4-2 所示。经过数据处理后得出径向圆跳动误差，与径向圆跳动公差对比后判断被测圆柱面与基准轴心线的径向圆跳动是否合格。

1）在被测零件回转一周过程中百分表读数最大差值即为单个测量截面上的径向圆跳动误差。

2）沿轴向选择 5 个测量截面进行测量，并将测量数据填入表 5-4-4 中。表中截面的最大差值即为该零件的径向圆跳动误差。

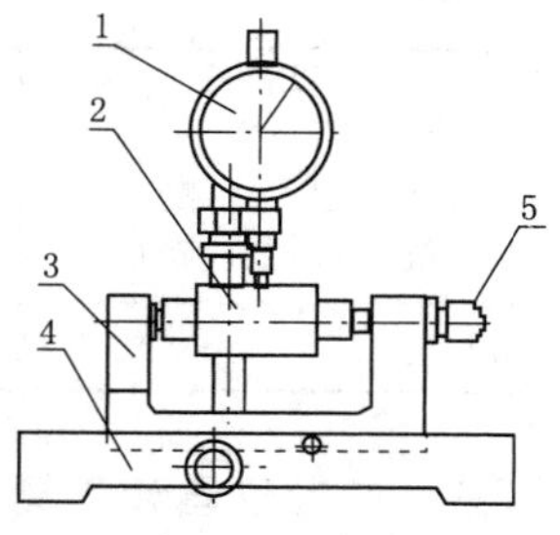

图 5-4-2　径向圆跳动误差测量方法

1—百分表；2—测量轴；3—滑座；4—底座；5—微调螺丝

表 5-4-4　径向圆跳动误差　单位：mm

测量截面	Ⅰ	Ⅱ	Ⅲ	Ⅵ	Ⅴ	径向圆跳动误差
最大值	+0.04	+0.01	+0.03	−0.01	+0.01	0.05
最小值	−0.01	−0.03	+0.01	−0.04	−0.01	
差值	0.05	0.04	0.02	0.03	0.02	

（2）径向全跳动误差的测量。径向全跳动是控制圆柱面在整个轴线上的跳动量。公差带是半径差值为 t（公差值）且与基准同轴的两个圆柱面之间的区域，如图 5－4－3 所示。

径向全跳动误差常用跳动仪来测量，即用跳动仪测量圆柱面上的若干圆截面相对于基准轴心线的跳动误差，如图 5－4－4 所示。记录所有截面测得的最大值和最小值，并取其中的最大值和最小值之差为径向全跳动误差值。经过数据处理后得出的径向全跳动误差，与径向全跳动公差对比后判断被测圆柱面与基准轴心线的径向全跳动是否合格。

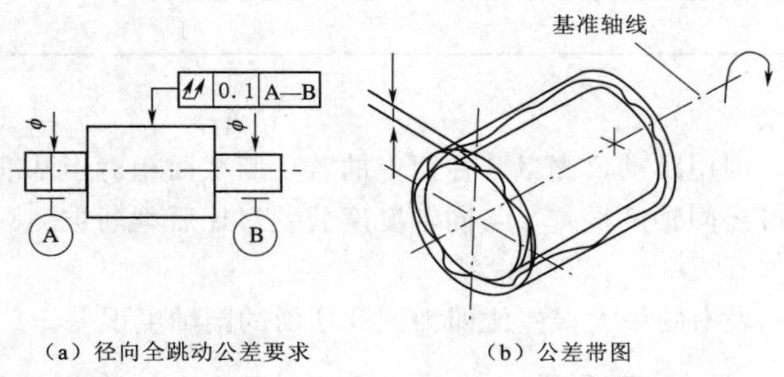

（a）径向全跳动公差要求　　（b）公差带图

图 5－4－3　径向全跳动的控制要素及公差带

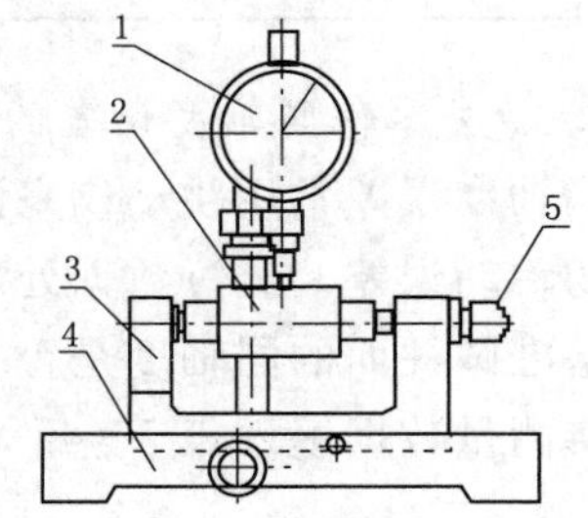

图 5－4－4　径向全跳动检测方法

1—百分表；2—测量轴；3—滑座；4—底座；5—微调螺丝

沿轴向选择 5 个测量截面进行测量，并将测量数据填入表 5－4－5 中。表中的最大值与最小值的差值即为该零件的径向全跳动误差。

表 5－4－5　　**径向全跳动误差**　　单位：mm

测量截面	Ⅰ	Ⅱ	Ⅲ	Ⅵ	Ⅴ	径向全跳动误差（最大差值）
最大值	＋0.04	＋0.01	＋0.03	－0.01	＋0.01	0.08
最小值	－0.01	－0.03	＋0.01	－0.04	－0.01	

三、实验仪器和用具

江西南昌大学《零件形位误差测量与检验》组合训练装置。

四、实验步骤

1. 检测准备

（1）按图 5－4－5 在《零件形位误差测量与检验》组合训练装置中找出相应零件，擦净被测零件表面，并组装好检测装置。

（2）在《零件形位误差测量与检验》组合训练装置中找出被测零件图纸（图纸三），并将图纸中的圆柱度公差值填入表 5－4－6 中。

图 5－4－5　圆度、圆柱度误差检测组合装置

表 5-4-6　　圆柱度公差值　　单位：mm

测量截面	Ⅰ	Ⅱ	Ⅲ	Ⅵ	Ⅴ	圆柱度误差	圆柱度公差	合格否
最大值								
最小值								

2. 圆柱度误差检测

(1) 将被测零件放在 V 形块上。

(2) 调整百分表架，使百分表测头接触被测零件某一截面点上，使百分表的小表盘示值大致在中间位置，并将百分表的大表盘示值调整为 0。

(3) 回转被测零件一圈，将百分表读数的最大值和最小值填入表 5-4-6 中。

(4) 按上述方法选择 5 个截面测量，将所有截面的最大值和最小值填入表 5-4-6 中；表中所有截面上的最大值与所有截面上的最小值的差值的 1/2 为该圆柱面的圆柱度误差。

(5) 将圆柱度误差值与图纸三中的圆度公差比较，将结果填入表 5-4-6 中。合格打√，不合格打×。

3. 同轴度误差检测

(1) 按图 5-4-6 在《零件形位误差测量与检验》组合训练装置中找出相应零件，擦净被测零件表面，并组装好检测装置。

(2) 在《零件形位误差测量与检验》组合训练装置中找出被测零件图纸（图纸三），并将图纸中的同轴度公差值填入表 5-4-7 中。

表 5-4-7　　同 轴 度 公 差 值　　单位：mm

测量截面	Ⅰ	Ⅱ	Ⅲ	Ⅵ	Ⅴ	同轴度误差（最大误差值）	同轴度公差	合格否
最大值								
最小值								
误差值								

(3) 将被测零件放在 V 形支架上。

(4) 调整百分表支架，使百分表头与被测零件某一截面点接触（百分表应有示值，并调零），零件回转一周过程中，百分表读数的最大值与最小值的差值为该截面圆的同轴度误差。

(5) 按上述方法选择 5 个截面测量同轴度误差值，将测量数据填入表 5-4-7 中，表中截面的最大误差值为该零件的同轴度误差。

(6) 测量出的同轴度误差与图纸二中的同轴度公差进行对比，将结果填入表 5-4-7 中。合格打√，不合格打×。

4. 径向圆跳动误差检测

按图 5-4-7 在《零件形位误差测量与检验》组合训练装置中找出相应零件，擦净被测零件表面，并组装好检测装置。

图 5-4-6　同轴度误差检测组合装置

图 5-4-7　径向圆跳动、全跳动误差检测组合装置

(1) 将测量轴装在跳动仪的同轴顶尖上，调整两顶尖距离，使用轻力可转动测量轴，无轴向移动，并用螺钉锁紧。

(2) 调整百分表架，使百分表测头接触被测零件某一截面点上，使百分表的小表盘示值大致为 1 的数值，并将百分表的大表盘示值调整为 0。

(3) 被测零件回转一圈过程中，百分表读数的最大值与最小值的差值为该截面的径向圆跳动误差。

(4) 按上述方法选择 5 个截面测量径向圆跳动误差值，将测量数据填入表 5-4-8 中，表中截面的最大误差值为该零件的径向圆跳动误差。

表 5-4-8　　　**径向圆跳动误差值**　　　单位：mm

测量截面	Ⅰ	Ⅱ	Ⅲ	Ⅵ	Ⅴ	径向圆跳动误差（最大误差值）	径向圆跳动公差	合格否
最大值								
最小值								
差值								

(5) 将测量出的径向圆跳动误差与图纸二中的径向圆跳动公差进行对比，将结果填入表 5-4-8 中。合格打√，不合格打×。

5. 径向全跳动误差检测

按图 5-4-8 在《零件形位误差测量与检验》组合训练装置中找出相应零件，擦净被测零件表面，并组装好检测装置。

(1) 将测量轴装在跳动仪的同轴顶尖上，调整两顶尖距离，使用轻力可转动测量轴，无轴向移动，并用螺钉锁紧。

(2) 选择 5 个截面测量径向圆跳动误差值，将测量数据填入表 5-4-9 中，表中最大值与最小值的差值即为该零件的径向全跳动误差。

(3) 将圆柱面径向全跳动误差与图纸径向全跳动公差对比，判断圆柱全跳动是否合格。合格打√，不合格打×。

表 5-4-9　　径向全跳动误差　　单位：mm

测量截面	Ⅰ	Ⅱ	Ⅲ	Ⅵ	Ⅴ	径向全跳动误差（最大值与最小值的差值）	径向全跳动公差	合格否
最大值								
最小值								

五、实验分析与结论

将测量读数值（最大值）与图样标注的公差值比较，判断其合格性。

六、讨论与思考

通过上面的实验，分析同一根轴零件，其圆度、圆柱度、同轴度、径向圆跳动和径向全跳动误差的数值大小有何关联，为什么？

第六章　热　工　理　论

实验一　雷诺数实验

一、实验目的

(1) 观察液体在不同流动状态时流体质点的运动规律。

(2) 观察流体由层流变紊流及由紊流变层流的过渡过程。

(3) 测定液体在圆管中流动时的下临界雷诺数 Re_{c2}。

二、实验原理

流体在管道中流动，有两种不同的流动状态，其阻力性质也不同。在实验过程中，保持水箱中的水位恒定，即水头 H 不变。如果管路中出口阀门开启较小，在管路中就有稳定的平均速度 v，微开红色水阀门，这时红色水与自来水同步在管路中沿轴线向前流动，红色水呈一条红色直线，其流体质点没有垂直于主流方向的横向运动，管内红色直线没有与周围的液体混杂，层次分明地在管道中流动。此时，在流速较小而黏性较大和惯性力较小的情况下运动，为层流运动。如果将出口阀门逐渐开大，管路中的红色直线出现脉动，流体质点还没有出现相互交换的现象，流体的流动呈临界状态。如果将出口阀门继续开大，出现流体质点的横向脉动，使红色线完全扩散与自来水混合，此时流体的流动为紊流运动。雷诺用实验说明流动状态不仅和流速 v 有关，还和管路直径 d、流体的动力黏度 μ、密度 ρ 有关。以上四个参数可组合成一个无因次数，叫作雷诺数，用 Re 表示，为

$$Re=\frac{\rho vd}{\mu}=\frac{vd}{\nu} \tag{6-1-1}$$

根据连续方程

$$\begin{cases}Av=Q\\ v=\dfrac{Q}{A}\end{cases} \tag{6-1-2}$$

流量 Q 用体积法测出，即在 Δt 时间内流入计量水箱中流体的体积 ΔV。

$$Q=\frac{\Delta V}{\Delta t} \tag{6-1-3}$$

$$A=\frac{\pi d^2}{4} \tag{6-1-4}$$

式中：A 为管路的横截面积；d 为管路直径；v 为流速；ν 为水的黏度。

三、实验设备

雷诺数及文丘里流量计实验台，如图 6－1－1 所示。

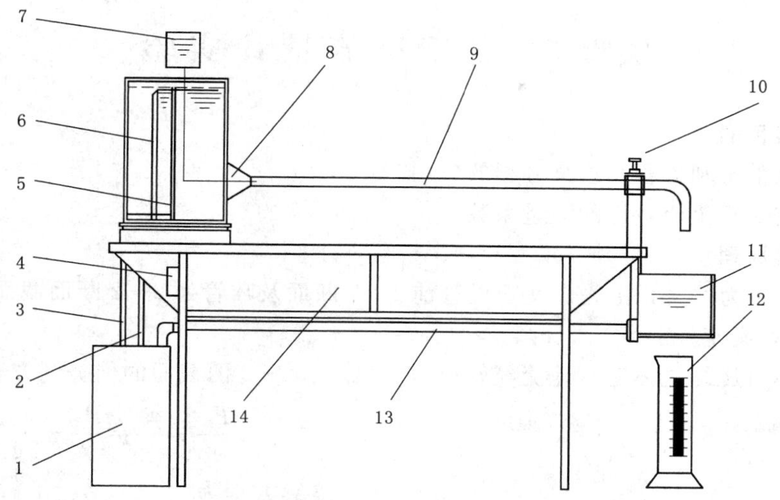

图 6-1-1 雷诺数及文丘里流量计实验台

1—水箱及潜水泵；2—上水管；3—溢流管；4—电源；5—整流栅；6—溢流板；7—墨盒（下有阀门）；8—墨针；9—实验管；10—调节阀；11—接水箱；12—量杯；13—回水管；14—实验桌

四、实验步骤

（1）准备工作：将水箱充水至隔板溢流流出，将进水阀门关小，继续向水箱供水，以保持水头 H 不变。

（2）缓慢开启调节阀 10，使玻璃管中水稳定流动，并开启红色阀门 7，使红色水以微小流速在玻璃管内流动，呈层流状态。

（3）开大出口阀门 7，使红色水在玻璃管内的流动呈紊流状态，再逐渐关小出口阀门 7，观察玻璃管中出口处的红色水刚刚出现脉动状态但还没有变为层流时，测定此时的流量。重复三次，即可算出下临界雷诺数。

五、数据记录及处理

（1）数据记录见表 6-1-1。

表 6-1-1 数 据 记 录

次数	$\Delta V/\mathrm{m^3}$	T/s	$Q/(\mathrm{m^3/s})$	$v_c/(\mathrm{m/s})$	Re_{c2}
1					
2					
3					

$D=$ mm 水温＝ ℃

（2）数据处理。

$$Re_{c2}=\frac{v_c d}{\nu} \tag{6-1-5}$$

实验二 文丘里流量计实验

一、实验目的

(1) 熟悉伯努利方程和连续方程的应用。

(2) 测定文丘里流量计的流量系数。

二、实验原理

图 6-2-1 为一文丘里管。文丘里管前 1—1 断面及喉管处 2—2 断面截面面积分别为 A_1、A_2，两处流速分别为 v_1、v_2。

当理想不可压缩流体定常地流经管道时，1—1、2—2 两截面的伯努利方程为

$$\frac{P_1}{\gamma}+\frac{v_1^2}{2g}=\frac{P_2}{\gamma}+\frac{v_2^2}{2g} \tag{6-2-1}$$

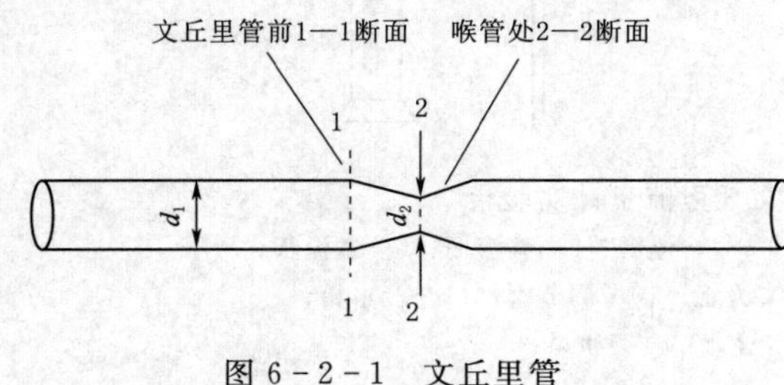

图 6-2-1 文丘里管

连续方程为

$$A_1 v_1 = A_2 v_2 \tag{6-2-2}$$

由式 (6-2-2) 可得

$$v_2=\left(\frac{d_1}{d_2}\right)^2 v_1 \tag{6-2-3}$$

将 v_2 代入式 (6-2-1)，解出 v_1 为

$$v_1=\sqrt{\frac{2g}{\left(\frac{d_1}{d_2}\right)^4-1}\times\frac{P_1-P_2}{\gamma}} \tag{6-2-4}$$

如将静压 P_1 和 P_2 用实验测量值 h_1、h_2 表示，则有

$$\begin{cases}P_1=\gamma h_1\\ P_2=\gamma h_2\\ h_1-h_2=\Delta h\end{cases} \tag{6-2-5}$$

代入式 (6-2-4) 则有

$$v_1=\sqrt{\frac{2g\Delta h}{\left(\frac{d_1}{d_2}\right)^4-1}} \tag{6-2-6}$$

通过文丘里管的理论流量为

$$Q'=v_1 A_1=\frac{\pi}{4}d_1^2\sqrt{\frac{2g\Delta h}{\left(\frac{d_1}{d_2}\right)^4-1}} \tag{6-2-7}$$

考虑到实际流体在流动过程中有损失及其他一些因素的影响，式 (6-2-7) 应乘以一个修正系数 C_d，得到实际流量计算式：

$$Q=C_d\frac{\pi}{4}d_1^2\sqrt{\frac{2g\Delta h}{\left(\frac{d_1}{d_2}\right)^4-1}} \tag{6-2-8}$$

式中：C_d 为流量系数（无因次），一般 $C_d<1$；d_1 为文丘里管直管段直径；d_2 为文丘里管喉部（最小截面处）直径；Δh 为测压管水柱差。

三、实验设备

雷诺数及文丘里流量计实验台，如图 6-1-1 所示。

四、实验步骤

(1) 测记各有关常数。

(2) 打开水泵，调节进水阀门，全开出水阀门，使压差达到测压计可测量的最大高度。

(3) 测读压差，同时用体积法测量流量。

(4) 逐次关小调节阀，改变流量 7～9 次，注意调节阀门应缓慢。

(5) 把测量值记录在实验表格内，并进行有关计算。

(6) 如测管内液面波动时，应取平均值。

五、数据记录及处理

$d_1=14\text{mm}$，$d_2=8\text{mm}$，$t=$____℃，$\nu=$____ m^2/s（水的黏度与温度的关系表），计量水箱长度 $A=20\text{cm}$，计量水箱宽度 $B=20\text{cm}$。

计算公式为

$$\begin{cases} v_1=\dfrac{Q}{A_1}=\dfrac{4Q}{\pi d_1^2} \\ Re=\dfrac{v_1 d_1}{\upsilon} \\ C_d=\dfrac{Q}{Q'} \\ \Delta h=\overline{h}_3-\overline{h}_4 \end{cases} \quad \text{（流量用体积法测出）}$$

结果填入表 6-2-1 和表 6-2-2。

表 6-2-1　　流量测量数据

次数	水箱长度/m	水箱宽度/m	计量高度/m	测量时间/s	测量体积/m^3	测量流量/(m^3/s)
1	0.2	0.2				
2						
3						
4						
5						
6						
7						
8						
9						

表 6-2-2 数据记录及计算

次数	Re	$\overline{h}_1$	$\overline{h}_2$	$\overline{h}_3$	$\overline{h}_4$	$\overline{h}_5$	$\overline{h}_6$	Δh/mm	计算流量 Q'/(m^3/s)	流量系数 C_d
1										
2										
3										
4										
5										
6										
7										
8										
9										

取文丘里管流量系数 C_d 的平均值得：$\overline{C_d}=$______。

实验三 沿程水头损失实验

一、实验目的

(1) 掌握管道沿程阻力系数 λ 的测量技术。

(2) 通过测定不同雷诺数 Re 时的沿程阻力系数 λ，从而掌握 λ 与 Re 等的影响关系。

二、实验设备

沿程水头损失实验装置如图 6-3-1 所示。

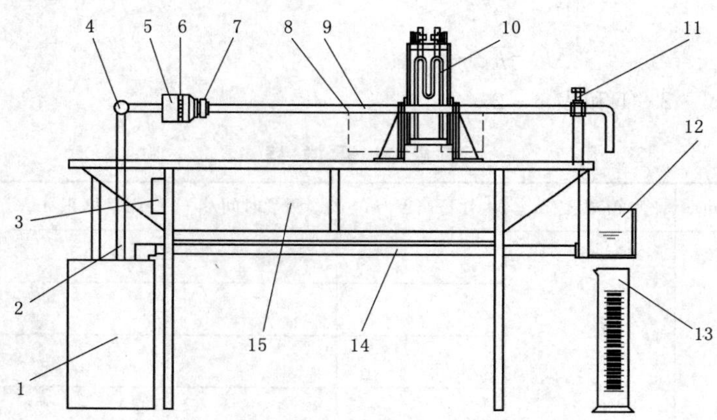

图 6-3-1 沿程水头损失实验装置

1—水箱（内置潜水泵）；2—供水管；3—电源；4—供水分配管；5—稳压筒；6—整流栅板；7—更换活节；8—测压嘴；9—实验管道；10—差压计；11—调节阀门；12—调整及计量水箱；13—量杯；14—回水管；15—实验桌

三、实验原理

实际（黏性）流体流经管道时，由于流体与管壁以及流体本身的内部摩擦，使得流体能量沿流动方向逐渐减少，损失的能量称作沿程阻力损失。

影响沿程阻力损失的因素有管长 L、管径 d、管壁粗糙度 Δ、流体的平均流速 v、密度 ρ、黏度 μ 和流态等。由于黏性流体的复杂性，只用数学分析方法是很难找出它们之间关系式的，必须配以实验研究和半经验理论。根据量纲分析方法，得出的沿程阻力损失 h_f 表达式为

$$h_f=f\left(Re,\frac{\Delta}{d}\right)\frac{L}{d}\frac{v^2}{2g} \tag{6-3-1}$$

令

$$\lambda=f\left(Re,\frac{\Delta}{d}\right)$$

则有

$$h_f=\lambda\frac{L}{d}\frac{v^2}{2g} \tag{6-3-2}$$

式中：λ 为沿程阻力系数，$\lambda=f\left(Re,\frac{\Delta}{d}\right)$ 表示 λ 是雷诺数 Re 和管壁相对粗糙度 Δ/d 的函数。

用差压计测出 h_f；用体积法测得流量，并算出断面平均流速 v，即可求得沿程阻力系数 λ。

四、实验步骤

(1) 本实验设备共有粗、中、细不同管径的三组实验管，每组做 6 个实验点。

(2) 把不进行实验管组的进水阀门关闭。

(3) 开启实验管组的进水阀门，使压差达到最大高度，作为第一个实验点。

(4) 测读水柱高度，并计算高度差。

(5) 用体积法测量流量，并测出水温。

(6) 做完第一个点后，再逐次减小进水阀门的开度，依次做其他实验点。

(7) 做完一根管组后，其他管组可按上述步骤进行实验。

(8) 将粗、中、细管道的实验点绘制成 $\lg Re-\lg 100\lambda$ 曲线。

五、实验数据及处理

(1) 记录有关常数：粗管 $d_1=0.02$m，中管 $d_2=0.014$m，细管 $d_3=0.010$m，三管的长度 $L_1=L_2=L_3=1$m。实验过程中：水温 $t=$______℃，黏度 $\nu=$______ m²/s，水的密度 $\rho=1\times10^3\,\text{kg/m}^3$。

(2) 测量值记录在表 6-3-1 中。

表 6-3-1　　流量测量数据

次数	水箱长度/m	水箱宽度/m	计量高度/m	测量时间/s	测量体积/m³	测量流量/(m³/s)
1	0.2	0.2				
2						
3						

续表

次数	水箱长度/m	水箱宽度/m	计量高度/m	测量时间/s	测量体积/m^3	测量流量/(m^3/s)
4						
5	0.2	0.2				
6						
1						
2						
3	0.2	0.2				
4						
5						
6						

(3) 数据计算见表 6-3-2。

表 6-3-2　　　　数 据 计 算

类别	次数	h_1/m	h_2/m	Δh_{Hg}/m	Δh_{H_2O}/m	T/s	Q/(m^3/s)	v/(m/s)	Re	lgRe	λ	lg100λ
粗管	1											
	2											
	3											
	4											
	5											
	6											
中管	1											
	2											
	3											
	4											
	5											
	6											
细管	1											
	2											
	3											
	4											
	5											
	6											

(4) 绘制曲线。依据表 6-3-2 中的数据绘制出 lgRe - lg100λ 曲线。

六、讨论与思考

依据 lgRe - lg100λ 曲线进行分析。

(1) 如在同一管道中以不同液体进行实验，当流速相同时，其水头损失是否相同？

（2）若同一流体经两个管径相同、管长相同，而粗糙度不同的管路，当流速相同时，其水头损失是否相同？

（3）有两根直径、长度、绝对粗糙度相同的管路，输送不同的液体，当两管道中液体雷诺数相同时，其水头损失是否相同？

为实验方便，附上水的黏度与温度的关系，见表 6－3－3。

表 6－3－3　　水的黏度与温度的关系

温度/℃	$\mu\times10^3$/(Pa·s)	$\nu\times10^6$/(m^2/s)	温度/℃	$\mu\times10^3$/(Pa·s)	$\nu\times10^6$/(m^2/s)
0	1.792	1.792	40	0.656	0.661
5	1.519	1.519	45	0.599	0.605
10	1.308	1.308	50	0.549	0.556
15	1.140	1.141	60	0.469	0.477
20	1.005	1.007	70	0.406	0.415
25	0.894	0.897	80	0.357	0.367
30	0.801	0.804	90	0.317	0.328
35	0.723	0.727	100	0.284	0.296

实验四　气体定压比热测定实验

一、实验目的

（1）了解气体比热测定装置的基本原理和构思。

（2）熟悉本实验中的测温、测压、测热、测流量的方法。

（3）掌握由基本数据计算出比热值和求得比热公式的方法。

（4）分析本实验中产生误差的原因及减小误差的可能途径。

二、实验装置

本实验装置由气体流量计、比热仪主体、功率表及测量系统四部分组成，如图 6－4－1 所示。

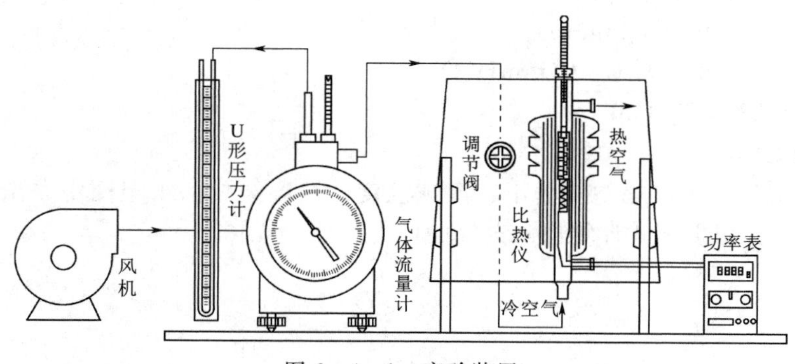

图 6－4－1　实验装置

三、实验原理

实验时被测空气（也可以是其他气体）由风机经流量计送入比热仪主体，经加热、均流、旋流、混流后流出，在此过程中，分别测定：

(1) 气体在流量计出口处的干、湿球温度 t_0、t_w(℃)。

(2) 气体流经比热仪主体的进口、出温度 t_1、t_2。

(3) 气体的体积流量 $\dot{V}$(L)。

(4) 电热器的输入功率 W(W)。

(5) 实验时相应的大气压力 P_0(Pa)。

(6) 流量计出口处的表压 Δh(mmH_2O)。

有了这些数据，并查用相应的物性参数表，即可计算出被测气体的定压比热 C_P。气体的流量由节流阀控制，气体的出口温度由输入电热器的功率调节，本比热仪可测定 300℃以下气体的定压比热。

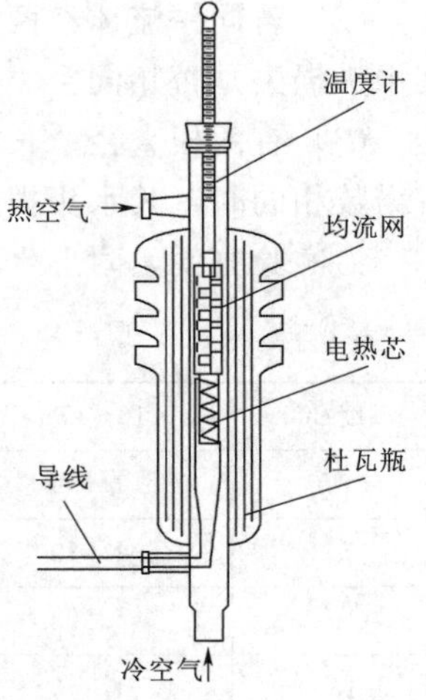

图 6-4-2　比热仪主体

四、实验步骤

(1) 接通电源和测量仪表，选择所需要的出口温度计插入混流网的凹槽中。

(2) 摘下流量计上的温度计，开动风机，调节节流阀，使流量保持在额定值附近。测出流量计出口处的干球温度 t_0 和湿球温度 t_w。

(3) 将温度计插回流量计，调节节流阀，使流量保持在额定值附近，逐渐提高电热器功率，使出口温度升至预计温度，可以根据下式预先估计所需电功率：

$$W=12\frac{\Delta t}{\tau} \tag{6-4-1}$$

式中：W 为电热器的输入功率，W；Δt 为进、出口气体温度差，℃；τ 为每流过 10L 空气所需时间，s。

(4) 待出口温度稳定后（出口温度在 10min 之内无变化或只有微小变化，即可视为稳定)，读出下列数据：

1) 每 10L 空气通过流量计所需时间 τ(s)。

2) 比热仪的出口温度 t_2(℃)。

3) 比热仪的进口温度 t_1(℃)。

4) 当时大气压力 P_0(mmHg)。

5) 流量计出口处的表压 Δh(mmH_2O)。

6) 电热器的输入功率 W(W)。

五、数据处理

(1) 根据流量计出口处空气的干、湿球温度，从湿空气的干湿图中查出含湿量（d，g/kg 干空气)，并根据下式计算出水蒸气的压力成分：

$$r_w=\frac{\dfrac{d}{622}}{1+\dfrac{d}{622}} \tag{6-4-2}$$

（2）根据电热器消耗的电功率，可算出电热器单位时间内放出的热量：

$$\dot{Q}=W \tag{6-4-3}$$

（3）干空气（质量）流量为

$$G_g=[(1-r_w)(P_0+0.3\rho g\Delta h)\times 10/1000\tau]/287(t_0+273.15) \tag{6-4-4}$$

（4）水蒸气（质量）流量为

$$G_w=[r_w(P_0+0.3\rho g\Delta h)\times 10/1000\tau]/461.9(t_0+273.15) \tag{6-4-5}$$

（5）水蒸气所吸收的热（流）量为

$$\dot{Q}_w=G_w\int_{t_1}^{t_2}(0.4404+0.0001167t)\mathrm{d}t$$

$$=4187\times \dot{G}_w[0.4404(t_2-t_1)+0.00005835(t_2^2-t_1^2)] \tag{6-4-6}$$

（6）干空气的定压比热为

$$C_p=Q_g/G_g(t_2-t_1)=(Q-Q_w)/G_g(t_2-t_1) \tag{6-4-7}$$

实验五　阀门局部阻力系数的测定实验

一、实验目的

（1）掌握管道沿程阻力系数和局部阻力系数的测定方法。

（2）了解阻力系数在不同流态、不同雷诺数下的变化情况。

（3）测定阀门不同开启度时（全开、约30°、约45°三种）的阻力系数。

（4）掌握三点法、四点法量测局部阻力系数的技能。

二、实验设备

阀门局部阻力系数测定实验台，如图6-5-1所示。

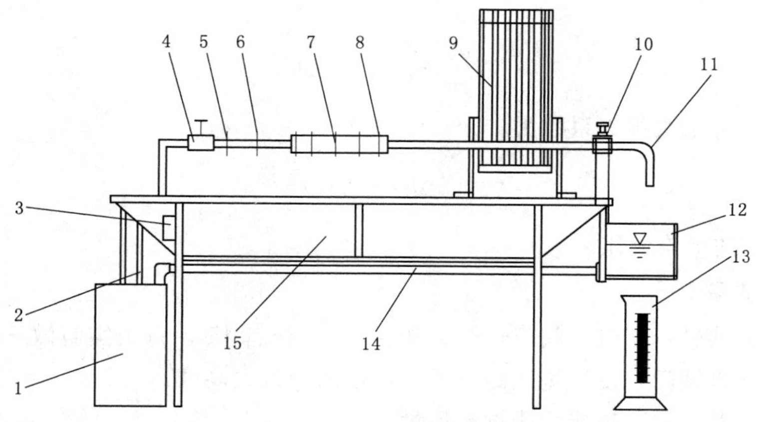

图6-5-1　阀门局部阻力系数测定实验台

1—水箱；2—供水管；3—水泵开关；4—进水阀门；5—细管沿程阻力测试段；6—突扩；7—粗管沿程阻力测试段；8—突缩；9—测压管；10—实验阀门；11—出水调节阀门；12—计量箱；13—量筒；14—回水管；15—实验桌

三、实验原理

实验原理如图 6-5-2 所示。

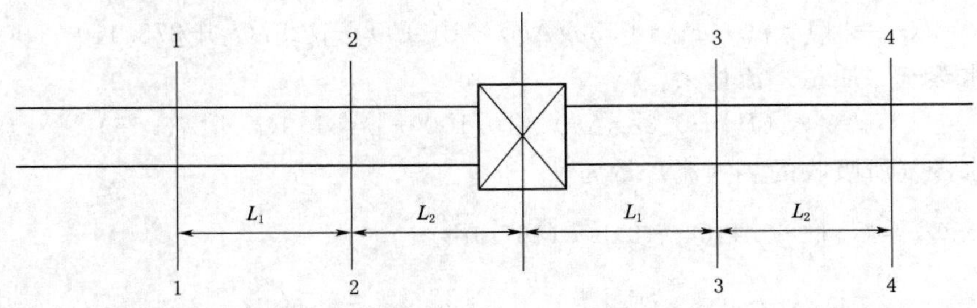

图 6-5-2　阀门的局部水头损失测压管段

对 1—1、4—4 两断面列能量方程式，可求得阀门的局部水头损失及 2（L_1+L_2）长度上的沿程水头损失，以 h_{w1}表示，则

$$h_{w1}=\frac{p_1-p_4}{\gamma}=\Delta h_1 \tag{6-5-1}$$

对 2—2、3—3 两断面列能量方程式，可求得阀门的局部水头损失及（L_1+L_2）长度上的沿程水头损失，以 h_{w2}表示，则

$$h_{w2}=\frac{p_2-p_3}{\gamma}=\Delta h_2 \tag{6-5-2}$$

所以阀门的局部水头损失 h_1 应为

$$h_1=2\Delta h_2-\Delta h_1 \tag{6-5-3}$$

亦即

$$\xi\frac{v^2}{2g}=2\Delta h_2-\Delta h_1 \tag{6-5-4}$$

故阀门的局部水头损失系数为

$$\xi=(2\Delta h_2-\Delta h_1)\frac{2g}{v^2} \tag{6-5-5}$$

式中：v 为管道的平均流速。

四、实验步骤

（1）本实验共进行三组：阀门全开、开启 30°、开启 45°，每组实验做三个实验点。

（2）开启进水阀门，使压差达到测压计可量测的最大高度。

（3）测读压差，同时用体积法量测流量。

（4）每组三个实验点和压差值不要太接近。

（5）绘制 $d=f(\xi)$ 曲线。

五、实验数据及处理

（1）数据记录与计算见表 6-5-1。

表 6-5-1 阀门局部阻力系数的测定实验数据

开启度	次数	1—1、4—4 断面			2—2、3—3 断面			$2\Delta h_2-\Delta h_1$ /cm	W /cm^3	T /s	Q /(cm^3/s)	v /(cm/s)	ξ
		h_1/cm	h_2/cm	Δh_1/cm	h_1/cm	h_2/cm	Δh_2/cm						
全开	1												
	2												
	3												
30°	1												
	2												
	3												
45°	1												
	2												
	3												

(2) 绘制曲线。依据表 6-5-1 中的结果绘制出 $d=f(\xi)$ 曲线。

六、讨论与思考

(1) 同一开启度，不同流量下，ξ 值应为定值抑或变值?

(2) 不同开启度时，如把流量调至相等，ξ 值是否相等?

实验六 突扩突缩局部阻力损失实验

一、实验目的

(1) 掌握三点法、四点法量测局部阻力系数的技能。

(2) 熟悉用理论分析法和经验法建立圆管突扩突缩局部阻力系数函数式的途径。

(3) 加深对局部阻力损失机理的理解。

二、实验原理

实验原理如图 6-6-1 所示。

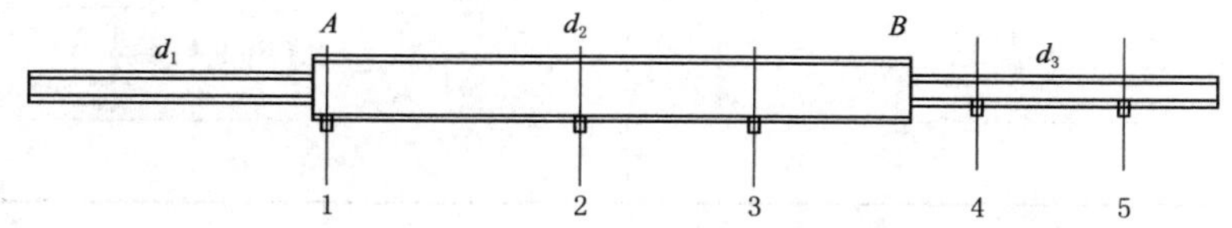

图 6-6-1 突扩突缩的局部水头损失测压管段

写出局部阻力前后两断面的能量方程，根据推导条件，扣除沿程水头损失可得：

(1) 突然扩大。采用三点法计算，A 为突扩点。

实测突扩的局部水头损失 h_{ie} 为

$$h_{ie}=[(Z_1+P_1/\gamma)+au_1^2/2g]-[(Z_2+P_2/\gamma)+au_2^2/2g]+h_{f1-2} \quad (6-6-1)$$

式中 h_{f1-2} 由 h_{f2-3} 按流长比例换算得出。

$$\xi_e=h_{ie}/[au_1^2/2g] \quad (6-6-2)$$

理论：

$$\xi_e=\left(1-\frac{A_1}{A_2}\right)^2 \tag{6-6-3}$$

$$h_{ie}=\xi_e=\left(1-\frac{A_1}{A_2}\right)^2=au_1^2/2g \tag{6-6-4}$$

（2）突然缩小。采用四点法计算。B 点为突缩点。

实测：

$$h_{fs}=[(Z_3+P_3/\gamma)+au_3^2/2g]-h_{f3-B}-[(Z_4+P_4/\gamma)+au_4^2/2g]+h_{fB-4} \tag{6-6-5}$$

h_{f3-B} 由 h_{f2-3} 换算得出，h_{fB-4} 由 h_{f4-5} 换算得出。

$$\xi_s=h_{fs}/(au_4^2/2g) \tag{6-6-6}$$

经验：

$$\xi_s=0.5\left(1-\frac{A_4}{A_3}\right) \tag{6-6-7}$$

三、实验步骤

（1）测记实验有关常数。

（2）打开水泵，排出实验管道中滞留气体及测压管气体。

（3）打开出水阀至最大开度，等流量稳定后，测记测压管读数，同时用体积法计量流量。

（4）打开出水阀开度3～4次，分别测记测压管读数及流量。

四、实验数据记录

（1）有关常数记录见表6-6-1。

表6-6-1　　有关常数记录

管径 d_1/cm	管径 d_2/cm	管径 d_3/cm
$l_{1-2}=$_______ cm	$l_{2-3}=$_______ cm	$l_{3-B}=$_______ cm
$l_{B-4}=$_______ cm	$l_{4-5}=$_______ cm	
$\xi'_e=\left(1-\frac{A_1}{A_2}\right)^2$	$\xi'_s=0.5\left(1-\frac{A_4}{A_3}\right)$	

（2）实验数据记录与计算分别见表6-6-2和表6-6-3。

表6-6-2　　实验数据记录

次序	流量/(cm^3/s)			测压管读数/cm					
	体积	时间	流量	1	2	3	4	5	6

表 6-6-3 实验数据计算

阻力形式	次序	流量 /(cm³/s)	前断面		后断面		h_j/cm	ξ	h_1/cm
			$\frac{av^2}{2g}$/cm	E/cm	$\frac{av^2}{2g}$/cm	E/cm			
突然扩大									
突然缩小									

五、讨论与思考

1. 分析比较突扩与突缩在相应条件下的局部损失大小关系。

2. 结合流动演示的水力现象，分析局部阻力损失机理和产生突扩与突缩局部阻力损失的主要部位在哪里，怎样减小局部阻力损失。

实验七 液体导热系数测定实验

一、实验目的

(1) 用稳态法测量液体的导热系数。

(2) 了解实验装置的结构和原理，掌握液体导热系数的测试方法。

二、实验原理

工作原理如图 6-7-1 所示。

平板试件（这里是液体层）的上表面受一个恒定的热流强度 q 均匀加热：

$$q=Q/A \tag{6-7-1}$$

根据傅里叶单向导热过程的基本原理，单位时间通过平板试件面积 A 的热流量 Q 为

$$Q=\lambda\left(\frac{T_1-T_2}{\delta}\right)A \tag{6-7-2}$$

从而，试件的导热系数 λ 为

$$\lambda=\frac{Q\delta}{A(T_1-T_2)} \tag{6-7-3}$$

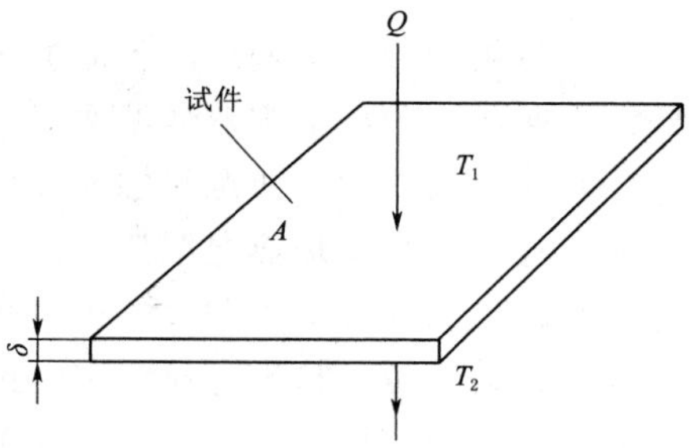

图 6-7-1 工作原理

式中：A 为试件垂直于导热方向的截面积，m²；T_1 为被测试件热面温度，℃；T_2 为被测试件冷面温度，℃；δ 为被测试件导热方向的厚度，m。

三、实验装置

实验装置主要由循环冷却水槽、上下均热板、热面测温/冷面器件及其温度显示部分、液槽等组成，实验装置简图如图 6-7-2 所示。

为了尽量减少热损失，提高测试精度，本装置采取以下措施：

(1) 设隔热层，使绝大部分热量只向下部传导。

(2) 为了减小由于热量向周围扩散引起的误差，取电加热器中心部分（直径 $D=0.15\text{m}$）作为热量的测量和计算部分。

(3) 在加热热源底部设均热板，以使被测液体热面温度（T_1）更趋均匀。

(4) 设循环冷却水槽 2，以使被测液体冷面温度（T_2）恒定（与水温接近）。

(5) 被测液体的厚度 δ 是通过放在液槽中的垫片来确定的，为防止液体内部对流传热的发生，一般取垫片厚度 δ 为 5mm 为宜。

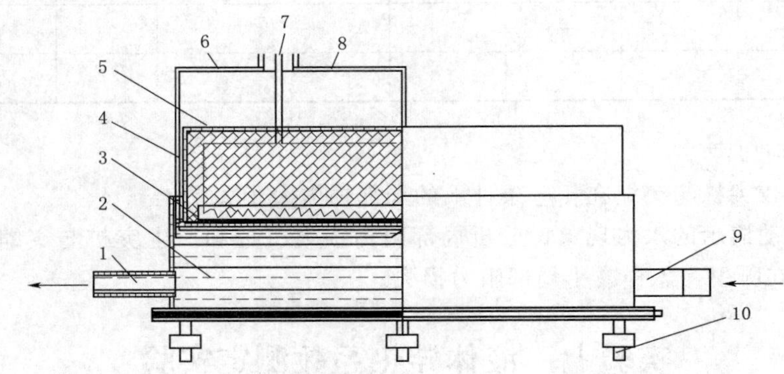

图 6-7-2 实验装置简图

1—循环水出口；2—循环冷却水槽；3—被测液体；4—加热热源；5—绝热保温材料；6—冷面测温器件；7—加热电源；8—热面测温器件；9—循环水进口；10—调整水准的螺丝

四、实验步骤

(1) 将选择好的三块垫片按等腰三角形均匀地摆放在液槽内（约为均热板接近边缘处）。

(2) 将被测液体缓慢地注入液槽中，直至淹没垫片约 0.5mm 为止，然后旋转装置底部的调整螺丝，观察被测液体液面，应是被测液体液面均匀淹没三块垫片。

(3) 将上热面加热热源轻轻放在垫片上。

(4) 连接温度及加热电源插头。

(5) 接通循环冷却水槽上的进出水管，并调节水量。

(6) 接通电源，拉出电压设定电位器，显示屏出现“显示设定电压”，并显示已设定电压值。如不调整可推进电压设定即可。如要调整约等 5s 后屏幕显示“修改设定电压”时可调整电压到其预定值（电压最大值 30V），然后推进电压设定即可。

拉出温度设定电位器，显示出现“显示设定温度”，并显示已设定最高温度。调整方法同电压设定（注意热面温度不得高于被测液体的闪点温度）。当热面温度加热到设定温度时本机将会自动停止加热。

(7) 按下“启动/停止”键。启动/停止键指示灯亮，加热电源输出。再按“启动/停止”键，启动/停止键指示灯暗，加热电源停止输出。“水泵”键操作方法同“启动/停止”键。

(8) 按钮功能。

1) 按“功能/确认”键后显示如下：

请选择

选择自动换屏
换屏时间设定

按“+/选择”键，选择自动换屏或换屏时间设定。如选选择自动换屏，按“功能/确认”键显示如下：

按“+/选择”键，选择单项数据或选择全部数据。

选择单项数据（巡检状态）

选择全部数据（同屏显示全部数据）

确定选项后按“功能/确认”确认。

如选换屏时间设定。按“功能/确认”键显示如下：

显示时间设定

换屏时隔: 秒
全屏显示: 秒

换屏时隔（5～99s，默认值5s）

全屏显示（5～99s，默认值5s）

用“+/选择”键或“-/手动”键设定时间，按“功能/确认”键确认。

2) 对比度。调节液晶屏对比度。

3)“-/手动”键。当进入换屏时隔或者全屏显示时，由此键和“+/选择”键来调整时间，否则此键将取消自动换屏功能转入手动选择。

(9) 每隔5min左右从温度读数显示器记下被测液体冷、热面的温度值。建议记入表6-7-1中，并标出各次的温差 $\Delta T=T_1-T_2$。当连续四次温差值的波动不超过1℃时，实验即可结束。

表6-7-1　　温度 T_1、T_2 读数记录

序号	1	2	3	4	5	6	备注
T/min	0	5	10	15	20	25	
T_1/℃							
T_2/℃							
ΔT/℃							

(10) 试验完毕后，先按“启动/停止”键，启动/停止键指示灯暗，加热电源停止输出。待水泵运行一段时间后，再按“水泵”键，关闭水泵，切断电源、水源。

若发现 T_1 一直在升高（降低），可降低（提高）输入电压或增加（减少）循环冷却水槽的水流速度。

五、实验数据计算

（1）有效导热面积 A：

$$A=\frac{\pi D^2}{4} \tag{6-7-4}$$

（2）平均传热温差 $\overline{\Delta T}$：

$$\overline{\Delta T}=\frac{\sum_{1}^{4}(T_1-T_2)}{4} \tag{6-7-5}$$

（3）单位时间通过面积 A 的热流量 Q：

$$Q=VI \tag{6-7-6}$$

（4）液体的导热系数 λ：

$$\lambda=\frac{Q\delta}{A\ \overline{\Delta T}} \tag{6-7-7}$$

式中：D 为电加热器热量测量部位的直径，取 $D=0.15\text{m}$，m；T_1 为被测液体热面温度，K；T_2 为被测液体冷面温度，K；V 为热量测量部位的电位差，V；I 为通过电加热器电流，A；δ 为被测液体厚度，m。

六、液体导热系数测试计算例题

（1）测试记录见表 6-7-2。

表 6-7-2　　热面、冷面温度 T_1、T_2 读数记录

序号	1	2	3	4	5	备注
时:分	10:10	10:20	10:30	10:40	10:50	
T_1/℃	71.0	66.0	65.0	65.5	65.5	
T_2/℃	29.0	29.5	29.0	30.0	29.5	
ΔT/℃		36.5	36.0	35.5	36.0	

被测液体：润滑油　　　　　　液体厚度：$\delta=0.003\text{m}$

有效导热面积的计算直径：　　$D=0.29\text{m}$

热量测量部位的电压差：　　　$V=20\text{V}$

加热器工作电流：　　　　　　$I=2.5\text{A}$

（2）数据计算。

$$\overline{\Delta T}=\frac{\sum_{1}^{4}(T_1-T_2)}{4}=36℃$$

$$\lambda=\frac{20\times2.5\times0.003}{\frac{\pi\,0.29^2}{4}\times36}\approx0.0063[\text{W}/(\text{m}\cdot℃)]$$

实验八　中温辐射时物体黑度的测定实验

一、实验目的

用比较法定性地测定中温辐射时物体的黑度系数 ε。

二、实验原理

由几个物体组成的换热系统中，利用净辐射法，可求出物体 i 面的净辐射换热量 $Q_{\text{net.}i}$

$$Q_{\text{net.}i}=Q_{\text{abs.}i}-Q_{ei}=d_i\sum_{k=1}^{n}\int_{F_k}E_{\text{eff.}k}\psi_{(\text{d}k)i}d_{F\text{k}}-\varepsilon_iE_{\text{b}i}F_i \tag{6-8-1}$$

式中：$Q_{\text{net.}i}$为 i 面的净辐射换热量；$Q_{\text{abs.}i}$为 i 面从其他表面的吸热量；Q_{ei}为 i 面本身的辐射热量；ε_i 为 i 面的黑度系数；$\psi_{(\text{d}k)i}$为 k 面对 i 面的角系数；$E_{\text{eff.}k}$为 k 面的有效辐射力；$E_{\text{b}i}$为 i 面的辐射力；d_i 为 i 面的吸受率；F_i 为 i 面的面积。

如图 6－8－1 所示，根据本实验的实际情况，可以认为：

（1）热源 1、传导筒 2 为黑体。

（2）热源 1、传导筒 2、待测物体（受体）3 表面的温度均匀。

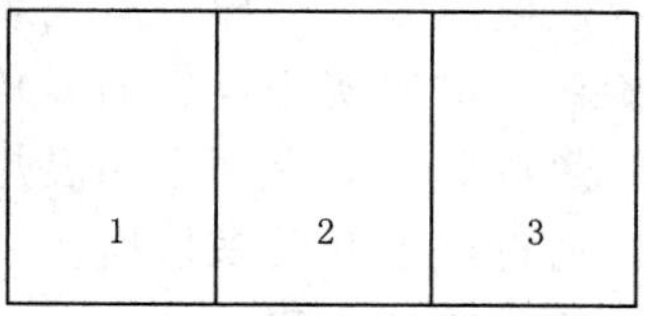

1	2	3

图 6－8－1　黑度的测定示意图
1—热源；2—传导筒；
3—待测物体（受体）

因此式（6－8－1）可写成：

$$Q_{\text{net.}3}=\alpha_3(E_{\text{b1}}F_1\psi_{1.3}+E_{\text{b2}}F_2\psi_{2.3}-\varepsilon_3E_{\text{b3}}F_3)$$

因为：$F_1=F_3$；$\alpha_3=\varepsilon_3$；$\psi_{3.2}=\psi_{1.2}$。又根据角系的互换性：$F_2\psi_{2.3}=F_3\psi_{3.2}$，则

$$q_3=\frac{Q_{\text{net.}3}}{F_3}=\varepsilon_3(E_{\text{b1}}\psi_{1.3}+E_{\text{b2}}\psi_{1.2})-\varepsilon_3E_{\text{b3}}=\varepsilon_3(E_{\text{b1}}\psi_{1.3}+E_{\text{b2}}\psi_{1.2}-E_{\text{b3}}) \tag{6-8-2}$$

由于待测物体（受体）3 与环境主要以自然对流方式换热，因此：

$$q_3=\alpha(t_3-t_\text{f}) \tag{6-8-3}$$

式中：q_3 为受体 3 与环境自然对流换热量；α 为换热系数；t_3 为待测物体（受体）的温度；t_f为环境温度。

由式（6－8－2）和式（6－8－3）可得

$$\varepsilon_3=\frac{\alpha(t_3-t_\text{f})}{E_{\text{b1}}\psi_{1.3}+E_{\text{b2}}\psi_{1.2}-E_{\text{b3}}} \tag{6-8-4}$$

当热源 1 和传导筒 2 的表面温度一致时，$E_{\text{b1}}=E_{\text{b2}}$，并考虑到，系统 1、2、3 为封闭系统，则

$$\psi_{1.3}+\psi_{1.2}=1 \tag{6-8-5}$$

由此式（6－8－4）可写成

$$\varepsilon_3=\frac{\alpha(t_3-t_\text{f})}{E_{\text{b1}}-E_{\text{b3}}}=\frac{\alpha(t_3-t_\text{f})}{\sigma_\text{b}(T_1^4-T_3^4)} \tag{6-8-6}$$

式中：σ_b为斯蒂芬-玻尔兹曼常数，其值为 $5.7\times10^{-8}\text{W}/(\text{m}^2\cdot\text{K}^4)$。

对不同待测物体（受体）a、b 的黑度系数 ε 为

$$\begin{cases} \varepsilon_a = \dfrac{\alpha_a(T_{3a}-T_f)}{\sigma(T_{1a}^4-T_{3a}^4)} \\ \varepsilon_b = \dfrac{\alpha_b(T_{3b}-T_f)}{\sigma(T_{1b}^4-T_{3b}^4)} \end{cases} \tag{6-8-7}$$

设 $\alpha_a=\alpha_b$ 则

$$\frac{\varepsilon_a}{\varepsilon_b}=\frac{T_{3a}-T_f}{T_{3b}-T_f}\frac{T_{1b}^4-T_{3b}^4}{T_{1a}^4-T_{3a}^4} \tag{6-8-8}$$

当 b 为黑体时，$\varepsilon_b\approx1$，那么式（6-8-8）可写为

$$\varepsilon_a=\frac{T_{3a}-T_f}{T_{3b}-T_f}\frac{T_{1b}^4-T_{3b}^4}{T_{1a}^4-T_{3a}^4} \tag{6-8-9}$$

三、实验装置

本实验装置为黑度系数测定仪，测定仪包括热源、传导体、受体、铜-康铜热电偶、传导左电压表、传导右电压表、热源电压表、热源电压旋钮、传导左电压旋钮、传导右电压旋钮、测温接线柱、测温转换开关、电源开关等。

热源腔体具有一个测温热电偶，传导腔体有两个热电偶，受体有一个热电偶。它们都可以通过琴键开关来切换。

四、实验步骤

本仪器用比较法测定物体的黑度，具体方法是：通过对三组加热器加热电压的调整（热源一组，传导体两组），使热源和传导体的测温点恒定在同一温度上，然后测出“待测”（受体为待测物体，具有原来的表面状态）和“黑体”（受体仍为待测物体，但表面熏黑）两种状态的受到辐射后的温度，就可以按公式计算出待测物体的黑度。

五、实验步骤

具体实验步骤如下：

（1）将热源腔体和受体腔体（使用具有原来表面状态的物体作为受体）靠紧传导体。

（2）用导线将仪器上的接线柱子与电位差计上的“未知”接线柱“＋”“－”按极性接好。

（3）接通电源，调整热源、传导左、传导右的调整旋钮，使其相应的电压表调整至红色位置。加热约 40min，通过测温转换开关测试热源、传导左、传导右的温度。并根据测得的温度微调相应电压旋钮，使三点温度尽量一致。

（4）系统进入恒温后（各测点温度基本接近，且在 5min 内各点温度波动小于 ±3℃），开始测试受体温度，当受体温度在 5min 之内的变化小于 ±3℃时，记下一组数据，“待测”受体实验结束。

（5）取下受体，将受体冷却后，用松脂或蜡烛将受体熏黑，然后重复以上实验，测得第二组数据。

将两组数据代入前述公式，即可得出待测物体的黑度。

六、注意事项

（1）热源及传导的温度不宜超过 200℃。

（2）每次做原始状态实验时，建议用汽油或酒精把待测物体表面擦干净，否则，实验结果将有较大出入。

七、实验公式

根据式（6－8－8），本实验所用公式为

$$\frac{\varepsilon_{受}}{\varepsilon_0}=\frac{\Delta T_{受}(T_{源}^4-T_0^4)}{\Delta T_0(T_{源}^{\cdot 4}-T_{受}^4)} \tag{6－8－10}$$

式中：ε_0 为相对黑体的黑度，该值可假定为 1；$\varepsilon_{受}$ 为待测物体（受体）的黑度；$\Delta T_{受}$ 为受体与环境的温差，$\Delta T_{受}=T_{受}-T_{f环}$；$\Delta T_0$ 为黑体与环境的温差（熏黑时），$\Delta T_0=T_0-T_{f环}$；$T_{源}$ 为受体为相对黑体时（熏黑时）热源的绝对温度；$T_{源}^{\cdot}$ 为受体为被测物体时（光面时）热源的绝对温度（在下式的括号中）；T_0 为相对黑体的绝对温度（熏黑时）；$T_{受}$ 为待测物体（受体）的绝对温度（光面时）。

八、实验举例

（1）实验数据见表 6－8－1。

表 6－8－1　　实 验 数 据

序号	热源（$T_{源}^{\cdot}$）/mV	传导/mV		受体（紫铜光面）$T_{受}$/mV	备　注
		1	2		
1	9.50	9.50	9.70	3.12	室温为 25℃，所用热电偶是铜-康铜热电偶（T 型）
2	9.52	9.52	9.56	3.02	
3	9.52	9.51	9.71	3.03	
平均/℃	215.2			76.0	
序号	热源（$T_{源}$）/mV	传导/mV		受体（紫铜熏黑）$T_{受}$/mV	
		1	2		
1	9.51	9.60	9.71	4.54	
2	9.52	9.66	9.72	4.50	
3	9.53	9.65	9.71	4.53	
平均/℃	215.4			117.6	

（2）实验结果：

$$\Delta T_{受}=T_{受}-T_{f环}=(76.0+273.15)-(25+273.15)=51.0(\mathrm{K})$$

$$\Delta T_0=T_0-T_{f环}=(117.6+273.15)-(25+273.15)=92.6(\mathrm{K})$$

$$T_{源}=215.4+273.15=488.55(\mathrm{K})$$

$$T_0=117.6+273.15=390.75(\mathrm{K})$$

$$T_{源}^{\cdot}=215.2+273.15=488.35(\mathrm{K})$$

$$T_{受}=76.0+273.15=349.15(\mathrm{K})$$

将以上数据代入式（6－8－10）得

$$\varepsilon_{受}=\varepsilon_0\times\frac{51.0}{92.6}\times\frac{488.55^4-390.75^4}{488.35^4-349.15^4}\approx 0.41\varepsilon_0$$

在假定 $\varepsilon_0=1$ 时，受体紫铜（原来表面状态）的黑度 $\varepsilon_{受}$ 为 0.41。

实验九 空气绝热指数 K 的测定实验

一、实验目的

(1) 测定空气的绝热指数 K 及 C_P 与 C_V。

(2) 熟悉以绝热膨胀、定容加热基本热力过程为工作原理测定 K 的实验方法。

二、实验装置及原理

空气绝热指数测定装置如图 6-9-1 所示，它是利用气囊往有机玻璃容器内充气，待容器内的气体压力稳定以后，通过 U 形管压力计（或倾斜式微压计）测出其压力 P_1；然后突然打开阀门并立即关闭，在此过程中空气绝热膨胀，在测压计上显示出膨胀后容器内的空气压力 P_2；然后持续一定的时间，使容器中的空气与实验环境中的空气进行热交换，最后达到平衡，即容器中的空气温度与环境温度一致，此时测压计上显示出温度平衡后容器中的空气压力 P_3。根据绝热过程方程式 PV^K = 定值（V 为气体的体积），得

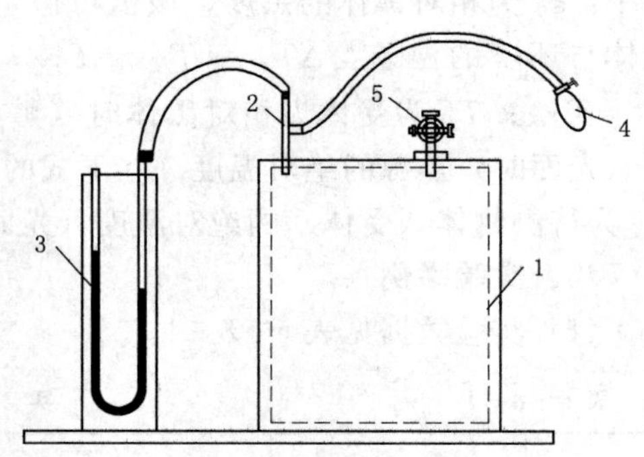

图 6-9-1 实验装置示意图

1—有机玻璃容器；2—充气及测压三通；3—U 形压力件；4—气囊；5—放气阀门

$$\frac{P_2}{P_1}=\left(\frac{V_1}{V_2}\right)^k \qquad (6-9-1)$$

又根据状态方程 $PV=\left(\frac{m}{u}\right)R_m T$，有

$$P_1V_1=RT_1 \qquad (6-9-2)$$

$$P_2V_2=RT_2 \qquad (6-9-3)$$

$$P_3V_3=RT_3 \qquad (6-9-4)$$

而 $V_3=V_2$，$T_3=T_1$，则

$$P_3V_2=RT_1 \qquad (6-9-5)$$

由式（6-9-2）与式（6-9-5）得

$$\frac{V_1}{V_2}=\frac{P_3}{P_1} \qquad (6-9-6)$$

将式（6-9-6）代入式（6-9-1），得

$$\frac{P_2}{P_1}=\left(\frac{P_3}{P_1}\right)^K \qquad (6-9-7)$$

因此绝热指数为

$$K=\frac{\lg\frac{P_2}{P_1}}{\lg\frac{P_3}{P_1}} \qquad (6-9-8)$$

由 $C_P = C_V + R$，$K = \frac{C_P}{C_V}$。两式联立求解可得

$$\begin{cases} C_P = \frac{KR}{K-1} \\ C_V = \frac{R}{K-1} \end{cases} \tag{6-9-9}$$

三、实验步骤

(1) 记录下此时的大气压力 P_0 及环境温度 t_0。

(2) 关闭阀门 5。

(3) 用气囊往容器内缓慢充气（否则会冲出液体），压差控制在 150～200mmH_2O 为宜（考虑量程与误差），待稳定后记录下此时的压差 Δh_1。

(4) 突然打开阀门并立即关闭，空气绝热膨胀后，在测压计上显示出膨胀后的气压，记录此时的 Δh_2。

(5) 持续一定的时间后，容器内的空气温度与测试现场的温度一致，记录下此时反映容器内空气压力的压差值 Δh_3。

(6) 一般要求重复 3 次实验（减小误差），取其测试结果的平均值（注意起点要一致）。

四、数据记录及处理：

(1) 数据记录表 6－9－1。

表 6－9－1　　**数　据　记　录**

序号	Δh_1/mmH_2O	Δh_2/mmH_2O	Δh_3/mmH_2O	备　注
1				大气压力 P_0＝______ Pa 环境温度 t_0＝______℃ 倍率为：0.8
2				
3				
平均值 Δh				

(2) 数据处理：

$$\because P_1 = P_0 + 0.8\rho g\Delta h_1 \quad P_2 = P_0 + 0.8\rho g\Delta h_2 \quad P_3 = P_0 + 0.8\rho g\Delta h_3$$

$$\therefore K = \frac{\lg \frac{P_2}{P_1}}{\lg \frac{P_3}{P_1}} \quad C_P = \frac{KR}{K-1} \quad C_V = \frac{R}{K-1}$$

五、讨论与思考

(1) 分析影响测试结果的因素。

(2) 讨论测试方法存在的问题。

六、注意事项

(1) 气囊往往会漏气，充气后必须用夹子将胶皮管夹紧。

(2) 在实验过程中，测试现场的温度要求基本保持恒定，否则，很难测出可靠的实验数据。

实验十　可视性饱和蒸汽压力和温度的关系实验

一、实验目的

(1) 通过观察饱和蒸汽压力和温度变化的关系，加深对饱和状态的理解，从而加深液体温度达到对应于液面压力的饱和温度时，沸腾便会发生的基本概念。

(2) 通过对实验数据的整理，掌握饱和蒸汽 $P-t$ 关系图表的编制方法。

(3) 学会温度计、压力表、调压器和大气压力计等仪表的使用方法。

(4) 能观察到小容积和金属表面很光滑（汽化核心很小）的饱和态沸腾现象。

二、实验设备

实验设备如图 6-10-1 所示。

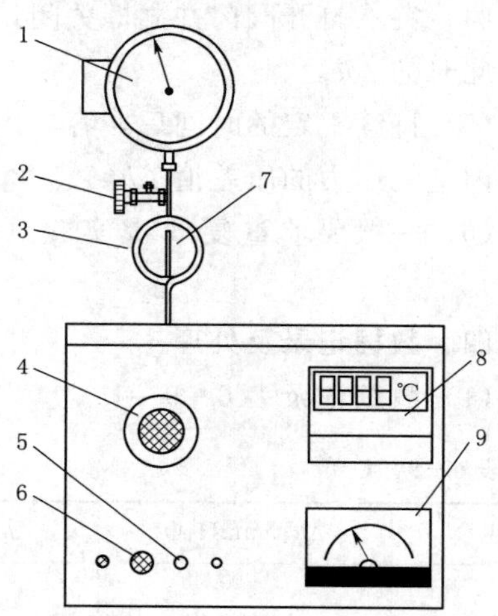

图 6-10-1　实验设备简图

1—压力表（−0.1～0～1.5MPa）；2—排气阀；3—缓冲器；4—可视玻璃及蒸汽发生器；5—电源开关；6—电功率调节器；7—温度计（100～250℃）；8—可控数显温度仪；9—电流表

三、实验步骤

(1) 熟悉实验装置及使用仪表的工作原理和性能。

(2) 将电功率调节器调节至电流表零位，然后接通电源。

(3) 调节电功率调节器，并缓慢加大电流，待蒸汽压力升至一定值时，将电流降低 0.2A 左右保温，待工况稳定后迅速记录下水蒸气的压力和温度。重复上述实验，在 0～1.0MPa（表压）范围内实验不少于 6 次，且实验点应尽量均匀分布。

(4) 实验完毕以后，将调压指针旋回零位，并断开电源。

(5) 记录室温 t_0 和大气压力 P_0。

四、数据记录和整理

1. 记录和计算

结果填入表 6-10-1。

表 6-10-1　　数　据　记　录

实验次数	饱和压力/MPa			饱和温度/℃		误　差		备注
	压力表读数 P'	大气压力 P_0	绝对压力 $P=P'+P_0$	温度计读数 t'	理论值 t	$\Delta t=t-t'$ /℃	$\frac{\Delta t}{t}\times 100\%$	
1								
2								
3								
4								

续表

实验次数	饱和压力/MPa			饱和温度/℃		误 差		备注
	压力表读数 P'	大气压力 P_0	绝对压力 $P=P'+P_0$	温度计读数 t'	理论值 t	$\Delta t=t-t'$ /℃	$\frac{\Delta t}{t}\times 100\%$	
5								
6								
7								
8								

2. 绘制 $P-t$ 关系曲线

将实验结果点在直角坐标纸上，清除偏离点，绘制曲线如图 6-10-2 所示。

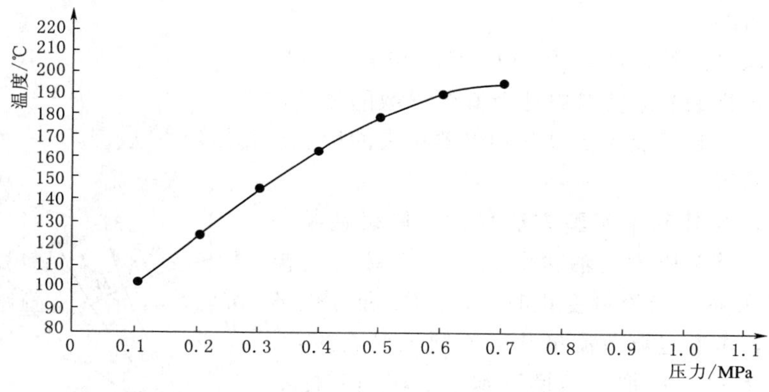

图 6-10-2 饱和蒸汽压力和温度的关系曲线

3. 总结经验公式

将实验曲线绘制在双对数坐标纸上，则基本呈一直线，故饱和蒸汽压力和温度的关系可近似整理成下列经验公式：

$$t=100\sqrt[4]{P} \tag{6-10-1}$$

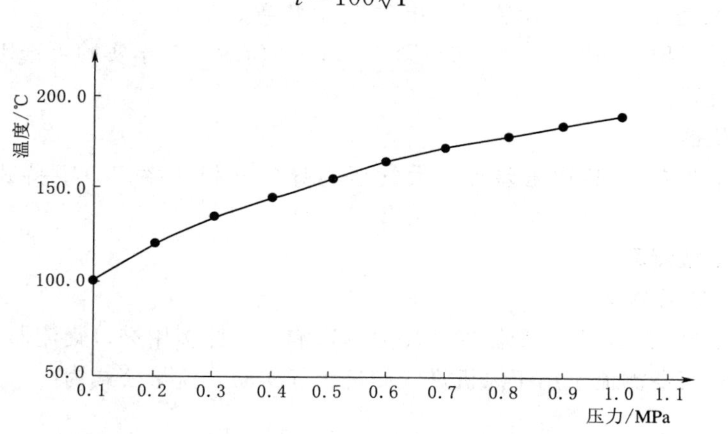

图 6-10-3 饱和蒸汽压力和温度的关系对数坐标曲线

4. 误差分析

通过比较发现测量值比标准值低1%左右，引起误差的原因可能有以下几个方面：

(1) 读数误差。

(2) 测量仪表精度引起的误差。

(3) 利用测量管测温引起的误差。

五、注意事项

(1) 实验装置通电后必须有专人看管。

(2) 实验装置使用压力为1.0MPa（表压），切不可超压操作。

实验十一　风机的性能实验

一、实验目的

(1) 测绘风机的特性曲线 $P-Q$、P_a-Q 和 $\eta-Q$。

(2) 掌握风机的基本实验方法及其各参数的测试技术。

(3) 了解实验装置及主要设备和仪器仪表的性能及其使用方法。

二、实验原理

由风机原理及其基本实验方法可知，风机在某一工况下工作时，其全压 P、轴功率 P_a、总效率 η 与流量 Q 有一定的关系。当流量变化时，P、P_a 和 η 也随之变化。因此，可通过调节流量获得不同工况点的 Q、P、P_a 和 η 的数据，再把它们换算到规定转速和标准状况下的流量、全压、轴功率和效率，就能得到风机的性能曲线。风机空气动力性能实验通常可采用节流方法改变风机工作点，改变管路特性来改变工作点如图 6-11-1 所示（图中 H_e 为工作介质高度）。

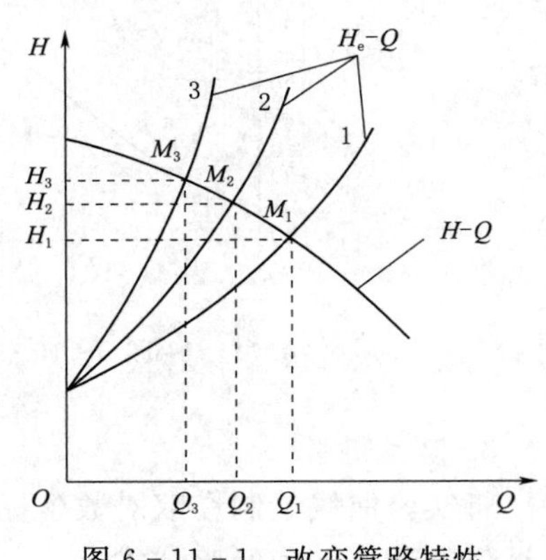

图 6-11-1　改变管路特性来改变工作点

三、实验装置

风机实验装置有进气实验装置、出气实验装置、进出气实验装置三种，如图 6-11-2～图 6-11-4 所示，教学实验可选用图 6-11-2 所示的进气实验装置。

四、实验仪器

测试仪器主要有U形管压差计、大气压力计、三相功率表、手持式转速表及温度计等。

五、实验参数测取

(一) 流量 Q 的测量

风机的流量比较大，又易受温度和压力的影响，因此多用进口集流器和皮托管测量。

(1) 进口集流器测流量用于风机进气和进出气实验，流量公式为

$$Q=\frac{\sqrt{2}}{\rho_1}A_1\varphi\sqrt{\rho_{amb}\,|P_{stj}|} \tag{6-11-1}$$

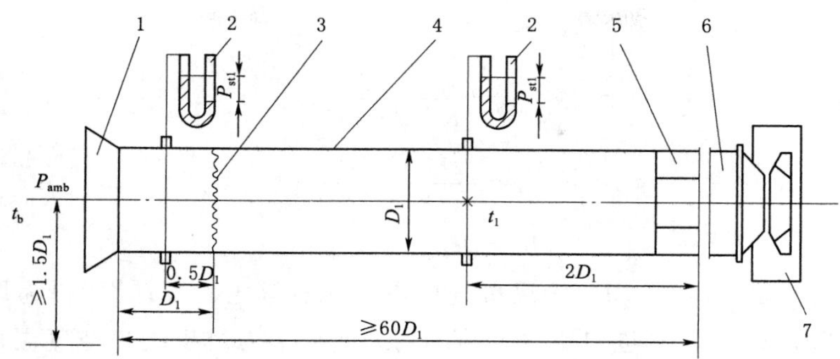

图 6-11-2 进气实验装置

1—集流器；2—压力计；3—网栅节流器；4—进气管；
5—整流器；6—锥形接头；7—风机

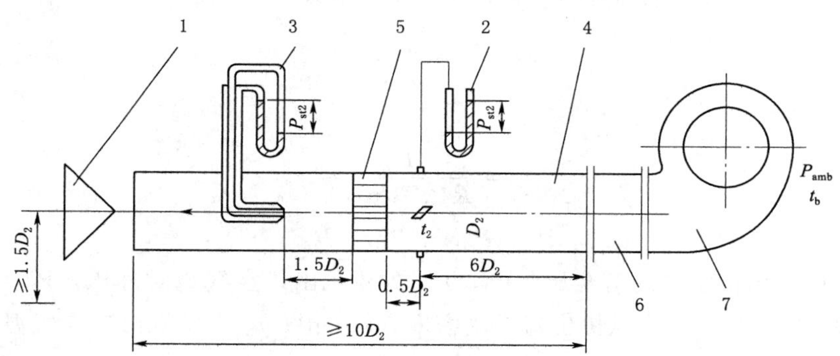

图 6-11-3 出气实验装置

1—锥形节流器；2—压力计；3—复合测压计；4—出气管；
5—整流栅；6—锥形接头；7—风机

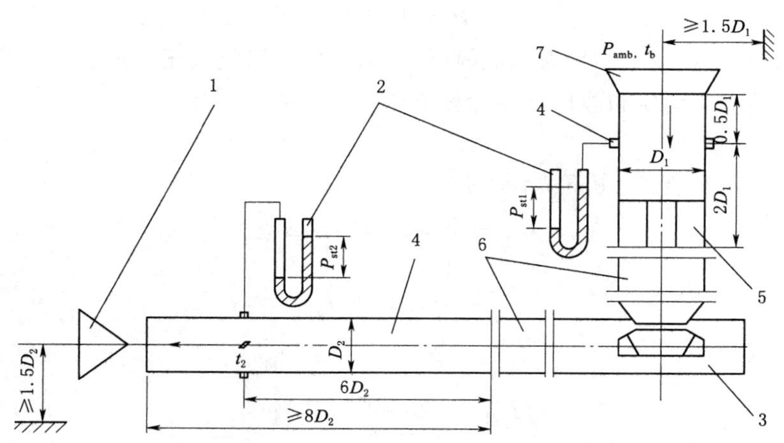

图 6-11-4 进出气实验装置

1—锥形节流器；2—压力计；3—风机；4—风管；
5—整流栅；6—锥形接头；7—集流器

其中：

$$\rho_{amb}=\frac{P_{amb}}{R(273+t_b)} \tag{6-11-2}$$

$$\rho_1=\frac{P_1}{R(273+t_1)} \tag{6-11-3}$$

$$P_1=P_{amb}-|P_{st1}| \tag{6-11-4}$$

式中：Q 为风机流量，m^3/s；P_1 为风机进口空气绝对全压，Pa；$|P_{st1}|$ 为风机进口空气静压绝对值，Pa；ρ_1 为风机进口空气密度，kg/m^3；t_1 为风机进口空气温度，℃；$|P_{stj}|$ 为风管进口静压绝对值，Pa；A_1 为进气风管截面积，m^2；P_{amb} 为环境大气压强，Pa；ρ_{amb} 为环境大气密度，kg/m^3；t_b 为环境大气温度，℃；φ 为集流器系数，锥形为 0.98，圆弧形为 0.99；R 为空气常数，取 287N·m/(kg·K)。

（2）皮托管测流量用于风机出气实验，流量公式为

$$Q=\frac{\sqrt{2}A_2\sqrt{\rho_2 P_{d2}}}{\rho_{amb}} \tag{6-11-5}$$

其中

$$\rho_2=\frac{P_2}{R(273+t_2)} \tag{6-11-6}$$

$$P_2=P_{amb}+P_{st2}+P_{da} \tag{6-11-7}$$

式中：P_2 为风机出口空气绝对全压，Pa；P_{st2} 为风机出口空气绝对静压，Pa；P_{d2} 为风机出口动压平均值，Pa；ρ_2 为风机出口空气密度，kg/m^3；t_2 为风机出口空气温度，℃；A_2 为出口风管截面积，m^2。

在工程上这种方法只能用在含尘量不大的气流。

（二）风机全压 P 的测量

全压等于静压和动压之和，即

$$P=P_{st}+P_d \tag{6-11-8}$$

式中：P 为风机全压，Pa；P_{st} 为风机静压，Pa；P_d 为风机动压，Pa。

实验时分别求出动压和静压，再计算全压。

1. 静压 P_{st} 计算

（1）风机进气实验 P_{st} 由下式计算：

$$P_{st}=|P_{st1}|-P_{d1}+\Delta P_1 \tag{6-11-9}$$

其中

$$\Delta P_1=0.15P_{d1} \tag{6-11-10}$$

对锥形集流器：

$$P_{d1}=0.96\frac{\rho_{amb}}{\rho_1}|P_{stj}| \tag{6-11-11}$$

对圆弧形集流器：

$$P_{d1}=0.98\frac{P_{amb}}{\rho_1}|P_{stj}| \tag{6-11-12}$$

式中：P_{d1}为风机进口动压；ΔP_1为进气实验阻力损失。

（2）风机出气实验P_{st}由下式计算：

$$P_{st}=P_{st2}-\Delta P_2 \tag{6-11-13}$$

其中

$$\Delta P_2=0.15P_{d2} \tag{6-11-14}$$

式中：ΔP_2为出气实验阻力损失。

如果风机出口截面积与出口风管截面积不相等时，则风机静压按下式修正：

$$P'_{st}=P_{st}+\left[1-\left(\frac{A_2}{A}\right)^2\right]P_d \tag{6-11-15}$$

式中：P'_{st}为修正后的风机静压，Pa；A为风机出口截面积，m^2。

（3）风机进出气实验P_{st}由下列计算：

$$P_{st}=P_{st2}+|P_{st1}|-P_{d2}+\Delta P \tag{6-11-16}$$

其中

$$\Delta P=\Delta P_1+\Delta P_2=0.15P_{d1}\left[1+\left(\frac{A_1}{A_2}\right)^2\right] \tag{6-11-17}$$

式中：ΔP为进出气实验阻力损失之和，Pa。

应当注意，在风机进出气实验用集流器测流量时，无$|P_{st1}|$值，此时用$|P_{stj}|$代替，该值由风管进口测压计读得。此外如果风机出口截面积与出口风管面积不等时，风机静压用式（6-11-15）进行修正。

2. 动压P_d计算

（1）风机进气实验P_d由下式计算：

$$P_d=0.051\frac{\rho_1^2}{\rho_{amb}}\left(\frac{Q}{A}\right)^2 \tag{6-11-18}$$

（2）风机出气实验P_d由下式计算：

$$P_d=P_{d2} \tag{6-11-19}$$

（3）风机进出气实验P_d由下式计算：

$$P_d=0.051\frac{\rho_{amb}^2}{\rho_2}\left(\frac{Q}{A}\right)^2 \tag{6-11-20}$$

（三）效率η的计算

$$\eta=\frac{PQ}{1000P_a}\times100\% \tag{6-11-21}$$

式中：P_a为风机轴功率，kW。

风机转速n和轴功率P_a的测量方法参照本章实验十二（泵的性能实验）。

六、实验操作要点

（1）在风机机械试运转合格后，方可进行正式实验。

（2）使用节流器（进气实验为网栅，其他两种实验为锥形节流器）调节风机流量时，流量点应在最大流量和零流量之间均匀分布，点数不得少于7个。

（3）对应每一个流量，要同时测取各实验参数，并详细记入专用表格；在确认实验情况正常，数据无遗漏、无错误时，方可停止实验。

七、实验结果及讨论

(1) 由各工况点的原始数据计算出 Q、P 和 P_a 各值，并换算到规定转速和标准状况下。

(2) 选择适当的图幅和坐标，在同一图上作出 $P-Q$、P_a-Q 和 $\eta-Q$ 曲线。

(3) 讨论要点：风机启动、运行和停止的操作方法及注意事项；有关现象的观察及解释；数据处理及绘制曲线的基本方法和步骤。

八、教学实验举例

测绘 No. 2.8A 离心风机性能曲线，用集流器测流量，三相功率表测轴功率，手持式转速表测转速。

1. 实验装置

实验装置如图 6-11-2 所示。

2. 设备、仪器及已知数据

(1) 风机：4-72-11，No. 2.8A。

(2) 三相功率表：D33-W 型。

(3) 转速表：LZ-30 型。

(4) 集流器：锥形，锥角 $\theta=60°$，集流器系数 $\phi=0.98$。

(5) 测压计：U 形管压差计，工作液体为水。

(6) 空盒气压表：DYM3。

(7) 已知数据：机械效率 $\eta_{tm}=1.0$；规定转速 $N_{sp}=2900\text{r/min}$；进气风管截面积 $A=0.0616\text{m}^2$；风机出口截面积 $A=0.0439\text{m}^2$。

3. 实验测试参数计算公式

(1) 测试参数 P_{stj}，P_{sti}，P_{amb}，t_b，n 和 P。

(2) 计算公式：流量 Q 用式（6-11-1）～式（6-11-4），效率 η 用式（6-11-21），风压 P 用式（6-11-8）～式（6-11-12）和式（6-11-18），轴功率用式（6-11-11）和式（6-11-14）。

4. 实验结果及讨论

(1) 风机实验数据及实验结果列于表 6-11-1 和表 6-11-2 中，表中只给出了两个实验点的数据。

表 6-11-1　　实　验　数　据

点号	P_{stj}/Pa	P/Pa	P_a/W	n/(r/min)	P_{amb}/Pa	t_b/℃
1	96.65	107.80	7.9	2990	9192.8	22
2	78.40	254.80	8.5	2990	9192.8	22

(2) 性能曲线如图 6-11-5 所示。

(3) 讨论：用进气装置测绘风机性能曲线的优缺点；如何调节和控制风机流量；绘制性能曲线应注意哪些问题。

表 6-11-2 实 验 结 果

点号	实 测 值				n_{sp}=2900r/min，标准状态			
	$Q/(m^3/s)$	P/Pa	P_a/kW	$n/(r/min)$	$Q/(m^3/s)$	P/Pa	P_a/kW	$n/(r/min)$
1	0.782	33.81	0.39	2990	0.759	35.18	0.39	6.9
2	0.727	100.81	0.44	2990	0.705	198.84	0.45	32.2

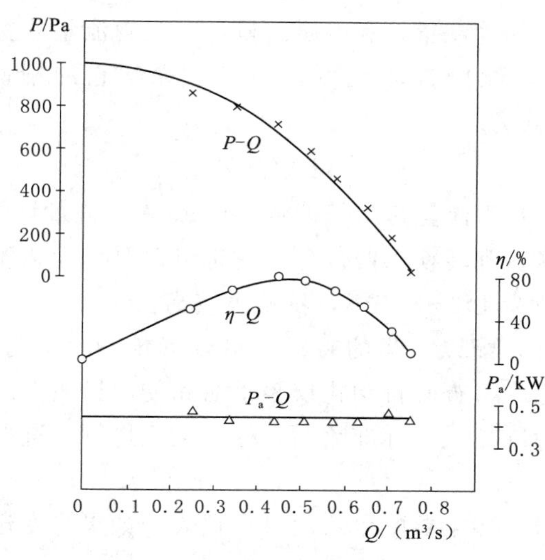

图 6-11-5 离心风机性能曲线

实验十二 泵的性能实验

一、实验目的

(1) 测绘泵的工作性能曲线，了解性能曲线的用途。

(2) 掌握泵的基本实验方法及各参数的测试技术。

(3) 了解实验装置的整体构成、主要设备和仪器仪表的性能及其使用方法。

二、实验原理

泵性能曲线是指在一定转速 n 下扬程 H、轴功率 P_a、效率 η 与流量 Q 间的关系曲线。它反映了泵在不同工况下的性能。由离心泵理论和它的基本实验方法可知，泵在某一工况下工作时，其扬程、轴功率、总效率和流量有一定的关系。当流量变化时，这些参数也随之变化，即工况点及其对应参数是可变的。因此，离心泵实验时可通过调节流量来调节工况，从而得到不同工况点的参数。然后，再把它们换算到规定转速下的参数，就可以在同一幅图中作出 $H-Q$、P_a-Q、$\eta-Q$ 关系的曲线。

离心泵性能实验通常采用出口节流方法调节，即改变管路阻力特性来调节工况。

三、实验装置

泵的性能实验要求在实验台上进行。一般的教学实验 C 级实验台就足够了，院校和教学设备厂生产的简易实验台也可以使用。

四、实验参数测取

泵性能实验必须测取的参数有 Q、H、P_a 和 n，效率 η 则由计算求得。

（一）流量 Q 的测量

流量常用工业流量计和节流装置直接测量。用工业流量计测流量速度快，自动化程度高，方法简便，只要选择的流量计精确度符合有关标准规定，实验结果就可以达到要求。

常用的工业流量计有涡轮流量计和电磁流量计。涡轮流量计主要由涡轮流量变送器和数字式流量指示仪组成，配以打印机可以自动记录。它的精确度较高，一般能达到±0.5%。其流量计算公式为

$$Q=Q_f/\xi \tag{6-12-1}$$

式中：Q 为流量，L/s；Q_f 为流量指示仪读数，L/s；ξ 为流量计常数。

电磁流量计包括变送器和转换器两部分。它也可以测量含杂质液体的流量。它的精确度较涡轮流量计差，一般为1%～1.5%，价格也较高。

流量计多在现场安装，配以适当的装置也可以远传和自动打印。关于详细构造、原理、安装、操作和价格等，可查阅自动化仪表手册和使用说明书。

常用的节流装置有标准孔板、标准喷嘴、标准文丘里管。选择和使用这些装置时，必须符合有关标准规定。

用节流装置测流量时，多半要配以二次显示仪表。如果与变送器配合使用，则可以远传和自动化测量，如图 6－12－1 所示。

（二）扬程 H 的测量

泵扬程是在测得泵进、出口压强和流速后经计算求得，因此属于间接测量，如图 6－12－2 所示。

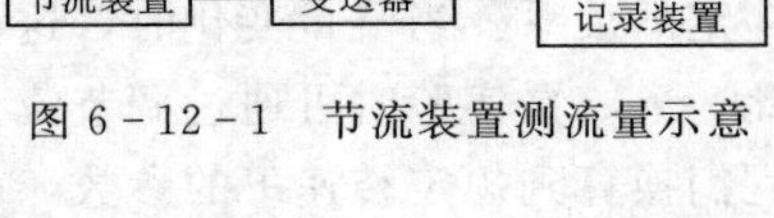

节流装置 — 变送器 — 显示、累积记录装置

图 6－12－1　节流装置测流量示意

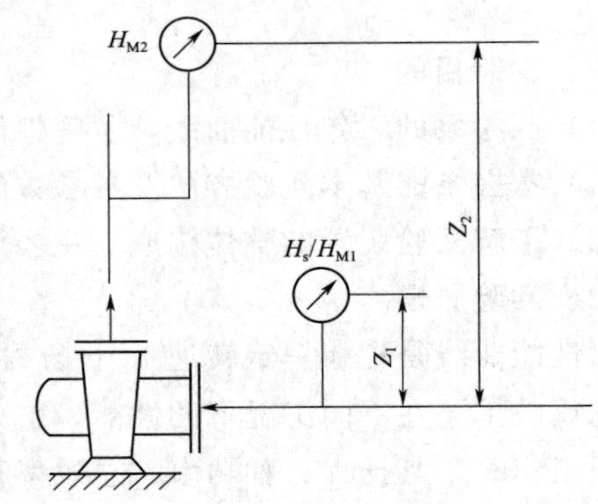

图 6－12－2　扬程测量

（1）进口压强小于大气压强时，扬程计算公式为

$$H=H_{M2}+H_s+Z_2+\frac{V_2^2-V_1^2}{2g} \tag{6-12-2}$$

（2）进口压强大于大气压强时，扬程计算公式为

$$H=H_{M2}-H_{M1}+H_s+(Z_2-Z_1)+\frac{V_2^2-V_1^2}{2g} \tag{6-12-3}$$

其中

$$V_1=Q/A_1 \tag{6-12-4}$$

$$V_2=Q/A_2 \tag{6-12-5}$$

式中：H 为扬程，m；Q 为流量，m^3/s；H_s 为进口真空表读数，m；H_{M1} 为进口压强表读数，m；H_{M2} 为出口压强表读数，m；Z_1、Z_2 分别为真空表和压强表中心距基准面高度，m；V_1、V_2 分别为进、出口管中液体流速，m/s；A_1、A_2 分别为进、出口管的截面积，m^2。

根据实验标准规定，泵的扬程是指泵出口法兰处和入口法兰处的总水头差，而测压点的位置是在离泵法兰 2D 处（D 为泵进口、出口管直径），因此用式（6-12-2）和式（6-12-3）计算的扬程值，还应加上测点至泵法兰间的水头损失：$H_j=H_{j1}+H_{j2}$，H_{j1} 和 H_{j2} 为对进口和出口而言的水头损失值，其计算方法和流体力学中计算方法相同。但如果 $H_j<0.002H$（B级）、$H_j>0.005H$（C级）时则可不予修正。

（三）转速 n 的测量

泵转速常通过手持式转速表、数字式转速表或转矩转速仪直接读取。

使用手持式转速表时，把感速轴顶在电动机轴的中心孔处，就可以从表盘上读出转速，如图 6-12-3 所示。主要有机械式和数字式两种，使用方便，精确度达到 C 级实验要求。

数字式转速表主要由传感器和数字频率计两部分组成，如图 6-12-4 所示。传感器将转速变成电脉冲信号，传给数字频率计直接显示出转速值。传感器有光电式和磁电式两大类，后者使用较多。测速范围大，为 $30\sim4.8\times10^5$ r/min；精确度也较高，可达 ±0.1%～±0.05%，因此多用于 B 级以上实验，常用的有 JSS-2 型数字转速表。

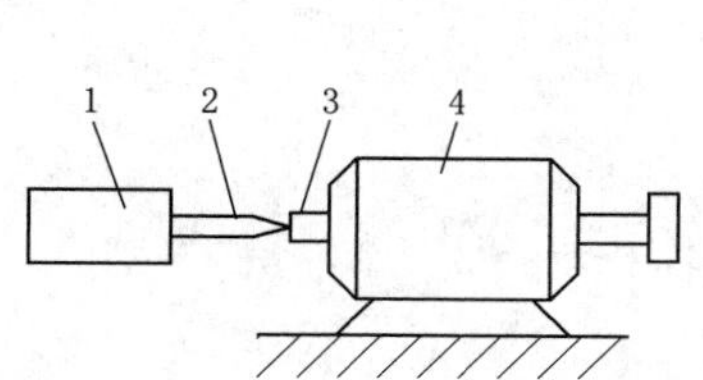

图 6-12-3　手持式转速表

1—转速表；2—感速轴；3—电动机轴；4—电动机

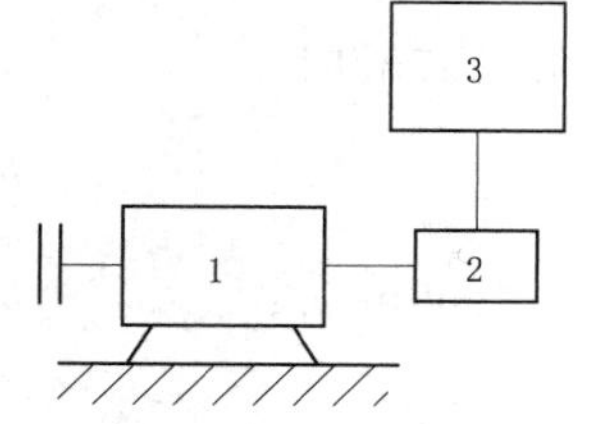

图 6-12-4　数字式转速表

1—电动机；2—传感器；3—数字频率计

转矩转速仪可以在测转矩的同时测转速。

（四）轴功率 P_a 的测量

泵轴功率目前常用转矩法和电测法测量。

1. 转矩法

转矩法是一种直接测量的方法。轴功率计算公式为

$$P_a=\frac{Mn}{9549.29} \tag{6-12-6}$$

式中：P_a 为轴功率，kW；M 为转矩，N·m；n 为叶轮转速，r/min。

由式（6-12-6）可见，只要测得 M 和 n 即可求得轴功率。转速 n 的测量方法已在前面介绍过，下面介绍转矩 M 的测量方法。

（1）天平式测功计测转矩：天平式测功计是在与泵连接的电动机外壳两端加装轴承，并用支架支起，使电动机能自由摆动；电动机外壳在水平径向上装有测功臂和平衡臂，测功臂前端做成针尖并挂有砝码盘，如图 6-12-5 所示。

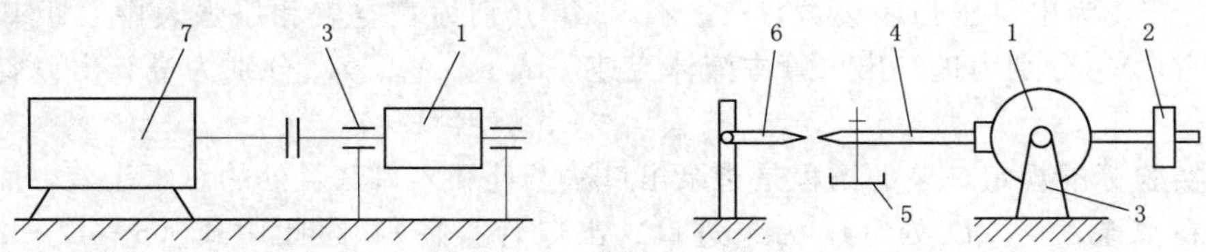

图 6-12-5　天平式测功计

1—电动机；2—平衡及平衡重；3—轴承及支架；4—测功臂；5—砝码盘；6—准星；7—泵

在泵停止时，移动平衡重使测功臂针尖正对准心，测功计处于平衡状态。当电动机带动泵运转时，在反向转矩作用下，电动机外壳反向旋转失去平衡。此时在砝码盘中加入适量砝码，使测功臂针尖再对准准心，测功计重新平衡。则此砝码重量乘以测功臂长度得到正向转矩，和反向转矩相等，因而可得转矩为

$$M=gmL \tag{6-12-7}$$

式中：M 为转矩，N·m；m 为砝码质量，kg；L 为测功臂长度，m；g 为重力加速度，取 9.806m/s^2。

把式（6-12-7）代入式（6-12-6），得

$$P_a=\frac{mnL}{973.7} \tag{6-12-8}$$

当 $L=0.9737$m 时：

$$P_a\approx\frac{mn}{1000} \tag{6-12-9}$$

当 $L=0.4869$m 时：

$$P_a\approx\frac{mn}{2000} \tag{6-12-10}$$

这样，只需测出砝码质量 m 和转速 n 就可以得到 P_a。这种测功方法适合于小型泵，其精确度也较高，因此实验室广泛采用。但天平的灵敏度及零件精确度应与标准相符，以保证轴功率测量的精确度。

（2）转矩转速仪测转矩：转矩转速仪是一种传递式转矩测量的设备，由传感器和显示仪表两部分组成，如图 6-12-6 所示。传感器和显示仪表种类很多，主要有电磁式和光电式两大类，可根据实验条件选用。在泵的实验中，可用 ZJ 系列的转矩转速传感器和 ZJYW 微机型转矩转速指示仪配套使用，可同时测量转矩和转速。用这种方法测量精确度较高，测转矩时精确度折算成相位差可达±0.2°，测转速时精确度可达±0.05%，因而在生产和科研中用得较多。但转矩转速仪价格较高。

2. 电测法

电测法是通过测量电动机输入功率和电动机效率来确定泵的轴功率的方法。如果知道电动机输入功率 P_{gr}、电动机效率 η_g，电动机与泵间传动机械效率 η_{tm}，则电动机输出功率 P_g 和泵的轴功率 P_a 为

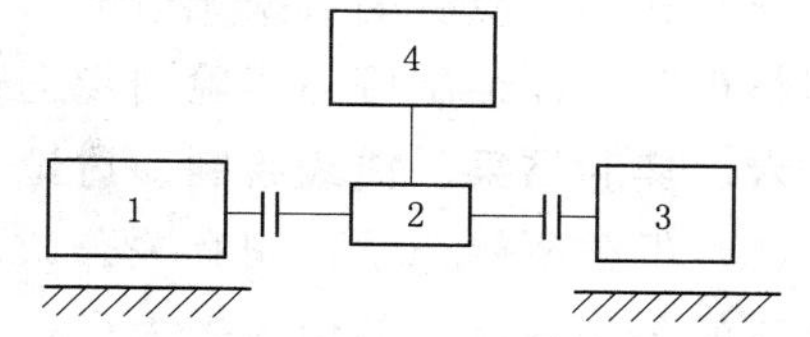

图 6-12-6 转矩转速仪测转矩示意图

1—泵；2—传感器；3—电动机；4—转矩转速仪

$$P_g = P_{gr}\eta_g \qquad (6-12-11)$$

$$P_a = P_{gr}\eta_g\eta_{tm} \qquad (6-12-12)$$

式中：P_a 为泵的轴功率，kW；P_g 为电动机输出功率，kW；P_{gr} 为电动机输入功率，kW；η_g 为电动机效率，%；η_{tm} 为电动机与泵间传动机械效率，%；电动机直连传动 $\eta_{tm}=100\%$，联轴器传动 $\eta_{tm}=98\%$，液力联轴器传动 $\eta_{tm}=97\%\sim98\%$。

所以，关键是测量电动机输入功率 P_{gr}，常用方法有以下几种。

(1) 用双功率表测量，计算公式为

$$P_{gr} = K_1 K_u (P_1 + P_2) \qquad (6-12-13)$$

式中：K_1、K_u 分别为电流和电压的互感器变比；P_1、P_2 分别为两功率表读数，kW。

(2) 用电流表和电压表测量，计算公式为

$$P_{gr} = \sqrt{3}IU\cos\varphi/1000 \qquad (6-12-14)$$

式中：I 为相电流，A；U 为相电压，V；$\cos\varphi$ 为电动机功率因数。

(3) 用三相功率表测量，计算公式为

$$P_{gr} = CK_1K_uP \qquad (6-12-15)$$

式中：C 为三相功率表常数；P 为功率表读数，kW。

电动机效率与输入功率的大小有关，根据电动机实验标准通过实验来确定，并把实验数据制成曲线，使用时由曲线查出 η_g。

(五) 效率 η 的计算

$$\eta = \frac{\rho g H Q}{100P_a}\times 100\% \qquad (6-12-16)$$

式中：η 为效率，%；ρ 为流体密度，kg/m^3；H 为扬程，m；Q 为流量，m^3/s；P_a 为轴功率，kW；g 为重力加速度，取 9.806m/s^2。

五、实验操作要点

(1) 在测取实验数据之前，泵应在规定转速下和工作范围内进行试运转，对轴承和填料的温升、轴封泄漏、噪声和振动等情况进行全面检查，一切正常后方可进行实验。试运转时间一般为 15～30min。若泵需进行预备性实验时，试运转也可以结合预备实验一起进行。

(2) 实验时通过改变泵出口调节阀的开度来调节工况。实验点应均分布在整个性能曲线上，要求在 13 个以上，并且应包括零流量和最大流量，实验的最大流量至少要超过泵的规定最大流量的 15%。

(3) 对应每一工况，都要在稳定运行工况下测定全部实验数据，并详细填入专用的记录表内。实验数据应完整、准确，对有怀疑的数据要注明，以便校核或重测。

(4) 在确认应测的数据无遗漏、无错误时方可停止实验。为避免错误和减少工作量，数据整理和曲线绘制可与实验同步进行。

六、实验结果、曲线绘制、讨论

(1) 根据原始记录，用有关公式求出实测转速下的 Q，H，P_a 和 η，再换算到指定转速下的各相应值，并填入表内。

(2) 选择适当的计算单位和图幅，绘制 $H-Q$，P_a-Q，$\eta-Q$ 曲线。Q 的单位可用 m^3/s 或 L/s，H 单位为 m，η 单位为%。

(3) 讨论要点：泵启动、运行和停止的操作要点及注意事项，参数测量要点及有关现象的观察和解释；主要设备、仪器仪表的原理和使用方法；异常数据的处理；曲线的绘制；拟合及用途。

七、教学实验举例

测绘 IS50－32－125 离心泵性能曲线。本实验用天平式测功计测轴功率，用数字式转速表测转速，用涡轮流量计测流量。

1. 实验装置

离心泵实验装置如图 6－12－7 所示。

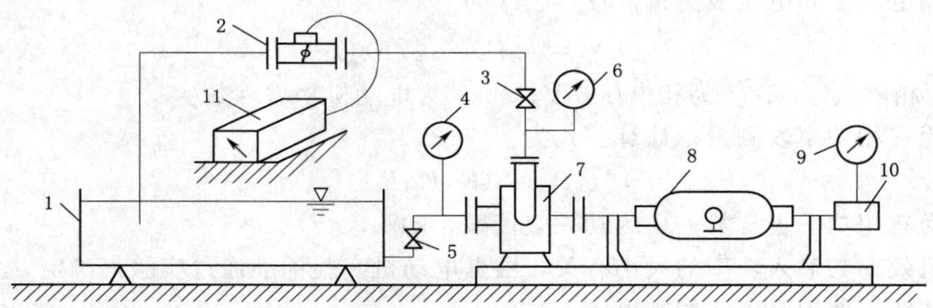

图 6－12－7 离心泵实验装置

1—水槽；2—涡轮流量变送器；3—出口阀；4—真空表；5—入口阀；6—压强表；7—泵；8—测功计及电动机；9—数字转速表；10—传感器；11—流量指示仪

2. 设备、仪器、已知数据

(1) 离心泵：型号为 IS50－32－125，其型式数 $K=0.286$。

(2) 天平式测功计：臂长 $L=0.4869$m。

(3) 流量计：涡轮流量变送器 LW－40；流量计常数 $\xi=74.21$；流量指示仪 XPZ－10。

(4) 数字式转速表：SZD－31。

(5) 规定转速：$n_{sp}=2900$r/min。

(6) 表位差：$Z_2=0.74$m。

3. 测试参数及公式

(1) 测试参数 Q_r、H_s、H_{M2}、m、n。

(2) 计算公式。根据式 (6－12－2)、式 (6－12－3)、式 (6－12－10) 和式 (6－12－16)，将已知数据代入，得

$$Q=Q_r/74.21 \tag{6-12-17}$$

$$H=H_{M2}+H_S+\frac{V_2^2-V_1^2}{2g}+0.74 \tag{6-12-18}$$

4. 数据

为减少篇幅，只给出两个实验点的数据，列于表 6－12－1，实验结果列于表 6－12－2 中。

5. 曲线

根据表 6－12－2 的数据制成曲线，如图 6－12－8 所示。

表 6－12－1　　实 验 数 据

点号	H_s/m	H_{M2}/m	n/(r/min)	m/kg	Q_r/(L/s)
1	3.94	8.99	3000	0.72	340
2	3.60	10.79	3000	0.70	320

表 6－12－2　　实 验 结 果

点号	实测值				n_{sp}=2900r/min			
	Q/(L/s)	H/m	P_a/kW	n/(r/min)	Q/(L/s)	H/m	P_a/kW	η/%
1	4.58	13.68	1.08	3000	4.43	12.78	0.98	56.88
2	4.31	15.14	1.05	3000	4.17	14.15	0.95	60.09

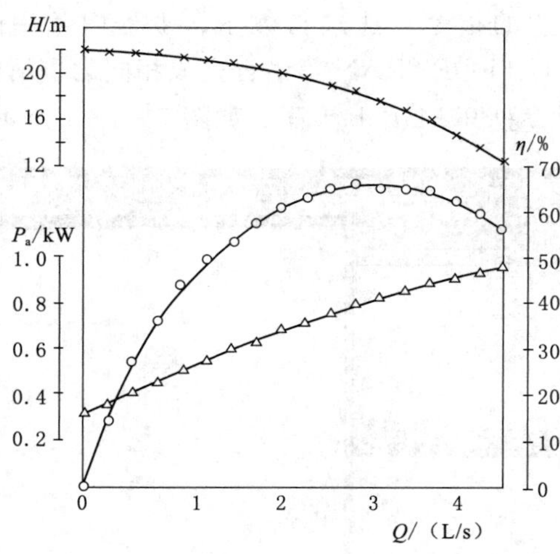

图 6－12－8　离心泵的性能曲线

6. 讨论与思考

(1) 离心泵启动时出口阀是全开还是全关？为什么？停泵时又如何？为什么？

(2) 绘制泵性能曲线是用表 6－12－2 中的实测数据还是用换算到 n_{sp}=2900r/min 时的数据？为什么？

第七章 工程测试技术

实验一 控制系统应用软件使用及典型控制系统建模分析

一、实验目的

(1) 掌握 Matlab 软件使用的基本方法。

(2) 熟悉 Matlab 的数据表示、基本运算和程序控制语句。

(3) 熟悉 Matlab 程序设计的基本方法。

(4) 学习用 Matlab 创建控制系统模型。

二、实验原理

(一) Matlab 的基本知识

Matlab 是矩阵实验室(Matrix Laboratory)之意。Matlab 具有卓越的数值计算能力，具有专业水平的符号计算、文字处理、可视化建模仿真和实时控制等功能。Matlab 的基本数据单位是矩阵，它的指令表达式与数学、工程中常用的形式十分相似，故用 Matlab 来解算问题要比用 C、FORTRAN 等语言完成相同的事情简捷得多。

当 Matlab 程序启动时，打开 Matlab 界面，如图 7-1-1 所示。

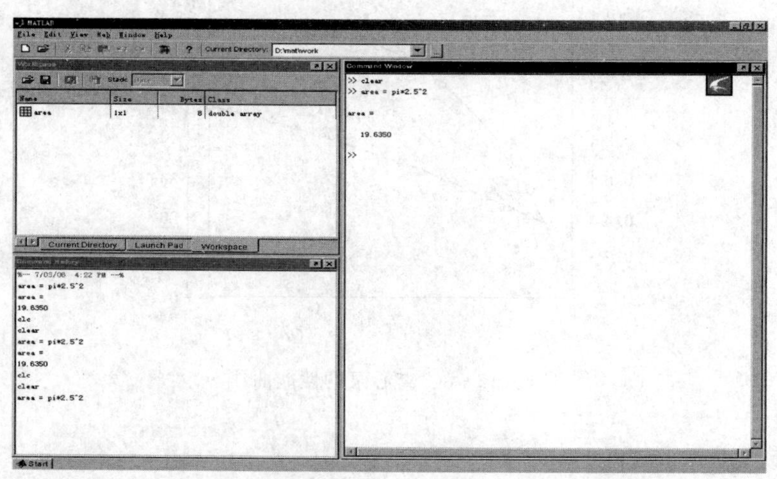

图 7-1-1 Matlab 界面

在 Matlab 集成开发环境下，集成了管理文件、变量和用程序的许多编程工具。Matlab 界面的窗口主要有命令窗口（Command Window）：在命令窗口中，用户可以在命令行提示符（>>）后输入一系列的命令，回车之后执行这些命令，执行的命令也是在这个窗口中实现的。

命令历史窗口（Command History Window）：用于记录用户在命令窗口的一系列命令，按逆序排列，即最早的命令排在最下面，最后的命令排在最上面。这些命令会一直存在下去，直到被删除。双击这些命令可使其再次执行。要在历史命令窗口删除一个或多个命令，可以先选择，然后单击右键，这时就有一个弹出菜单出现，选择 Delete Section，任务就完成了。

工作台窗口（Workspace）：工作空间是 MATLAB 用于存储各种变量和结果的内存空间。在该窗口中显示工作空间中所有变量的名称、大小、字节数和变量类型说明，可对变量进行观察、编辑、保存和删除。

当前路径窗口（Current Directory Browser）显示当前用户工作所在的路径。Matlab 命令常用格式为变量＝表达式，或直接简化为表达式。

通过“＝”符号将表达式的值赋予变量，若省略变量名和“＝”号，则 MATLAB 自动产生一个名为 ans 的变量。

变量名必须以字母开头，其后可以是任意字母、数字或下划线，大写字母和小写字母分别表示不同的变量，不能超过 19 个字符，特定的变量［如 pi（＝3.141596）、Inf（＝∞）、NaN（表示不定型求得的结果，如 0/0）］等不能用作它用。

表达式可以由函数名、运算符、变量名等组成，其结果为一矩阵，赋给左边的变量。

MATLAB 所有函数名都用小写字母。MATLAB 有很多函数，因此很不容易记忆。可以用帮助（HELP）函数帮助记忆，有三种方法可以得到 MATLAB 的帮助。单击 MATLAB 界面工具栏上的 HELP 图标，也可以在命令窗口中输入 helpdesk 或 helpwin 来启动帮助空间窗口。二是通过浏览 MATLAB 参考证书或搜索特殊命令的细节得到帮助，三是运用命令行的原始形式得到帮助。

第一种方法是在 MATLAB 命令窗口中输入 help 或 help 和所需要的函数的名字。如果在命令窗口中只输入 help，MATLAB 将会显示一连串的函数。如果有一个专门的函数名或工具箱的名字包含在内，那么 help 将会提供这个函数或工具箱。

第二种方法是通过 lookfor 函数得到帮助。lookfor 函数与 help 函数不同，help 函数要求与函数名精确匹配，而 lookfor 只要求与每个函数中的总结信息有匹配。lookfor 函数比 help 函数运行慢得多，但它提高了得到有用信息的机会。使用 help 函数可以得到有关函数的屏幕帮助信息。

常用运算符及特殊符号的含义与用法如下：

＋　数组和矩阵的加法

－　数组和矩阵的减法

*　矩阵乘法

/　矩阵除法

[ ]　用于输入数组及输出量列表

()　用于数组标识及输入量列表

‘ ’　其内容为字符串

，　分隔输入量，或分隔数组元素

；　(1) 分开矩阵的行

(2) 在一行内分开几个赋值语句

(3) 需要显示命令的计算结果时，则语句后面不加“;”号，否则要加“;”号。

%　其后内容为注释内容，都将被忽略，而不作为命令执行

…　用来表示语句太长，转到第二行继续写

回车之后执行这些命令。

举例：矩阵的输入。

$$\boldsymbol{A}=\begin{vmatrix}1 & 2 & 3\\4 & 5 & 6\\7 & 8 & 9\end{vmatrix}$$

矩阵的输入要一行一行进行，每行各元素用“,”或空格分开，每行用“;”分开。Matlab 书写格式为

$$\boldsymbol{A}=[1,2,3;4,5,6;7,8,9]$$

或

$$\boldsymbol{A}=[1\ \ 2\ \ 3;4\ \ 5\ \ 6;7\ \ 8\ \ 9]$$

回车之后运行程序可得到 $\boldsymbol{A}$ 矩阵：

$$\boldsymbol{A}=\begin{matrix}1 & 2 & 3\\4 & 5 & 6\\7 & 8 & 9\end{matrix}$$

需要显示命令的计算结果时，则语句后面不加“;”号，否则要加“;”号。

运行下面两种格式可以看出它们的区别。

a=[1 2 3;4 5 6;7 8 9]　　　　　　a=[1 2 3;4 5 6;7 8 9];

$$a=\begin{matrix}1 & 2 & 3\\4 & 5 & 6\\7 & 8 & 9\end{matrix}$$

(不显示计算结果)

（二）系统建模

1. 系统的传递函数模型

系统的传递函数为

$$G(s)=\frac{C(s)}{R(s)}=\frac{b_1s^m+b_2s^{m-1}+\cdots+b_ns+b_{m+1}}{a_1s^n+a_2s^{n-1}+\cdots+a_ns+a_{n+1}} \tag{7-1-1}$$

对线性定常系统，式中 s 的系数均为常数，且 a_1 不等于 0，这时系统在 Matlab 中可以方便地由分子和分母系数构成的两个向量唯一地确定出来，这两个向量可分别用变量名 num 和 den 表示。

num=[b1,b2,…,bm,bm+1]

den=[a1,a2,…,an,an+1]

注意：它们都是按 s 的降幂进行排列的。

举例：

传递函数为

$$G(s)=\frac{12s^3+24s^2+20}{2s^4+4s^3+6s^2+2s+2} \tag{7-1-2}$$

输入：

＞＞num＝[12,24,0,20],den＝[2 4 6 2 2]

显示：

num＝ 12 24 0 20

den＝ 2 4 6 2 2

2. 模型的连接

(1) 并联：parallel。

格式：[num,den]＝parallel(num1,den1,num2,den2)

说明：将并联连接的传递函数进行相加。

举例：

传递函数：

$$G_1(s)=\frac{3}{s+4} \tag{7-1-3}$$

$$G_2(s)=\frac{2s+4}{s^2+2s+3} \tag{7-1-4}$$

输入：

＞＞num1＝3;den1＝[1,4];num2＝[2,4];den2＝[1,2,3];[num,den]＝parallel(num1,den1,num2,den2)

(2) 显示：

num＝ 0 5 18 25

den＝ 1 6 11 12

串联：series。

格式：[num,den]＝series(num1,den1,num2,den2)

说明：将串联连接的传递函数进行相乘。

(3) 反馈：feedback。

格式：[num,den]＝feedback(num1,den1,num2,den2,sign)

说明：将两个系统按反馈方式连接，系统1前向环节，系统2为反馈环节，系统和闭环系统均以传递函数的形式表示。sign用来指示反馈类型，缺省时，默认为负反馈，即sign＝ －1；正反馈sign＝ 1。总系统的输入/输出数等同于系统1。

(4) 单位反馈：cloop。

格式：[numc,denc]＝cloop(num,den,sign)

说明：由传递函数表示的开环系统构成单位反馈系统，sign意义与上述相同。

三、实验设备

主要仪器设备有计算机（1台/人）、Matlab软件和打印机。

四、实验步骤

(1) 掌握Matlab软件使用的基本方法。

（2）用 Matlab 产生下列系统的传递函数模型：

$$G(s)=\frac{s^4+3s^3+2s^2+s+1}{s^5+4s^4+3s^3+2s^2+3s+2} \tag{7-1-5}$$

1）系统结构如图 7-1-2 所示，求其传递函数模型。

2）系统结构如图 7-1-3 所示，求其传递函数模型。

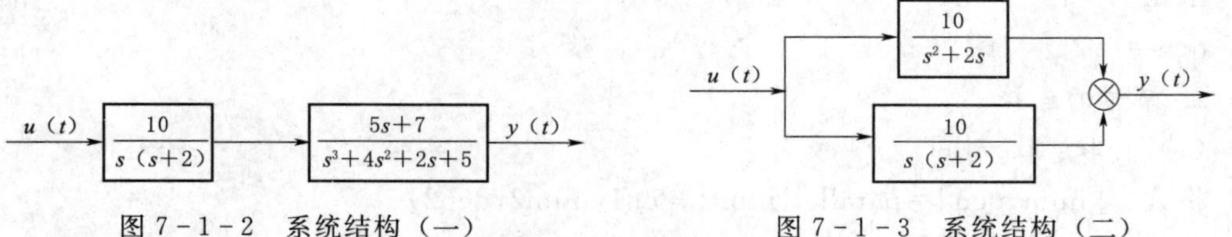

图 7-1-2　系统结构（一）　　　　图 7-1-3　系统结构（二）

3）系统结构如图 7-1-4 所示，求其多项式传递函数模型。

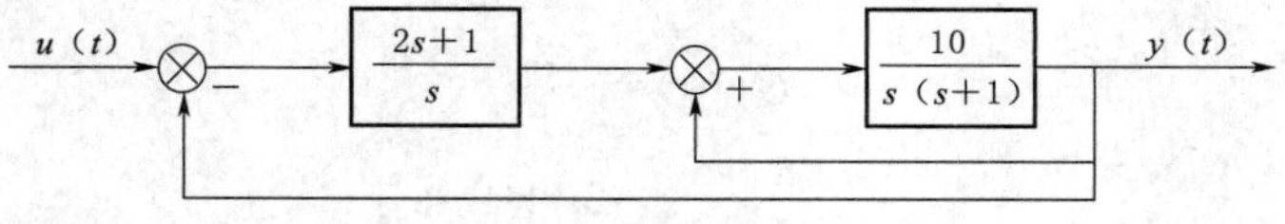

图 7-1-4　系统结构（三）

五、实验要求

（1）记录程序。

（2）记录与显示给定系统数学模型。

（3）完成上述各题。

六、讨论与思考

（1）怎样使用 Matlab 软件？

（2）怎样用 Matlab 产生系统的传递函数模型？

实验二　一、二阶系统时域特性分析

一、实验目的

（1）利用 Matlab 对一、二阶系统进行时域特性分析。

（2）掌握一阶系统的时域特性，理解时间常数 T 对系统性能的影响。

（3）掌握二阶系统的时域特性，理解二阶系统的两个重要参数 ξ 和 ω_n 对系统动态特性的影响。

二、实验原理

1. Matlab 的基本知识

Matlab 为用户提供了专门用于单位阶跃响应并绘制其时域波形的函数 step。阶跃响应常用格式为：

```
step (num, den)
```

或 step（num，den，t）　表示时间范围 $0\sim t$。

或 step（num，den，t1：p：t2）　绘出在 $t_1\sim t_2$ 时间范围内，且以时间间隔 p 均匀取样的波形。

举例：

二阶系统闭环传递函数为 $G(s)=\dfrac{2s+5}{s^2+0.6s+0.6}$ 绘制单位阶跃响应曲线。

输入：

```
>>num=[2,5];den=[1,0.6,0.6];
step(num,den)
```

显示（图 7-2-1）：

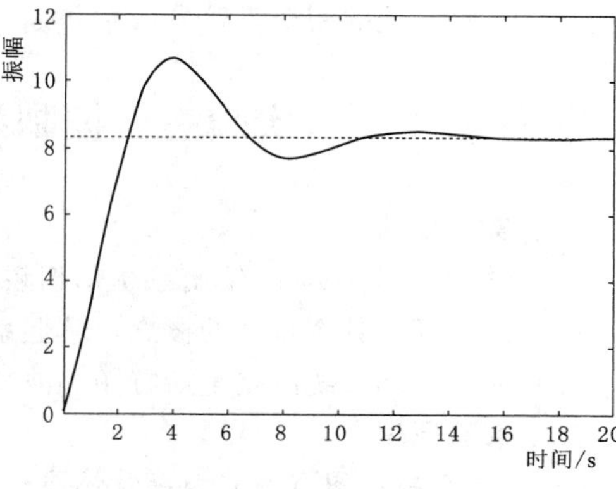

图 7-2-1　时域波形图

2. 系统的单位阶跃响应

3. 系统的动态性能指标

三、实验设备

主要仪器设备有计算机（1 台/人）、Matlab 软件和打印机。

四、实验步骤

1. 一阶系统 $G(s)=\dfrac{1}{Ts+1}$

T 分别为 0.2、0.5、1、5 时单位阶跃响应曲线。

2. 二阶系统 $G(s)=\dfrac{\omega_n^2}{s^2+2\zeta\omega_n s+\omega_n^2}$

（1）$\omega_n=6$，ξ 分别为 0.2、0.5、1 时单位阶跃响应曲线。

（2）$\xi=0.7$，ω_n 分别为 2、4、12 时单位阶跃响应曲线。

（3）键入程序，观察并记录单位阶跃响应曲线。

（4）记录各响应曲线实际测取的峰值大小、峰值时间、超调量及过渡过程时间，并填入 7-2-1 中。

表 7-2-1　　**数据记录**

项目		实际值	理论值
峰值 C_{max}			
峰值时间 t_p			
超调量 σ/%			
过渡时间 t_s	±5%		
	±2%		

五、实验要求及分析

（1）记录程序，观察记录单位阶跃响应曲线。

（2）响应曲线及指标进行比较，得出相应的实验分析结果。

（3）分析系统的动态特性。

六、注意事项

(1) 注意一阶惯性环节当系统参数 T 改变时，对应的响应曲线变化特点，以及对系统的性能的影响。

(2) 注意二阶系统的性能指标与系统特征参数 ξ、ω_n 之间的关系。

七、讨论与思考

(1) 一阶系统时间常数 T 对系统性能有何影响?

(2) 二阶系统的两个重要参数 ξ 和 ω_n 对系统性能有何影响?

实验三 控制系统频域特性分析

一、实验目的

(1) 学会应用 Matlab 绘制系统幅相频率特性图、波特图。

(2) 加深理解频率特性的概念，掌握系统频率特性的原理。

(3) 应用开环系统的奈奎斯特图和波特图，对控制系统特性进行分析。

二、实验原理

(一) 奈奎斯特图 (幅相频率特性图)

Matlab 为用户提供了专门用于绘制奈奎斯特图的函数 nyquist，常用格式为:

nyquist (num, den)

或 nyquist (num, den, w)　表示频率范围 $0\sim w$。

或 nyquist (num, den, w1: p: w2)　绘出在 $w_1\sim w_2$ 频率范围内，且以频率间隔 p 均匀取样的波形。

举例:

系统开环传递函数为 $G(s)=\dfrac{2s^2+5s+1}{s^2+2s+3}$，绘制奈奎斯特图。

输入:

```
>>num=[2,5,1];den=[1,2,3];nyquist(num,den)
```

显示 (图 7-3-1):

(二) 对数频率特性图 (波特图)

Matlab 为用户提供了专门用于绘制波特图的函数 bode，常用格式为:

bode (num, den)

或 bode (num, den, w)　表示频率范围 $0\sim w$。

或 bode (num, den, w1: p: w2)　绘出在 $w_1\sim w_2$ 频率范围内，且以频率间隔 p 均匀取样的波形。

举例:

系统开环传递函数为 $G(s)=\dfrac{1}{s^2+0.2s+1}$，绘制波特图。

输入:

```
>>num=num=[1];den=[1,0.2,1];bode(num,den)
```

显示（图 7-3-2）：

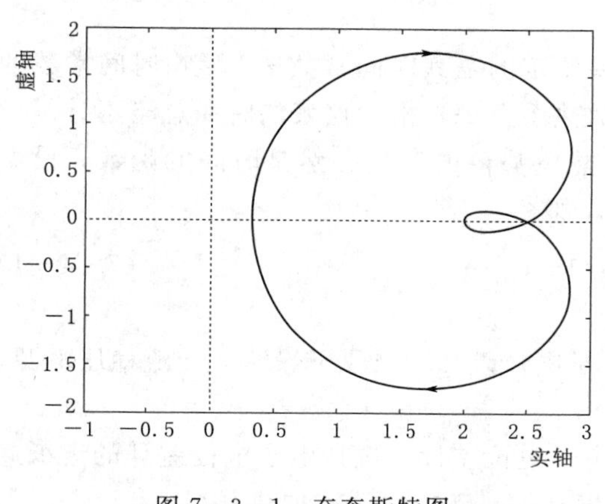

图 7-3-1 奈奎斯特图

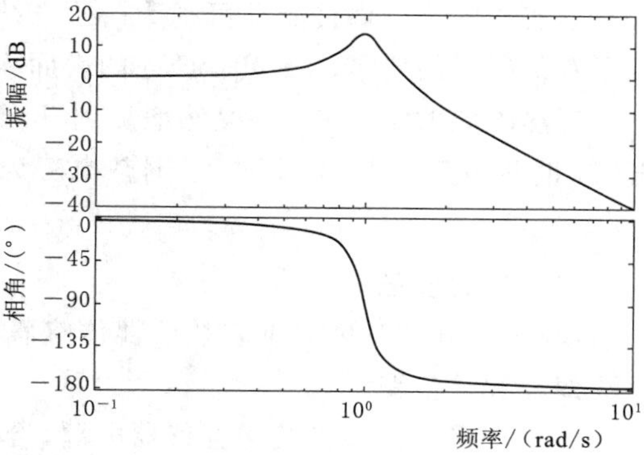

图 7-3-2 波特图

三、实验设备

主要仪器设备有计算机（1 台/人）、Matlab 软件和打印机。

四、实验步骤

（1）用 Matlab 作奈奎斯特图，系统开环传函为 $G(s)=\frac{s^2+5s+1}{s^2+2s+3}$。

（2）用 Matlab 作波特图，系统开环传函为 $G(s)=\frac{1}{s^2+0.4s+1}$。

（3）键入程序，观察并记录各种曲线。

五、实验分析及结论

（1）完成上述各题。

（2）记录程序，观察记录各种曲线。

（3）根据开环频率特性图分析闭环系统稳定性及其他性能。

（4）得出相应的实验分析结果。

六、讨论与思考

（1）典型环节的频率特性？

（2）怎样用奈奎斯特图和波特图对控制系统特性进行分析？

实验四　一阶系统时间常数 τ 的测定

一、实验目的

（1）掌握一阶系统时间常数 τ 测定方法。

（2）熟悉有关仪器、设备的使用。

二、实验原理

用热电偶温度计测量温度时，仪表的指示值要经过一定的时间才逐渐接近被测介质的温度，这个时间的滞后称为时滞、滞后或滞延。

热电偶温度计的时滞由两种情况形成：①热电偶传感器的热惯性；②指示仪表的机械惯性及阻尼。

本实验的热电偶传感器可视为一阶系统，要测定的是其时间常数 τ。影响时间常数的因素有传感器的质量、比热、插入的表面积和放热系数等，指示仪表的时滞忽略不计。

当热电偶的温度从 T_1 突然增加到 T_2 时，热电势值的变化必然是时间的函数，设温度 T_1 时热电势为 V_1，温度 T_2 时热电势为 V_2，那么

$$V_t=(V_2-V_1)(1-e^{-\frac{t}{\tau}}) \qquad (7-4-1)$$

三、实验设备

镍铬-镍硅（分度号 K）热电偶传感器、电子电位差计、鼓风干燥箱、交流稳压电源。

四、实验步骤

(1) 按操作程序，接通各仪器电源，预热电子电位差计，选择电子电位差计的走纸速度（1200mm/h），将干燥箱的温度定在某一温度 T_1（150℃）下，加热升温。

(2) 将热电偶传感器测量端插入干燥箱内一起加热，待干燥箱温度恒定在 T_1 时，打开电子电位差计的记录开关，此时记录纸缓慢移动。

(3) 将热电偶传感器迅速从干燥箱内抽出来裸露在空气中，此时电子电位差计的记录笔与指针将分别记录传感器温度时间变化曲线，同时指示相应的温度值，待传感器与室温 T_2 空气热平衡后（记录曲线约 10min），关掉记录开关。

(4) 剪断记录纸进行数据处理，计算时间常数 τ。

五、实验分析及结论

(1) 分析实验过程中产生误差的因素。

(2) 求出热电偶传感器的时间常数 τ。

六、注意事项

(1) 干燥箱的温度定在某一温度 T_1 下，加热升温，要待恒温后方可进行实验。

(2) 将传感器从干燥箱内抽出来裸露在空气中的动作一定要迅速。

七、讨论与思考

(1) 连续测量三次，分析其测量误差。

(2) 将测量介质换成机油，测定此时的时间常数 τ，并分析此时影响 τ 值的因素。

实验五 应变片与电桥实验

一、实验目的

(1) 了解应变片的使用。

(2) 熟悉电桥工作原理，验证单臂、半桥、全桥的性能及相互之间关系。

二、实验原理

电桥工作原理如图 7-5-1 所示。应变片是最常用的测力传感元件，用应变片测试时，用黏结剂将应变片牢固地粘贴在测试件

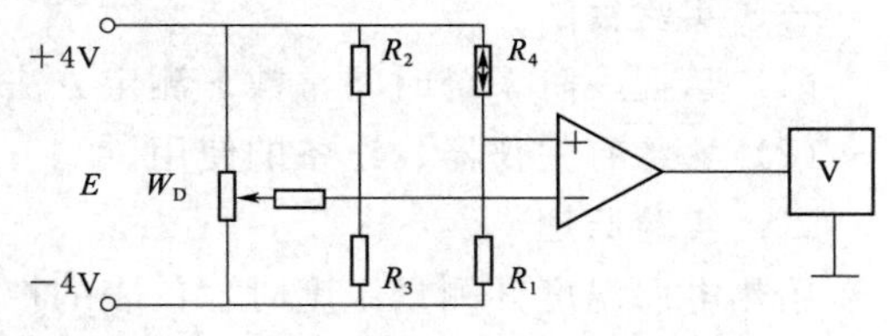

图 7-5-1 电桥工作原理

表面，测试件受力发生变形时，应变片的敏感元件将随测试件一起变形，其电阻值也随之变化，而电阻值的变化与测试件的变形保持一定的线性关系，进而通过相应的测量电路即可测得测试件受力情况。

电桥电路是最常用的非电量电测电路中的一种。当电桥平衡时，桥路对臂电阻乘积相等，电桥输出为0，在桥臂四个电阻 R_1、R_2、R_3、R_4 中，当分别使用一个应变片、两个应变片、四个应变片组成单臂、半桥、全桥三种工作方式时，单臂、半桥、全桥电路的电压灵敏度依次增大，它们的电压灵敏度分别为$\frac{1}{4}E$、$\frac{1}{2}E$ 和 E。

三、实验设备

直流稳压电源、差动放大器、电桥、电压表、称重传感器、应变片、砝码、主副电源。

四、实验步骤

(1) 直流稳压电源置±2V 挡，电压表打到 2V 挡，差动放大器增益打到最大。

(2) 将差动放大器调零后，关闭主、副电源。

(3) 根据图 7-5-1 接线，R_1、R_2、R_3 为电桥单元的固定电阻，R_4 为应变片；将稳压电源的切换开关置±4V 挡，电压表置 20V 挡。开启主副电源，调节电桥平衡网络中的 W_D，使电压表显示为 0，等待数分钟后将电压表置 2V 挡，再调电桥 W_D（慢慢地调），使电压表显示为 0。

(4) 在传感器托盘上放上一个砝码，记下此时的电压数值，然后每增加一个砝码记下一个数值，并将这些数值填入表 7-5-1。

表 7-5-1　　实验数据（一）

质量/g					
电压/mV					

(5) 保持放大器增益不变，将 R_1 固定电阻换为与 R_4 工作状态相反的另一应变片即取两片受力方向的不同应变片形成半桥，调节电桥 W_D 使电压表显示为 0，重复过程 (3)，同样测得读数，填入表 7-5-2。

表 7-5-2　　实验数据（二）

质量/g					
电压/mV					

(6) 保持差动放大器增益不变，将 R_2，R_3 两个固定电阻换成另两片受力应变片，组桥时只要掌握对臂应变片的受力方向相同，邻臂应变片的受力方向相反即可。接成一个直流全桥，调节电桥 W_D，同样使电压表显示 0。重复过程 (3)，并将读出数据填入表 7-5-3。

表 7-5-3　　实验数据（三）

质量/g					
电压/mV					

五、实验分析及结论

在同一坐标纸上描出三种接法的 $V-W$ 变化曲线，计算灵敏度 S：

$$S=\Delta V/\Delta W \tag{7-5-1}$$

式中：ΔV 为电压变化量；ΔW 为相应的重量变化量。

比较三种接法的灵敏度，并做出定性的结论。

六、注意事项

(1) 在更换应变片时，应将电源关闭，并注意区别各应变片的工作状态方向。

(2) 直流稳压电源±4V 不能打得过大，以免造成严重自热效应甚至损坏应变片。

(3) 在本实验中只能将放大器接成差动形式，否则系统不能正常工作。

七、讨论与思考

(1) 桥路（差动电桥）测量时存在非线性误差的主要原因是什么？

(2) 应变片桥路连接应注意哪些问题？

实验六　位移测量实验

一、实验目的

(1) 了解电涡流式传感器的工作原理和应用。

(2) 掌握电涡流传感器位移测量的静态标定方法。

二、实验原理

电涡流传感器是基于高频磁场在金属表面的“涡流效应”而工作的，如图 7-6-1 所示。当传感器的线圈中通以高频交变电流后，在与其平行的金属板上会感应产生电涡流，电涡流的大小与金属板的电阻率、导磁率、厚度、温度以及与线圈的距离有关，而电涡流的大小影响线圈的阻抗，当线圈、被测金属板（涡流片）、激励源确定，并保持环境温度不变时，阻抗只与距离有关，将阻抗变化转为电压信号 V 输出，则输出电压是距离 X 的单值函数。由此可实现电涡流传感器位移测量的静态标定。

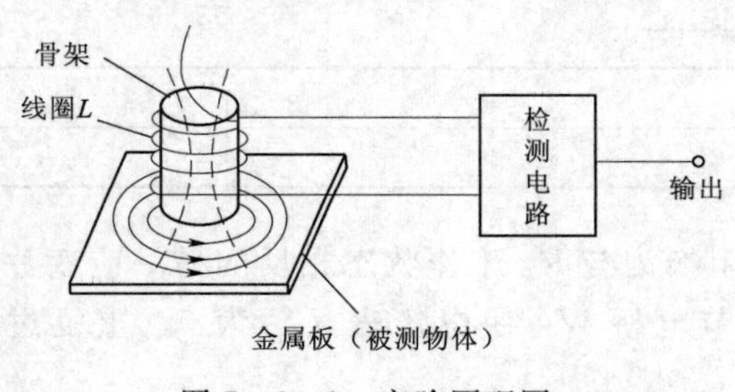

图 7-6-1　实验原理图

三、实验设备

CSY-2000D 型传感器与检测技术实验台、螺旋测微仪、电压表、示波器、多种金属涡流片。

四、实验步骤

(1) 连接主机与实验模块电源及传感器接口，电涡流线圈与涡流片须保持平行，安装好测微仪，涡流变换器输出接电压表 20V 挡。

(2) 开启主机电源，用螺旋测微仪带动铁涡流片移动，当铁涡流片完全紧贴线圈时输出电压为 0（如不为 0 可适当改变支架中的线圈角度），然后旋动螺旋测微仪使铁涡流片离开线圈，从电压表有读数时每隔 0.2mm 记录一个电压值，将 V、X 数值填入表 7-6-1。

表 7-6-1 数据记录表

X/mm	0	0.2	0.4	0.6	0.8	1.0	1.2	1.4	1.6	1.8	2.0	2.2	2.4	2.6	2.8	3.0	3.2	3.4	3.6	3.8	4.0	…
铁涡流片 V/mV																						
铜涡流片 V/mV																						
铝涡流片 V/mV																						

(3) 示波器接电涡流线圈与实验模块输入端口，观察电涡流传感器的激励信号频率，随着线圈与电涡流片距离的变化，信号幅度也发生变化，当涡流片紧贴线圈时电路停振，输出为零。

(4) 按实验步骤 (1)、(2) 分别对铜、铝涡流片进行测试与标定，记录数据。

五、实验分析及结论

在同一坐标上分别作出铁、铜、铝涡流片的 $V-X$ 曲线，求出灵敏度。

找出不同材料被测体的线性工作范围、灵敏度、最佳工作点（双向或单向），并进行比较，做出定性的结论。

六、注意事项

(1) 模块输入端接入示波器时由于一些示波器的输入阻抗不高，造成初始位置附近的一段死区，此时示波器探头不接输入端即可解决这个问题。

(2) 换上铜、铝和其他金属涡流片时，线圈紧贴涡流片时输出电压并不为 0，这是因为电涡流线圈的尺寸是为配合铁涡流片而设计的，换了不同材料的涡流片，线圈尺寸须改变输出才能为 0。

七、讨论与思考

电涡流传感器的量程与哪些因素有关？

第八章　液 压 与 气 动

实验一　液压泵的拆装实验

一个完整的液压系统由能源装置（动力元件）、执行元件、控制调节元件、辅助元件和工作介质五个部分组成，其中动力元件即液压泵用来给整个液压系统提供动力，把原动机的机械能转换成液压传动所需的液压能，故本实验主要研究液压泵结构、性能、特点和工作原理。

一、实验目的

（1）通过实验，观察、了解各种液压泵的结构和工作原理。

（2）在理解各种液压泵的结构和工作原理基础上，掌握液压泵的性能、特点及应用，区别不同结构的液压泵性能、特点的不同及应用场合的差异。

（3）通过掌握液压泵结构、性能、特点和工作原理，了解液压泵设计、制造工艺过程，启发改进液压泵结构、性能的思想，提高设计能力与创新能力。

二、实验原理

（一）轴向柱塞泵

1. 工作原理

轴向柱塞泵的工作原理如图 8－1－1 所示，当原动机通过传动轴带动缸体转动时，迫使柱塞随之一起转动，而斜盘、柱塞、弹簧的相互作用又迫使柱塞相对于缸体在缸体柱塞孔中做往复运动，靠柱塞在缸体中做往复运动造成密封容积的变化来实现吸油与压油。

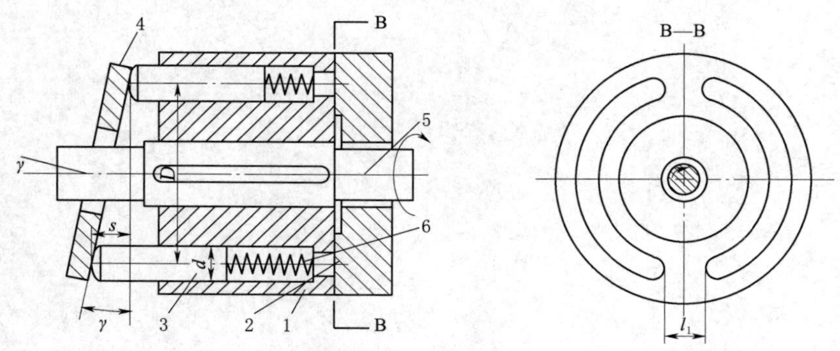

图 8－1－1　轴向柱塞泵的工作原理

1—缸体；2—配流盘；3—柱塞；4—斜盘；5—传动轴；6—弹簧；

γ—斜盘倾斜角；s—柱塞行程；d—柱塞分布圆直径；l_1—封油区周向长度

2. 结构特点

(1) 典型结构。图 8-1-1 所示为一种直轴式轴向柱塞泵的结构，其结构特点包括以下几个方面：

1) 有三对摩擦副：柱塞与缸体孔，缸体与配流盘，滑履与斜盘。容积效率较高，额定压力可达 31.5MPa。

2) 泵体上有泄漏油口。

3) 传动轴是悬臂梁，缸体外有大轴承支承。

4) 为减小瞬时理论流量的脉动性，取柱塞数为奇数：5、7、9、11。

5) 为防止密闭容积在吸、压油转换时因压力突变引起的压力冲击，在配流盘的配流窗口前端开有减振槽或减振孔。

(2) 变量机构。要改变轴向柱塞泵的排量和输出流量，只要改变斜盘的倾角即可，手动变量和伺服变量机构的工作原理如下。

1) 手动变量机构。如图 8-1-2 所示，斜盘倾角改变，达到变量的目的。这种变量机构结构简单，但操纵不轻便，且不能在工作过程中变量。

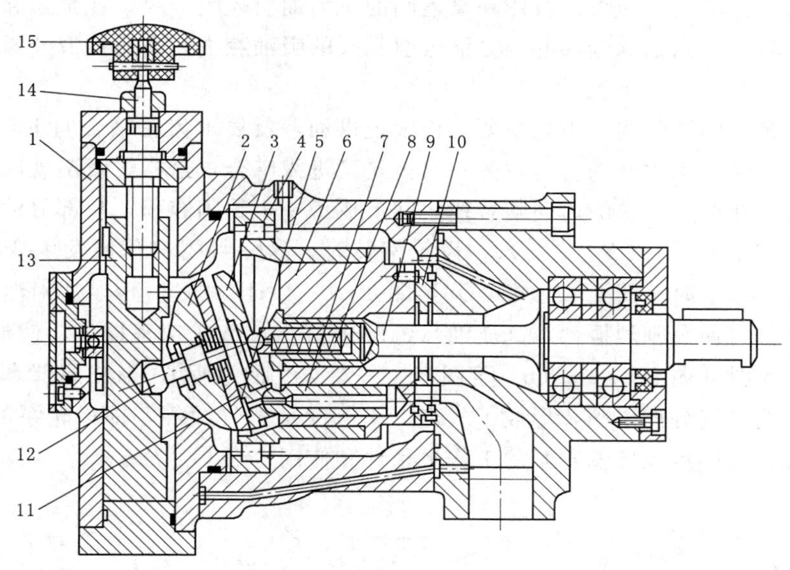

图 8-1-2 SCY14-1B 型斜盘式轴向柱塞泵结构图

1—变量机构；2—斜盘；3—回程盘；4—缸体外大轴承；5—滑履；6—缸体；7—柱塞；8—中心弹簧；9—传动轴；10—配流盘；11—斜盘耐磨板；12—销轴；13—变量活塞；14—螺杆；15—手轮

2) 伺服变量机构。用伺服变量机构代替图 8-1-2 所示的手动变量机构。其工作原理是通过操作液压伺服阀动作，利用泵输出的压力油推动变量活塞来实现变量的。故加在拉杆上的力很小，控制灵敏。斜盘可以倾斜$\pm 18^{\circ}$，故在工作过程中泵的吸压油方向可以变换，因而这种泵就成为双向变量液压泵。

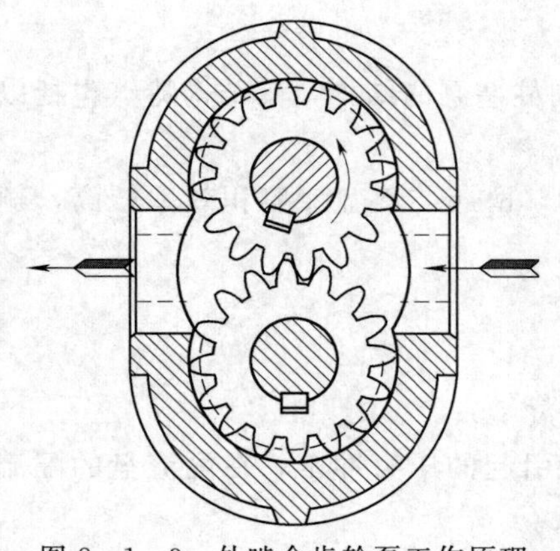
图 8-1-3 外啮合齿轮泵工作原理

（二）外啮合齿轮泵

1. 工作原理

其主要结构由泵体、一对啮合的齿轮、泵轴和前后泵盖组成，如图 8-1-3 所示。当泵的主动齿轮（上齿轮）逆时针方向旋转时，齿轮泵右侧（吸油腔）齿轮脱开啮合，使密封容积增大，形成局部真空，油箱中的油液在外界大气压的作用下，经吸油管路、吸油腔进入齿间。随着齿轮的旋转，吸入齿间的油液被带到另一侧，进入压油腔。这时，轮齿进入啮合，使密封容积逐渐减小，齿轮间部分的油液被挤出，形成了齿轮泵的压油过程。齿轮啮合时齿向接触线把吸油腔和压油腔分开，起配油作用。

2. 结构特点

为了防止压力油从泵体和泵盖间泄漏到泵外，并减小压紧螺钉的拉力，在泵体两侧的端面上开有油封卸荷槽，使渗入泵体和泵盖间的压力油引入吸油腔。在泵盖和从动轴上的小孔，其作用将泄漏到轴承端部的压力油也引到泵的吸油腔去，防止油液外溢，同时也润滑了滚针轴承。

（1）齿轮泵的困油问题。齿轮泵要能连续地供油，就要求齿轮啮合的重叠系数 $\varepsilon>1$，也就是当一对齿轮尚未脱开啮合时，另一对齿轮已进入啮合，这样，就出现同时有两对齿轮啮合的瞬间，在两对齿轮的齿向啮合线之间形成了一个封闭容积，一部分油液也就被困在这一封闭容积中［图 8-1-4（a）］，齿轮旋转时，这一封闭容积便发生变大变小的变化。在封闭容积减小时［图 8-1-4（a）至图 8-1-4（b）的过程］，被困油液压力急剧上升，形成冲击，使泵剧烈振动，高压油从缝隙中挤出，造成功率损失，使油液发热等。当封闭容积增大时［图 8-1-4（b）至图 8-1-4（c）的过程］，形成局部真空，使原来溶解于油液中的空气分离出来，形成了气泡，引起噪声、气蚀等，即齿轮泵的困油现象。这种困油现象极为严重地影响着泵的工作平稳性和使用寿命。

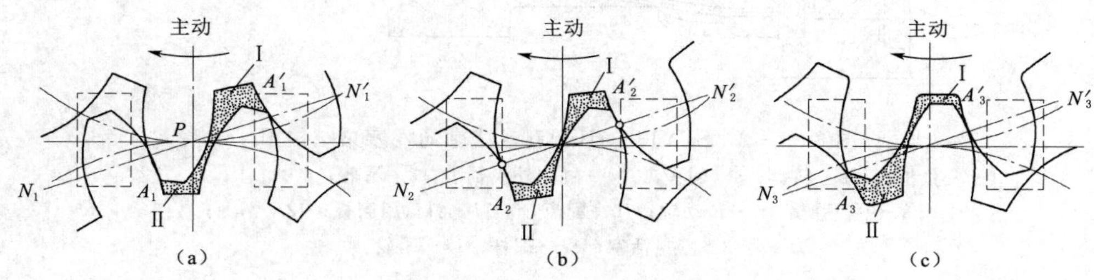

图 8-1-4 齿轮泵的困油现象

为了消除困油现象，在 CB-B 型齿轮泵的泵盖上铣出两个困油卸荷凹槽，其几何关系如图 8-1-5 所示。卸荷槽的位置应该使困油腔由大变小时，能通过卸荷槽与压油腔相通。而当困油腔由小变大时，能通过另一卸荷槽与吸油腔相通。两卸荷槽之间的距离为

a，必须保证在任何时候都不能使压油腔和吸油腔互通。

（2）径向不平衡力。齿轮泵工作时，在齿轮和轴承上承受径向液压力的作用。如图8-1-6所示，泵的下侧为吸油腔，上侧为压油腔。在压油腔内有液压力沿着齿顶的泄漏油，具有大小不等的压力，就是齿轮和轴承受到的径向不平衡力。结果不仅加速了轴承的磨损，降低了轴承的寿命，甚至使轴变形，造成齿顶和泵体内壁的摩擦等。为了解决径向力不平衡问题，CB-B型齿轮泵则采用缩小压油腔，以减少液压力对齿顶部分的作用面积来减小径向不平衡力，所以泵的压油口孔径比吸油口孔径要小。

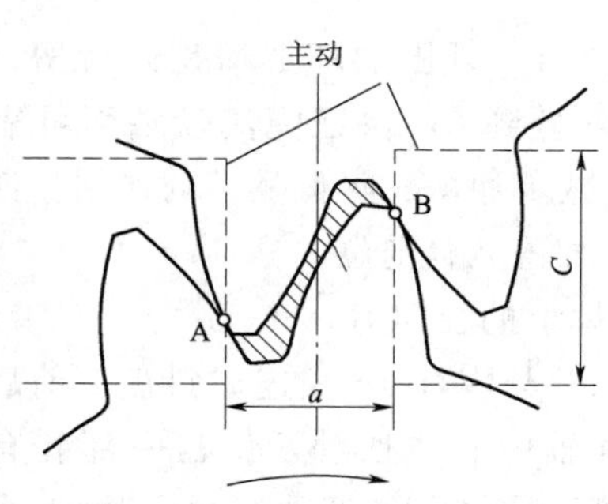

图8-1-5 齿轮泵的困油卸荷槽

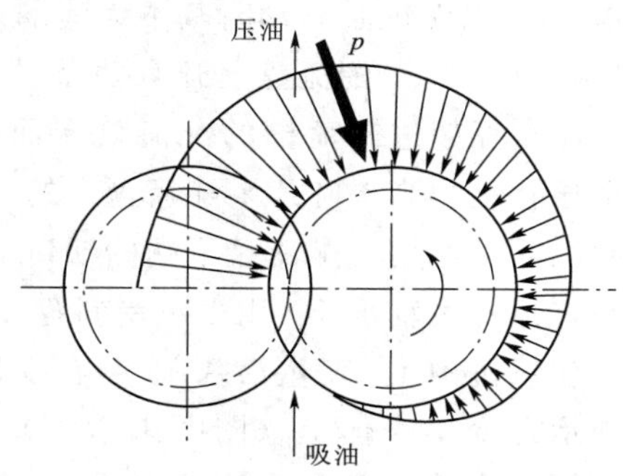

图8-1-6 齿轮泵的径向不平衡力

（3）齿轮泵的泄漏。在液压泵中，运动件间是靠微小间隙密封的，这些微小间隙从运动学上形成摩擦副，而高压腔的油液通过间隙向低压腔泄漏是不可避免的。齿轮泵压油腔的压力油可通过三条途径泄漏到吸油腔：①通过齿轮啮合线处的间隙（齿侧间隙）；②通过泵体内孔和齿顶间隙的径向间隙（齿顶间隙）；③通过齿轮两端面和侧板间的间隙（端面间隙）。在这三类间隙中，端面间隙的泄漏量最大，压力越高，由间隙泄漏的液压油液就越多，因此为了实现齿轮泵的高压化，为了提高齿轮泵的压力和容积效率，需要从结构上来采取措施，对端面间隙进行自动补偿。

三、实验设备和工具

（1）所需设备：SCY14-1B型手动变量轴向柱塞泵1个，CB-B型外啮合齿轮泵1个。

（2）所需工具：内六角扳手、固定扳手、螺丝刀、手锤、铜棒等工具若干。

四、实验步骤

（一）柱塞泵拆装

柱塞泵型号：SCY14-1B型手动变量轴向柱塞泵，结构如图8-1-2所示。

1. 拆装步骤

（1）松开固定螺钉，分开左端手动变量机构、中间泵体和右端泵盖三部件。

（2）分解各部件，拆卸后清洗、检验分析、装配与拆卸顺序相反。

2. 主要零部件

（1）缸体6。缸体用有7个与柱塞相配合的圆柱孔，其加工精度很高，以保证既能相对滑动，又有良好的密封性能。缸体中心开有花键孔，与传动轴9相配合。缸体右端面与配流盘 10 相配合。缸体外表面装在缸体外大轴承 4 上。

(2) 柱塞 7 与滑履 5。柱塞的球头与滑履铰接。柱塞在缸体内做往复运动，并随缸体一起转动。滑履随柱塞做轴向运动，并在斜盘 2 的作用下绕柱塞球头中心摆动，使滑履平面与斜盘斜面贴合。柱塞和滑履中心开有直径 1mm 的小孔，缸中的压力油可进入柱塞和滑履、滑履和斜盘间的相对滑动表面，形成油膜，起静压支承作用，减小这些零件的磨损。

(3) 中心弹簧机构。中心弹簧 8 通过内套、钢球和回程盘 3 将滑履压向斜盘，使活塞得到回程运动，从而使泵具有较好的自吸能力。同时，中心弹簧 8 又通过外套使缸体 6 紧贴配流盘 10，以保证泵启动时基本无泄漏。

(4) 配流盘 10。配流盘上开有两条月牙形配流窗口，外圈的环形槽是卸荷槽，与回油相通，使直径超过卸荷槽的配流盘端面上的压力降低到 0，保证配流盘端面可靠地贴合。两个通孔（相当于叶片泵配流盘上的三角槽）起减少冲击、降低噪声的作用。四个小盲孔起储油润滑作用。配流盘下端的缺口，用来与右泵盖准确定位。

(5) 缸体外大轴承 4。用来承受斜盘 2 作用在缸体上的径向力。

(6) 变量机构 1。变量活塞 13 装在变量壳体内，并与螺杆 14 相连。斜盘 2 前后有两根耳轴支承在变量壳体上（图中未示出），并可绕耳轴中心线摆动。斜盘中部装有销轴 12，其左侧球头插入变量活塞 13 的孔内。转动手轮 15、螺杆 14 带动变量活塞 13 上下移动（因导向键的作用，变量活塞不能转动），通过销轴 12 使斜盘 2 摆动，从而改变了斜盘倾角 γ，达到变量目的。

(二) 齿轮泵拆装

齿轮泵型号：CB－B 型外啮合齿轮泵，结构如图 8－1－7 所示。

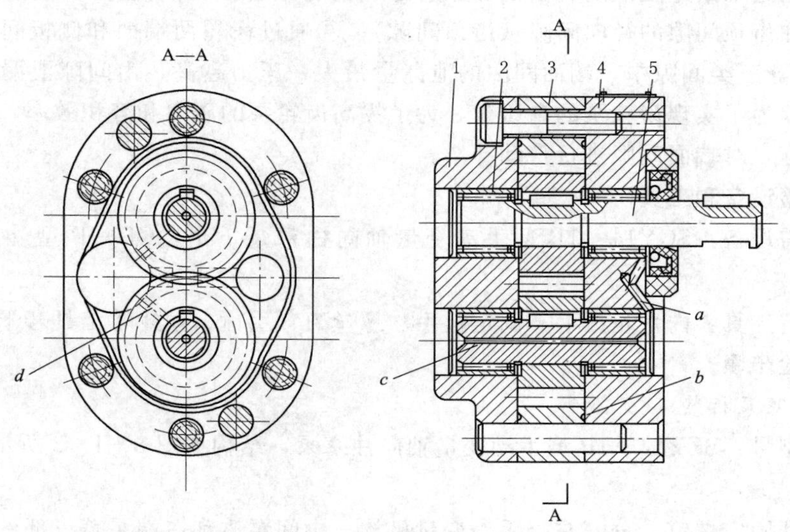

图 8－1－7　CB－B 型齿轮泵的结构

1—后泵盖；2—滚子；3—泵体；4—前泵盖；5—主动轴

1. 拆卸步骤

(1) 松开 6 个紧固螺钉，分开后泵盖 1 和前泵盖 4；从泵体 3 中取出主动齿轮及轴、从动齿轮及轴。

(2) 分解前后泵盖与轴承、齿轮与轴、前后泵盖与油封，此步可不做。拆卸后清洗、检验、分析，装配与拆卸顺序相反。

2. 主要零件分析

(1) 泵体3。泵体的两端面开有封油槽 b，此槽与吸油口相通，用来防止泵内油液从泵体与泵盖接合面外泄，泵体与齿顶圆的径向间隙为0.13～0.16mm。

(2) 后泵盖1与前泵盖4。前后泵盖内侧开有卸荷槽（图中虚线），用来消除困油。后泵盖1上吸油口大，压油口小，用来减小作用在轴和轴承上的径向不平衡力。

(3) 齿轮。两个齿轮的齿数和模数都相等，齿轮与泵盖间轴向间隙为0.03～0.04mm，轴向间隙不可以调节。

五、实验结果整理

(1) 根据实物，画出各液压泵的工作原理简图。

(2) 画出各液压泵的主要零件图，简要说明液压泵的结构组成。

(3) 按规定将液压泵零件组成填入表8-1-1。

表8-1-1　液压泵零件组成

序号	名称	数量

六、注意事项

(1) 遵守拆装实验纪律，一切行动听从指导教师。

(2) 拆装时注意安全，严格按拆装规程进行设备拆装。

(3) 不得擅自乱动实验室其他仪器设备。

(4) 实验完毕，按要求书写拆装实验报告。

(5) 严格控制实验时间，各组在规定时间内抓紧完成实验，实验结束，待指导教师验收完毕方可离开实验室。

七、讨论与思考

1. 柱塞泵拆装讨论与思考（任选3题）：

(1) 柱塞泵的密封工作容积由哪些零件组成？密封腔有几个？

（2）柱塞泵是如何实现配流的？

（3）采用中心弹簧机构有何优点？

（4）柱塞泵的配流盘上开有几个槽孔？各有什么作用？

（5）手动变量机构由哪些零件组成？如何调节泵的流量？

2. 齿轮泵拆装讨论与思考（任选 3 题）：

（1）齿轮泵的密封容积是怎样形成的？

（2）齿轮泵有无配流装置？它是如何完成吸、压油分配的？

（3）齿轮泵中存在几种可能产生泄漏的途径？为了减小泄漏，该泵采取了什么措施？

（4）齿轮泵采取什么措施来减小泵轴上的径向不平衡力？

（5）齿轮泵如何消除困油现象？

实验二　液压泵的静态、动态特性实验

液压泵起着向系统提供动力源（流量和压力）的作用，是系统不可缺少的动力元件。液压泵将原动机（电动机或内燃机）输出的机械能转换为工作液体的压力能，是一种能量转换装置。

液压泵按结构形式分为齿轮泵、叶片泵、柱塞泵、螺杆泵。下面以常用的定量叶片泵和柱塞泵为例研究液压泵的静态、动态特性。

一、实验目的

（1）通过实验，观察压力与流量、效率、容积效率、输入功率大小之间的关系。

（2）利用液压实验台，记录压力表数值，根据测得的流量、功率，计算效率，找出其与压力之间的关系，掌握液压泵的静态特性；了解液压泵的动态特性；比较叶片泵与柱塞泵静态、动态特性的异同点。

（3）了解本实验系统中各元件的性能，并掌握各元件的连接方法及测量仪表、测试软件的使用方法与测试技能，学习小功率液压泵性能测试方法及测试仪器使用。

（4）通过自行设计测试回路及实验，训练设计测试回路的能力。

二、实验原理

（一）测试泵的静态性能

1. $q-p$ 特性测试

液压泵实际流量 q 指液压泵在某一具体工况下，单位时间内所排出的液体体积，它等于理论流量 q_i 减去泄漏流量 Δq，即

$$q=q_i-\Delta q \tag{8-2-1}$$

其中泄漏流量 Δq 与液压泵的负载压力 p 成正比，即 $\Delta q=kp$，k 为比例系数，则

$$q=q_i-kp \tag{8-2-2}$$

2. η_v-p 特性测试

液压泵的功率损失有容积损失和机械损失两部分。容积损失是指液压泵流量上的损失，液压泵的实际输出流量总是小于其理论流量，其主要原因是由于液压泵内部高压腔的泄漏、油液的压缩以及在吸油过程中由于吸油阻力太大、油液黏度大和液压泵转速高等原

因而导致油液不能全部充满密封工作腔。液压泵的容积损失用容积效率来表示，它等于液压泵的实际输出流量 q 与其理论流量 q_i 之比，即

$$\eta_v=\frac{q}{q_i}=\frac{q_i-\Delta q}{q_i}=1-\frac{\Delta q}{q_i} \tag{8-2-3}$$

式中：q 为泵额定转速下的实际流量，m^3/s；q_i 为泵额定转速下的理论流量，m^3/s，实验中为泵额定转速下的空载流量。

3. P_o-p、P_i-p 特性测试

液压泵的功率有输入功率 P_i 和输出功率 P_o。

(1) 输入功率 P_i。液压泵的输入功率是指作用在液压泵主轴上的机械功率，当输入转矩为 T_0，角速度为 ω 时，有

$$P_i=T_0\omega \tag{8-2-4}$$

或

$$P_i=\mu n \tag{8-2-5}$$

式中：μ 为电机输出转矩；n 为电机转速。

也可以写成

$$P_i=P_{表}\eta_{电} \tag{8-2-6}$$

式中：$P_{表}$ 为三相功率表测得的电机功率；$\eta_{电}$ 为 $P_{表}$ 对应的电机效率。

(2) 输出功率 P_o。液压泵的输出功率是指液压泵在工作过程中的实际吸、压油口间的压差 Δp 和输出流量 q 的乘积，即

$$P_o=\Delta pq \tag{8-2-7}$$

在实际的计算中，若油箱通大气，液压泵吸、压油的压力差往往用液压泵出口压力 p 代入。故输出功率可写成：

$$P_o=pq\times10^{-3} \tag{8-2-8}$$

式中：p 为泵实际工作压力，N/m^2；q 为泵额定转速下的输出流量，m^3/s。

4. $\eta-p$ 特性测试

液压泵的总效率是指液压泵的实际输出功率与其输入功率的比值，即

$$\eta=\frac{P_o}{P_i}=\frac{\Delta pq}{T_0\omega}=\frac{\Delta pq_i\eta_v}{\dfrac{T_i\omega}{\eta_m}}=\eta_v\eta_m \tag{8-2-9}$$

其中：$\Delta pq_i/\omega$ 为理论输入转矩 T_i。

液压泵总的效率

$$\eta=\frac{P_o}{P_i}=\frac{pq}{P_{表}\ \eta_{电}} \tag{8-2-10}$$

故液压泵的总效率等于其容积效率与机械效率的乘积，所以液压泵的输入功率也可写成

$$P_i=\frac{pq}{\eta} \tag{8-2-11}$$

液压泵的各个参数和压力之间的关系如图 8-2-1 所示。

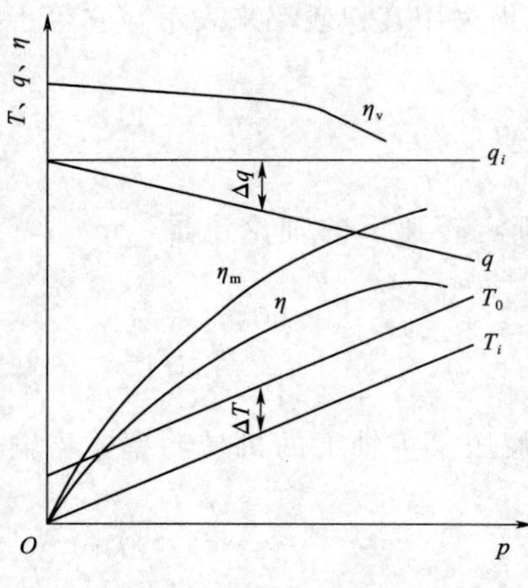

图 8-2-1　液压泵的特性曲线

（二）测试泵的动态特性

1. 泵过渡过程品质测试

当泵输出流量瞬时突变时，泵工作压力会随之发生改变，故要测量压力随时间变化的过渡过程品质，画特性曲线，求压力超调量、压力稳定时间、压力回升时间。

2. 泵工作压力脉动特性测试

泵工作压力脉动的影响原因复杂，如流量脉动变化、负载变化、压力损失变化等，忽略其他因素的影响，考察不同流量下压力脉动的规律，测泵输出压力脉动特性，画特性曲线，求压力脉动频率和幅值。

系统连接如图 8-2-2 所示。

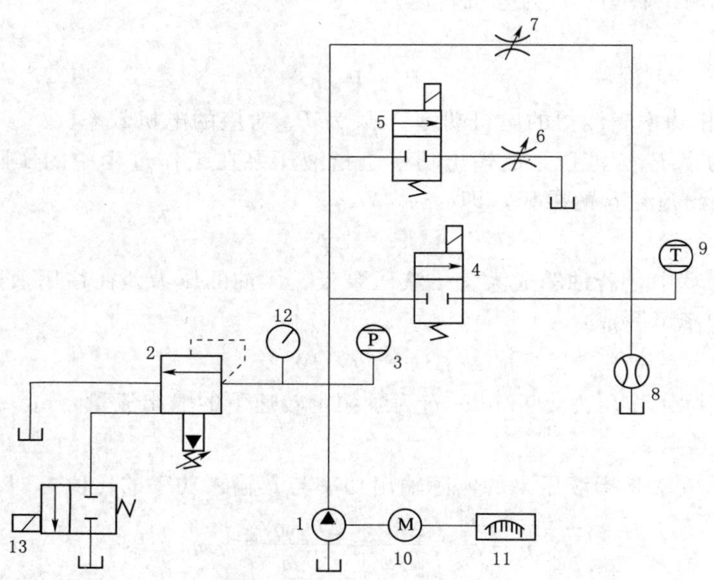

图 8-2-2　系统连接图

1—定量叶片泵或柱塞泵（被试泵）；2—溢流阀；3—压力传感器；4、5、13—二位二通电磁阀；6、7—节流阀；8—流量传感器；9—温度传感器；10—电机；11—功率表；12—压力表

三、实验设备与元件

(1) 所需设备：液压传动综合实验台。

(2) 所需元件：定量叶片泵 1 个；柱塞泵 1 个；压力表 1 块；节流阀 2 个；二位二通电磁阀 3 个；压力传感器 1 个；流量传感器 1 个；温度传感器 1 个；三相功率表 1 个。

系统连接：按图 8-2-2 将元件与实验台连接成测试系统，先连接定量叶片泵按以下实验步骤做一遍；再连接柱塞泵重复实验步骤。

四、实验步骤

1. 静态特性测试

(1) 调定参数。溢流阀 2 压力调定为 7MPa，作安全阀用。

(2) 设定参数。

1) 打开电磁阀 4，得到泵的空载压力，由压力传感器 3 测试。

2) 关闭电磁阀 4 和 5，用节流阀 7 加载，将泵压力设定为连续变化，额定压力为 6.3MPa，由压力传感器 3 测试。

(3) 测试参数。

1) 空载压力下的空载流量，由流量传感器 8 测试。

2) 对应泵设定压力的连续变化，由流量传感器 8 测出相应的泵输出流量。

3) 由三相功率表测出电机表功率 $P_{表}$，查出对应电机效率 $\eta_{电}$。

(4) 计算参数。

1) 泵容积效率 η_v。

2) 泵输入功率 P_i。

3) 泵输出功率 P_o。

4) 泵总效率 η。

2. 动态特性测试

(1) 泵过渡过程品质测试。

1) 调定参数：溢流阀 2 压力调定为 7MPa，作安全阀用。

2) 设定参数：节流阀 6 前设定压力为 0.6MPa；节流阀 7 前设定压力为 6MPa。

3) 测试参数：关闭电磁阀 4，打开电磁阀 5，让泵在 0.6MPa 工作压力下，油通过节流阀 6 回油箱；突然关闭电磁阀 5，泵油经节流阀 7 流出，由压力传感器 3 测出泵工作压力。

(2) 泵工作压力脉动特性测试。

1) 调定参数：溢流阀 2 工作压力调定在 7MPa，作安全阀用。

2) 设定参数：节流阀前压力设定为 1MPa 和 5MPa。

3) 测试参数：在每一设定压力下，由压力传感器 3，测出泵压力脉动。

五、实验分析与结论

(1) 实验前必须认真预习实验指导书，明确实验任务，初步了解实验方法，为正式测试做好准备。

(2) 画出测试液压泵静态、动态特性回路的液压系统图，将记录数据简单列表，根据采集的实验数据及计算处理结果，画出液压泵的 $q-p$ 特性曲线、η_v-p 特性曲线、$\eta-p$ 特性曲线、P_i-p 特性曲线、P_o-p 特性曲线图，分析液压泵的静态特性曲线。

(3) 根据采集的实验数据得到的动态特性实验结果，画过渡过程曲线，求压力超调量、压力稳定时间、压力回升时间；画泵压力脉动曲线，求压力脉动频率、压力脉动幅值。并分析液压泵的动态特性。

(4) 根据参数表（表 8-2-1）与特性曲线（图 8-2-3）分析比较液压泵不同压力下静态特性及不同流量下动态特性，并回答影响静态、动态特性的主要因素。

表 8-2-1　　　　液压泵的静态特性参数

安全阀调压值/MPa		7.0							
额定压力/MPa		6.0							
空载流量/(L/min)									
实验测得参数	输出压力 p/MPa								
	输入功率 P_i/kW								
	泵的转速 n/(r/min)								
	输出流量 q/(L/min)								
计算参数	输出功率 P_o/kW								
	容积效率 η_v								
	总效率 η								

(5) 画出设计的测试液压泵静态动态特性回路的液压系统图，根据实验结果分析说明回路的不同特点。

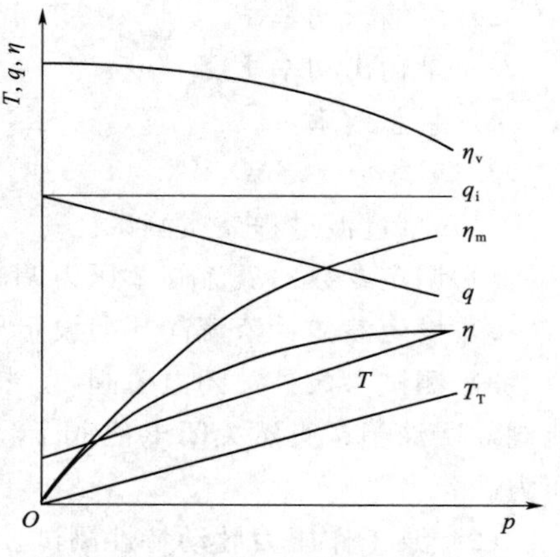

图 8-2-3　液压泵的静态特性曲线

六、注意事项

该实验由两人共同完成，一人负责开关机，调节溢流阀、节流阀，开关电磁阀；一人负责观察压力表、传感器数据，记录数据。两人既要明确分工，又要密切配合，严格按要求正确操作。

七、讨论与思考

(1) 实验油路中溢流阀起什么作用？

(2) 在实验系统中调节节流阀为什么能对被试泵进行加载？

(3) 从液压泵的效率曲线中可得到什么启发？

实验三　调 压 回 路 实 验

在各种机械设备的液压系统中，调压回路占有重要的地位，尤其对于大、重型机械设备如工程机械，调压回路决定其承载能力的大小。在调压回路中有单级、二级、多级及采用比例溢流阀的调压回路，结构简单，成本低廉，使用维护方便，可满足液压系统不同承载能力的需要。

调压回路是用来控制系统的工作压力，使其不超过某一预先调定值，或者使系统在不同工作阶段具有不同的压力。

一、实验目的

(1) 通过实验，观察载荷力大小与所调压力之间的关系及过载现象。

(2) 利用液压实验台，记录压力表数值，找出其与载荷力之间的关系。

(3) 了解本实验系统中各元件的性能，并掌握各元件的连接方法及测量仪表、测试软件的使用方法与测试技能。

(4) 通过自行设计压力控制回路及实验，训练设计压力控制回路的能力。

二、实验原理

当液压系统工作时，液压泵应向系统提供所需压力的液压油，同时，又能节省能源，减少油液发热，提高执行元件运动的平稳性。所以，应设置调压或限压回路。当液压泵一直工作在系统的调定压力时，就要通过溢流阀调节并稳定液压泵的工作压力。在变量泵系统中或旁路节流调速系统中用溢流阀（当安全阀用）限制系统的最高安全压力。当系统在不同的工作时间内需要有不同的工作压力时，可采用二级或多级调压回路。

1. 单级调压回路

如图 8-3-1 (a) 所示，通过液压泵 1 和溢流阀 2 的并联连接，即可组成单级调压回路。通过调节溢流阀的压力，可以改变泵的输出压力。当溢流阀的调定压力确定后，液压泵就在溢流阀的调定压力下工作，从而实现了对液压系统进行调压和稳压控制。如果将液压泵 1 改换为变量泵，这时溢流阀将作为安全阀来使用，液压泵的工作压力低于溢流阀的调定压力，这时溢流阀不工作；当系统出现故障，液压泵的工作压力上升时，一旦压力达到溢流阀的调定压力，溢流阀将开启，并将液压泵的工作压力限制在溢流阀的调定压力下，使液压系统不至于因压力过载而受到破坏，从而保护了液压系统。

2. 二级调压回路

如图 8-3-1 (b) 所示，该回路可实现两种不同的系统压力控制。由先导型溢流阀 2 和直动式溢流阀 4 各调一级，当二位二通电磁阀 3 处于图示位置时系统压力由溢流阀 2 调定，当电磁阀 3 得电后处于右位时，系统压力由溢流阀 4 调定，但要注意：溢流阀 4 的调定压力一定要小于溢流阀 2 的调定压力，否则不能实现；当系统压力由溢流阀 4 调定时，先导型溢流阀 2 的先导阀口关闭，但主阀开启，液压泵的溢流流量经主阀回油箱，这时溢流阀 4 亦处于工作状态，并有油液通过。应当指出：若将电磁阀 3 与溢流阀 4 对换位置，则仍可进行二级调压，并且在二级压力转换点上获得比图 8-3-1 (b) 所示回路更为稳定的压力转换。

3. 三级调压回路

如图 8-3-1 (c) 所示，三级压力分别由溢流阀 2、5、6 调定，当电磁铁 1YA、2YA 失电时，系统压力由主溢流阀调定。当 1YA 得电时，系统压力由溢流阀 2 调定。当 2YA 得电时，系统压力由溢流阀 6 调定。在这种调压回路中，溢流阀 2 和溢流阀 6 的调定压力要低于主溢流阀的调定压力，而溢流阀 2 和溢流阀 6 的调定压力之间没有什么一定的关系。当溢流阀 2 或溢流阀 6 工作时，溢流阀 2 或溢流阀 6 相当于溢流阀 5 上的另一个先导阀。

三、实验设备与元件

(1) 所需设备：液压传动综合实验台。

(2) 所需元件：压力表 3 块；溢流阀 3 个，其中带遥控口的 1 个；三位四通 O 形电磁换向阀 1 个（或手动阀）；二位二通电磁换向阀 1 个；二位四通电磁换向阀 2 个；二位三通电磁换向阀 2 个；节流阀 1 个；单向阀 1 个；液压缸 1 个。

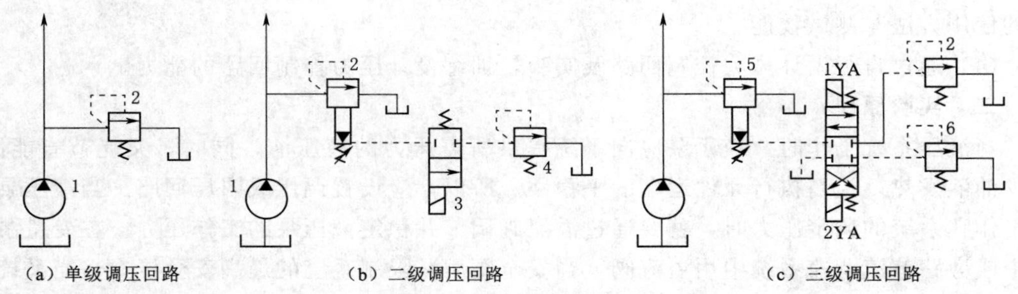

图 8-3-1　调压回路原理图

1—液压泵；2、4、5、6—溢流阀；3—电磁阀

（3）系统连接。

1）单级调压回路实验。系统连接如图 8-3-2 所示，单级调压回路是最基本的调压回路，在定量泵出口，并联溢流阀 1，泵出口压力由溢流阀 1 调定。调压原理、工作原理见表 8-3-1。

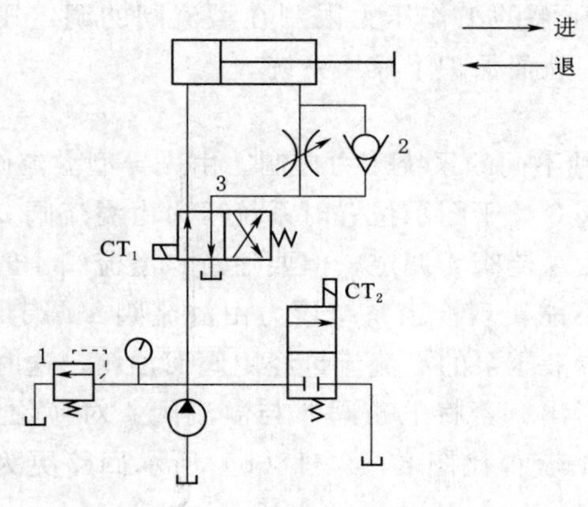

图 8-3-2　系统连接图

1—溢流阀；2—单向节流阀；3—二位二通电磁阀；4—二位四通电磁阀

表 8-3-1　电磁铁工作表（一）

序号	动作	电磁铁		压力
		CT_1	CT_2	
1	缸进	+	−	溢流阀 1
2	缸退	−	−	空载
3	停止	−	+	卸荷

注　"+"表示通电，"−"表示断电。

2）单级远程调压回路实验。用先导式溢流阀、远程调压阀（或直动式溢流阀）可组成远程调压回路，系统连接如图 8-3-3 所示，图中阀 1 为先导式溢流阀，阀 2 为直动式溢流阀，阀 1 调整压力大于阀 2 调整压力。工作过程见表 8-3-2。

3）两级调压回路实验。系统连接如图 8-3-4 所示，两级调压回路是单泵双向调压，溢流阀 2 和 3 调定两种不同压力，分别满足液压缸双向运动所需不同压力。工作过程见表 8-3-3。

4）两级远程调压回路实验。用先导式溢流阀 1、两个直动式溢流阀 2 和 3、二位四通电磁阀 4 可组成两级远程调压回路。系统连接如图 8-3-5 所示，阀 1 的调整压力大于阀 2 及阀 3 的调整压力。工作过程见表 8-3-4。

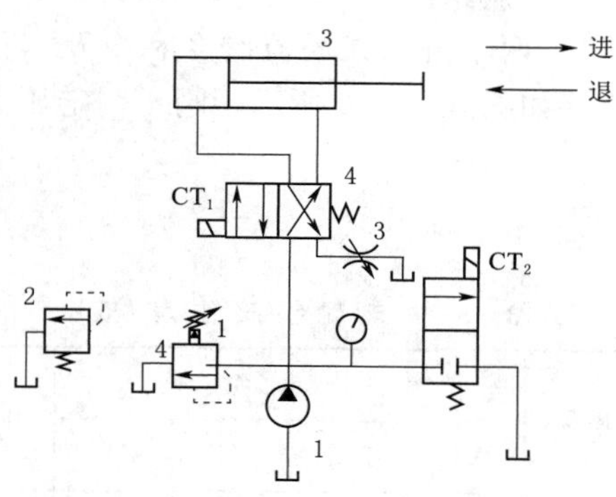

图 8-3-3　系统连接图

1—先导式溢流阀；2—直流式溢流阀；3—节流阀；4—二位四通电磁阀

表 8-3-2　电磁铁工作表（二）

序号	动作	电磁铁		压力
		CT$_1$	CT$_2$	
1	缸进	+	−	阀 2
2	缸退	−	−	阀 2
3	停止	−	+	卸荷

注　"+"表示通电，"−"表示断电。

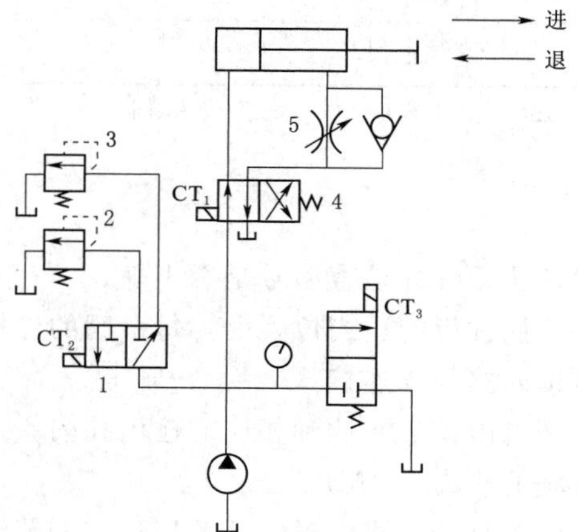

图 8-3-4　系统连接图

1—二位三通电磁阀；2、3—直动式溢流阀；4—二位四通电磁阀；5—单向节流阀

表 8-3-3　电磁铁工作表（三）

序号	动作	电磁铁			压力
		CT$_1$	CT$_2$	CT$_3$	
1	缸进	+	−	−	阀 3
2	缸退	−	+	−	阀 2
3	停止	−	−	+	卸荷

注　"+"表示通电，"−"表示断电。

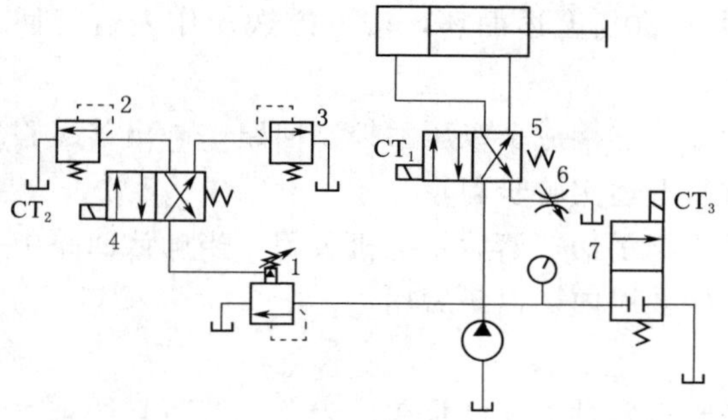

图 8-3-5　系统连接图

1—先导式溢流阀；2、3—直动式溢流阀；4、5—二位四通电磁阀；6—节流阀；7—二位二通电磁阀

表 8-3-4　电磁铁工作表（四）

序号	动作	电磁铁			压力
		CT$_1$	CT$_2$	CT$_3$	
1	缸进	+	−	−	阀 3
2	缸退	−	+	−	阀 2
3	停止	−	−	+	卸荷

注　"+"表示通电，"−"表示断电。

5）三级远程调压回路实验。用先导式溢流阀1、两个直动式溢流阀2和3及三位四通电磁换向阀4可组成三级远程调压回路，系统连接如图8-3-6所示，阀1调定压力大于阀2和阀3调定压力。工作过程见表8-3-5。

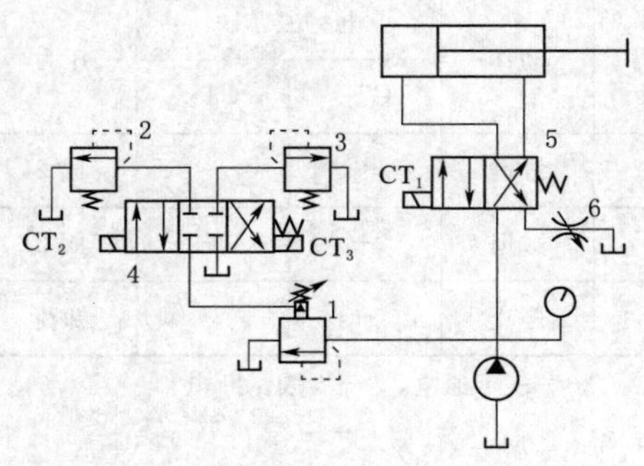

图8-3-6 系统连接图
1—先导式溢流阀；2、3—直动式溢流阀；
4—三位四通电磁阀；5—二位四通电磁阀；
6—节流阀

表8-3-5 电磁铁工作表（五）

序号	动作	电磁铁			压力
		CT_1	CT_2	CT_3	
1	进一	+	－	－	阀1
2	进二	+	+	－	阀2
3	缸退	－	－	+	阀3
4	停止	－	－	－	

注 “+”表示通电，“－”表示断电。

四、实验步骤

(1) 按照实验回路图的要求，取出所要用的液压元件并检查型号是否正确。

(2) 将检查完毕、性能完好的液压元件安装到插件板的适当位置上，每个阀的连接底板两侧都有各油口的标号，通过快速接头和软管按回路要求连接。

(3) 电磁铁编号，对应于电磁工作表所列，把电磁铁插头插到相应的输出孔内。

(4) 放松溢流阀，启动泵，调节先导式溢流阀的压力为4MPa。

(5) 远程调压回路实验中把电磁铁控制板的电源打开，将电磁铁开关接通，调节溢流阀（远程调压阀）的压力低于4MPa，调整完毕，将电磁铁开关断开。

(6) 三级远程调压回路实验调节另一溢流阀（远程调压阀）的压力低于4MPa，调整完毕，将电磁铁开关断开。

(7) 调整完毕回路就能达到三种不同压力，重复上述循环，按电磁铁动作表运行回路，观察各压力表数值。

(8) 根据要求，选择不同的液压元件，设计、连接成多级压力控制回路，画出其实验原理图及连接图，经指导老师检查无误后，重复上述实验步骤。

(9) 实验完毕后，首先要旋松回路中的溢流阀手柄，然后将电机关闭。当确认回路中压力为0后，方可将胶管和元件取下放入规定的抽屉内，以备后用。

五、实验分析与结论

(1) 画出各调压回路的液压系统图，于实验报告纸上复制负载压力图，并将打印记录数据简单列表。

(2) 指出回路所控制的压力是多少及执行元件的最大负载，说明达最大负载时执行元件动作变化。

(3) 说明压力控制回路出现故障时的现象，说明过载时，执行元件动作有何变化，为什么？

(4) 画出自行设计的多级压力控制回路的液压系统图，根据实验结果分析说明回路的不同特点。

六、注意事项

该实验由两人共同完成。一人负责调节溢流阀，开关机；一人负责操纵工控机，按要求打印有关数据。两人既要明确分工，又要密切配合，严格要求正确操作。

七、讨论与思考

(1) 单级调压与远程调压的原理是什么？有什么区别？

(2) 调压回路有哪些类型？多级调压时远程调压阀与先导阀调定压力的关系是什么？

(3) 多级调压时先导式溢流阀的主要作用是什么？

实验四　节流调速回路性能实验

节流调速回路按流量阀在油路中的位置分进油节流调速回路、回油节流调速回路、旁路节流调速回路。

一、实验目的

(1) 通过实验，观察负载大小与所调速度大小及相互之间的关系。

(2) 利用液压实验台，记录压力表数值，找出其与速度之间的关系，即节流调速回路的速度-负载特性。

(3) 了解本实验系统中各元件的性能，并掌握各元件的连接方法及测量仪表、测试软件使用方法与测试技能。

(4) 通过对节流阀进油、回油、旁路节流调速回路实验，比较三种节流调速回路的速度-负载特性。

(5) 比较节流阀的节流调速回路与调速阀的节流调速回路的速度-负载特性。

(6) 通过自行设计节流调速回路及实验，训练设计节流调速回路的能力；学习节流调速回路性能实验方法。

二、实验原理

节流调速回路由定量泵、流量阀、溢流阀、执行元件组成。按流量阀不同可分为用节流阀的节流调速回路和用调速阀的节流调速回路。节流调速回路中，流量阀的通流面积调定后，油缸负载变化对油缸速度的影响程度可用回路的速度-负载特性表征。

1. 节流阀进油节流调速回路的速度-负载特性

回路的速度-负载特性方程为

$$v=\frac{CA_{节}}{A_1^{\varphi+1}}\left(p_{泵}A_1-\frac{F}{\eta_{机}}\right)^{\varphi} \tag{8-4-1}$$

式中：C 为流量系数；v 为油缸活塞运动速度；A_1 为油缸有效工作面积；$A_{节}$ 为节流阀通流面积；$p_{泵}$ 为油泵供油压力；F 为油缸负载；$\eta_{机}$ 为油缸机械效率；φ 为孔口指数。

按不同的节流阀通流面积作图，可得一组速度-负载特性曲线，如图 8-4-1 所示。由特性方程和特性曲线看出，油缸运动速度与节流阀通流面积成正比。当泵供油压力 $p_{泵}$

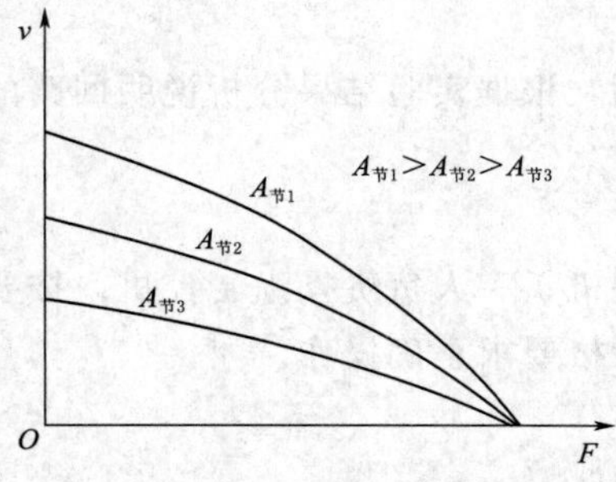

图 8-4-1 进油节流调速回路速度-负载特性曲线图

调定后，节流阀通流面积 $A_{节}$ 调好后，油缸活塞运动速度 v 随负载 F 增大，按以 φ 为指数的曲线下降。当 $F=A_1p_{泵}$ 时，油缸速度为 0，但无论负载如何变化，油泵工作压力不变，回路的承载能力不受节流阀通流面积变化的影响，图中各曲线在速度为 0 时都交汇于同一负载点。

2. 节流阀回油节流调速回路速度-负载特性

与节流阀进油节流调速回路基本一样，不再重述。

3. 节流阀旁路回油节流调速回路的速度-负载特性

节流阀与油泵并联，溢流阀作安全阀用。

速度-负载特性方程为

$$v=\frac{q_{泵}-CA_{节}\left(\frac{F}{A_1\eta_m}\right)^{\varphi}}{A_1} \tag{8-4-2}$$

由不同的节流阀通流面积 $A_{节}$ 做一组特性曲线，如图 8-4-2 所示。

由特性方程和特性曲线看出，油缸速度与节流阀通流面积成反比。回路因油泵泄漏的影响，在节流阀通流面积不变时，油缸速度因负载增大而减小很多，其速度-负载特性比较差。负载增大到某值时，油缸速度为 0。节流阀的通流面积越大，承载能力越差，即回路承载能力是变化的，低速承载能力差。

4. 调速阀的进油节流阀调速回路速度-负载特性

油缸速度为

$$v=\frac{CA_{节}\Delta p_2{}^{\varphi}}{A_1} \tag{8-4-3}$$

式中：Δp_2 为调速阀中节流阀前后压差。

负载变化时，油缸工作压力成比例变化，但调速阀中的减压阀的调节作用使节流阀前后压差 Δp_2 基本不变，则油缸速度基本不变。但由于泄漏随负载增大，油缸速度略有下降，特性曲线如图 8-4-3 所示。

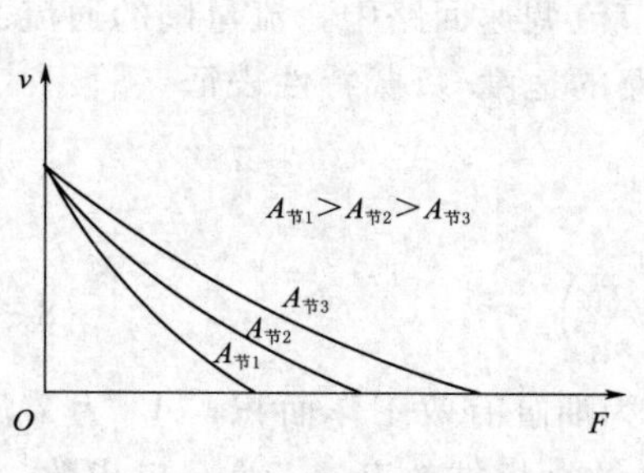

图 8-4-2 旁路节流调速回路速度-负载特性曲线图

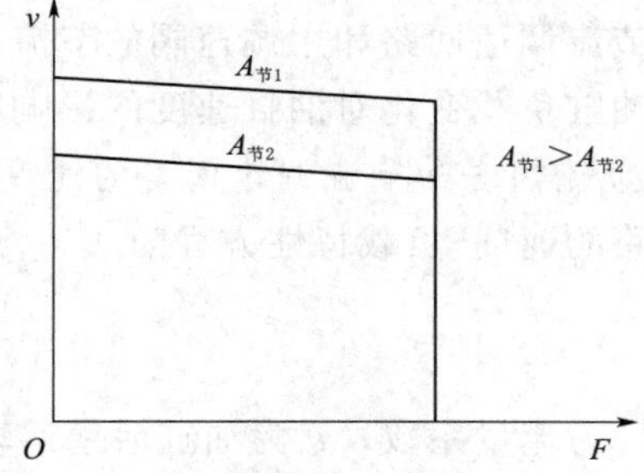

图 8-4-3 采用调速阀的进油节流调速回路速度-负载特性曲线图

三、实验设备与元件

(1) 所需设备：液压传动综合实验台。

(2) 所需元件：压力表4块；二位二通电磁换向阀2个；三位四通O形中位机能电磁换向阀2个；调速阀1个；节流阀1个；单向阀1个；压力传感器1个；液压缸2个。

(3) 系统连接（图8-4-4）。

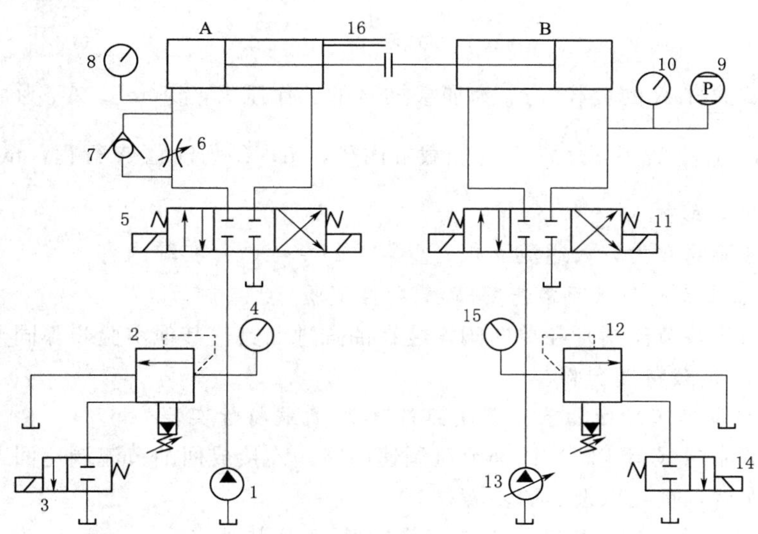

图8-4-4　节流阀进油节流调速回路系统连接图

A—被试油缸；B—加载油缸；1—定量叶片泵；2—先导式溢流阀Y—10B；3、14—电磁阀（二位二通，常断）；4、15—压力表；5、11—电磁阀（三位四通，O形）；6—节流阀；7—单向阀；8、10—压力表；9—压力传感器；12—先导式溢流阀Y-25B；13—限压式变量叶片泵（做定量泵用）；16—位移传感器

四、实验内容与方法

(一) 实验内容

(1) 节流阀进油节流调速回路，节流阀在两种通流面积下的速度-负载特性。

(2) 调速阀进油节流调速回路，调速阀在两种通流面积下的速度-负载特性。

(3) 节流阀（调速阀）回油节流调速回路，节流阀（调速阀）在两种通流面积下的速度-负载特性。

(4) 节流阀（调速阀）旁路节流调速回路，节流阀（调速阀）在两种通流面积下的速度-负载特性。

(二) 实验方法

1. 节流阀进油节流调速回路速度-负载特性实验

(1) 用溢流阀2，调定油泵1，工作压力为5MPa，由压力表4观测。

(2) 调节节流阀6为小通流面积，同时保持溢流阀2调定压力不变。

(3) 将油缸A和油缸B对顶。

(4) 用溢流阀12，通过加载油缸B对被试油缸A加载，溢流阀12调定压力设定点为6个，其中包括加载力为0（不对顶）和被试油缸A推不动加载缸时的加载力点，由压力

表 15 观测。

(5) 用压力传感器 9 测加载油缸的工作压力 p_B。

(6) 用位移传感器测油缸位移 L，用计算机时钟测油缸运行 L 位移的时间 t。

(7) 计算被试油缸 A 的负载 F 和被试油缸 A 运动速度：

$$F = p_B A_B \eta_{mB} \tag{8-4-4}$$

$$v = \frac{L}{t} \tag{8-4-5}$$

式中：F 为被试油缸 A 的负载；p_B 为加载缸 B 的工作压力，N/m^2；A_B 为加载缸无杆腔有效工作面积，m^2，$A_B = \frac{\pi D^2}{4}$；D 为加载缸内径，m；L 为油缸 A 行程，m；t 为油缸 A 移动 L 所用时间，s。

(8) 调节节流阀 6 为较大通流面积，重复 (1) ～ (7) 实验内容。

2. 调速阀进油节流调速回路速度-负载特性实验

将调速阀（代替节流阀）和单向阀安装在油缸进油路，其他实验步骤同节流阀进油节流调速回路速度-负载特性实验。

3. 节流阀（调速阀）回油节流调速回路速度-负载特性实验

自行设计节流阀（调速阀）回油节流调速回路，连接成回油节流调速回路系统，经指导老师检查无误后，重复以上实验步骤。

4. 节流阀（调速阀）旁路节流调速回路速度-负载特性实验

(1) 自行设计节流阀（调速阀）旁路节流调速回路，连接成旁路节流调速回路系统，经指导老师检查无误后，重复上述实验步骤。

(2) 将溢流阀 2 压力调定为 7MPa，作安全阀用。

(3) 其余实验步骤同节流阀进油节流调速回路速度-负载特性实验。

注意：各项实验间歇期间和实验完成没关机前，一定通过电磁阀 3 使油泵 1 卸荷，电磁阀 14 使油泵 13 卸荷。

五、实验分析与结论

(1) 画出各节流调速回路的液压系统图，画出两种通流面积下的速度-负载特性曲线图，并将打印记录数据简单列表。

(2) 根据实验结果分析比较三种节流调速回路的速度-负载特性；分析比较采用节流阀的节流调速回路与采用调速阀的节流调速回路的速度-负载特性。

(3) 说明速度控制回路出现故障时的现象，说明过载时，执行元件动作有何变化，为什么？

(4) 画出自行设计的节流调速回路的液压系统图，根据实验结果分析说明回路的不同特点。

六、注意事项

该实验由三人共同完成。一人负责调节溢流阀，开关机，调节流量阀；一人负责记录时间、压力表读数及位移读数；一人负责操纵工控机，按要求打印有关数据。三人既要明确分工，又要密切配合，严格要求正确操作。

七、讨论与思考

(1) 三种节流调速回路（进油、回油、旁路）的速度-负载特性各有何特点？有什么区别？各适用于什么场合？

(2) 采用调速阀的节流调速回路的速度-负载特性有什么特点？适用于什么场合？

实验五　顺序动作回路实验

在多执行元件液压系统中，往往需要按照一定的要求顺序动作，例如自动车床中刀架的纵横向运动、夹紧机构的定位和夹紧等。顺序动作回路的控制方式分为压力控制、行程控制和时间控制三类，其中前两类用得较多。

一、实验目的

(1) 通过实验，观察控制压力大小、换向阀的位置与液压缸的动作及相互之间的关系。

(2) 利用液压实验台，记录压力表数值，找出控制压力大小、换向阀的位置与液压缸的动作之间的关系，注意各液压缸不同动作的决定因素。

(3) 了解本实验系统中各元件的性能，并掌握各元件的连接方法及测量仪表、测试软件使用方法与测试技能。

(4) 通过自行设计顺序动作回路及实验，训练设计顺序动作回路的能力。

二、实验原理

（一）用压力控制的顺序动作回路

压力控制就是利用油路本身的压力变化来控制液压缸的先后动作顺序，它主要利用压力继电器和顺序阀来控制顺序动作。

1. 用压力继电器控制的顺序回路

图 8-5-1 是机床的夹紧、进给系统，要求的动作顺序是：先将工件夹紧，然后动力滑台进行切削加工，动作循环开始时，二位四通电磁阀处于图示位置，液压泵输出的压力油进入夹紧缸的右腔，左腔回油，活塞向左移动，将工件夹紧。夹紧后，液压缸右腔的压力升高，当油压超过压力继电器的调定值时，压力继电器发出讯号，指令电磁阀的电磁铁 2DT、4DT 通电，进给液压缸动作（其动作原理详见速度换接回路）。油路中要求先夹紧后进给，工件没有夹紧则不能进给，这一严格的顺序是由压力继电器保证的。压力继电器的调整压力应比减压阀的调整压力低 $3\times10^5\sim5\times10^5$ Pa。

2. 用顺序阀控制的顺序动作回路

如图 8-5-2 所示是采用两个单向顺序阀的压力控制顺序动作回路。其中右边单向顺序阀控制两液压缸前进时的先后顺序，左边单向顺序阀控制两液压缸后退时的先后顺序。当电磁换向阀通电时，压力油进入液压缸 1 的左腔，右腔经阀 3 中的单向阀回油，此时由于压力较低，顺序阀 4 关闭，缸 1 的活塞先动。当液压缸 1 的活塞运动至终点时，油压升高，达到单向顺序阀 4 的调定压力时，顺序阀开启，压力油进入液压缸 2 的左腔，右腔直接回油，缸 2 的活塞向右移动。当液压缸 2 的活塞右移达到终点后，电磁换向阀断电复位，此时压力油进入液压缸 2 的右腔，左腔经阀 4 中的单向阀回油，使缸 2 的活塞向左返回，到达终点时，压力油升高打开顺序阀 3 再使液压缸 1 的活塞返回。

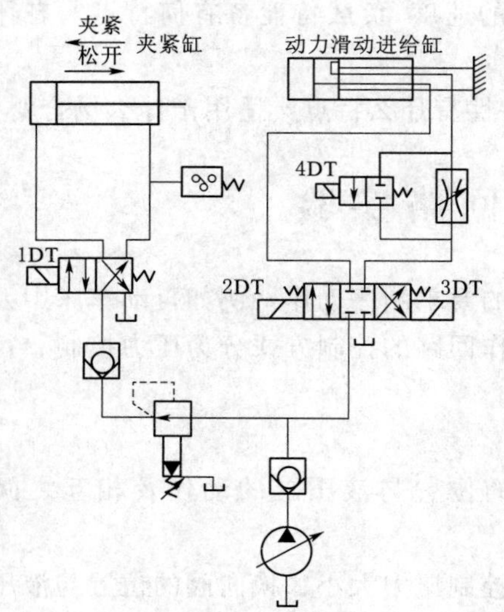

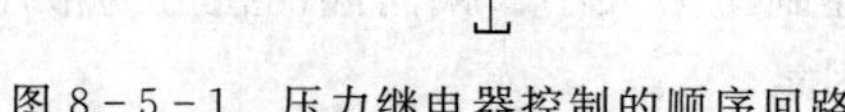
图 8－5－1　压力继电器控制的顺序回路

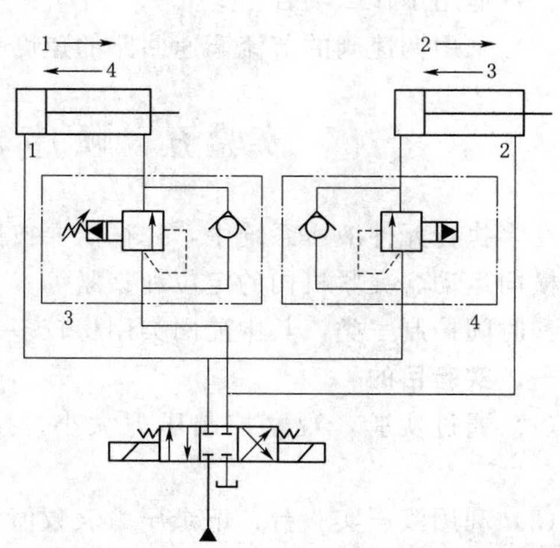

图 8－5－2　顺序阀控制的顺序回路

这种顺序动作回路的可靠性，在很大程度上取决于顺序阀的性能及其压力调整值。顺序阀的调整压力应比先动作的液压缸的工作压力高 $8\times10^5\sim10\times10^5$ Pa，以免在系统压力波动时，发生误动作。

（二）用行程控制的顺序动作回路

行程控制的顺序动作回路是利用工作部件到达一定位置时，发出讯号来控制液压缸的先后动作顺序，它可以利用行程开关、行程阀或顺序缸来实现。

如图 8－5－3 所示是利用电气行程开关发讯来控制电磁阀先后换向的顺序动作回路。其动作顺序是：按起动按钮，电磁铁 1DT 通电，缸 1 活塞右行；当挡铁触动行程开关 2XK，使 2DT 通电，缸 2 活塞右行；缸 2 活塞右行至行程终点，触动 3XK，使 1DT 断电，缸 1 活塞左行；而后触动 1XK，使 2DT 断电，缸 2 活塞左行，至此完成了缸 1、缸 2 的全部顺序动作的自动循环。采用电气行程开关控制的顺序回路，调整行程大小和改变动作顺序均较方便，且可利用电气互锁使动作顺序可靠。

三、实验设备与元件

（1）所需设备：液压传动综合实验台。

（2）所需元件：压力表 2 块；二位四通电磁换向阀 2 个；二位二通电磁换向阀 1 个；三位四通 M 型中位机能电磁换向阀 1 个；液压缸 2 个；行程开关 4 个；压力继电器 1 个；顺序阀 2 个；单向阀 2 个。

（3）系统连接。

1）压力继电器控制顺序动作回路实验。压力继电器控制顺序动作回路是用压力控制的顺序动

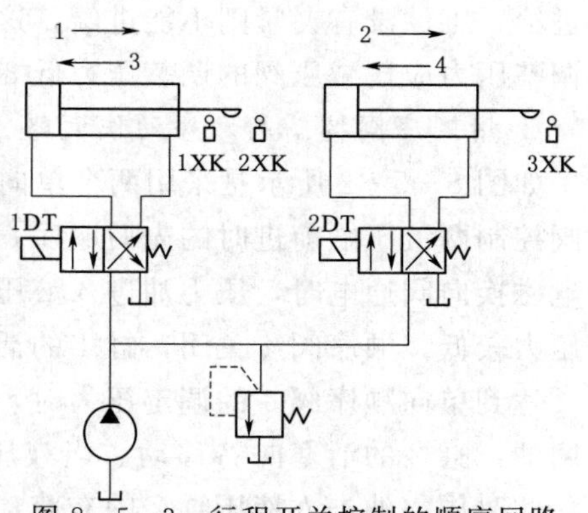

图 8－5－3　行程开关控制的顺序回路

作回路，系统连接如图 8-5-4 所示，压力继电器 1 调整压力小于溢流阀调整压力，大于油缸 A 前进时工作压力。压力继电器动作时，油缸 B 前进，油缸 A 退回时，压力降低，压力继电器 1 断电，油缸 B 同时后退。工作过程见表 8-5-1。

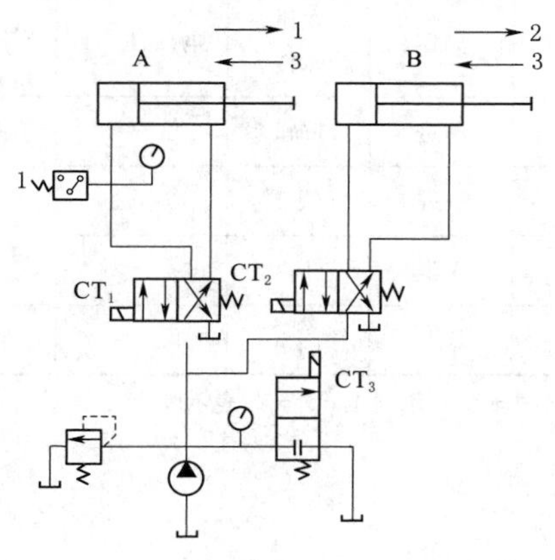

图 8-5-4 系统连接图

表 8-5-1 电磁铁工作表（一）

序号	动作	发讯元件	电磁铁		
			CT_1	CT_2	CT_3
1	A 进	启动钮	+	−	−
2	B 进	阀 1	+	+	−
3	A 退	按钮	−	+	−
	B 退	阀 2	−	−	−
4	停止	停止钮	−	−	+

注 “+”表示通电，“−”表示断电。

2）行程开关控制顺序动作回路实验。行程控制顺序动作回路系统连接如图 8-5-5 所示。工作过程见表 8-5-2，自动循环。

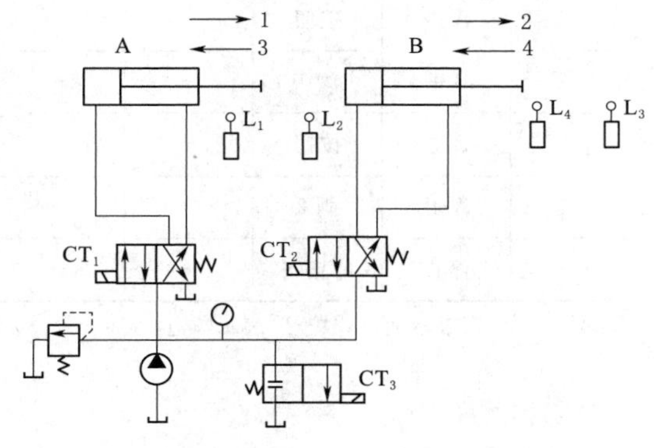

图 8-5-5 系统连接图

表 8-5-2 电磁铁工作表（二）

序号	动作	发讯元件	电磁铁		
			CT_1	CT_2	CT_3
1	A 进	启动钮	+	−	−
2	B 进	L_2	+	+	−
3	B 退	L_3	−	+	−
4	A 退	L_1	−	−	−
5	A 进	L_4	+	−	−
6	停止	停止钮	−	−	+

注 “+”表示通电，“−”表示断电。

3）行程阀控制顺序动作回路。系统连接如图 8-5-6 所示，工作过程见表 8-5-3。在图示状态时，首先使电磁阀 2 通电，则液压缸 A 的活塞向右运动。当活塞杆上的挡块压下行程阀 3 时，行程阀 3 换向，使缸 B 的活塞向右运动，电磁阀 2 断电后，液压缸 A 的活塞向左运动，当行程阀 3 复位后，液压缸 B 的活塞也退回到左端，完成所要求的顺序动作。

4）双顺序阀控制的顺序动作回路实验。压力控制类顺序动作回路，系统连接图如图 8-5-7 所示。顺序阀 1 调整压力小于溢流阀 3 调整压力、大于油缸 A 前进时工作压力，顺序阀 2 调整压力小于溢流阀 1 调整压力、大于油缸 B 后退时工作压力。工作过程见表

8－5－4。

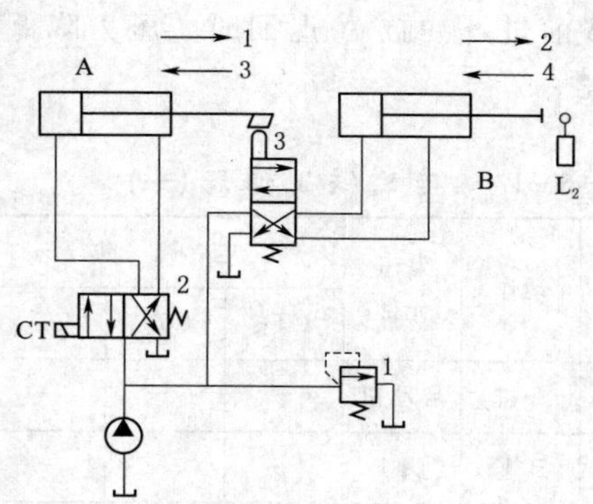

图 8－5－6 系统连接图

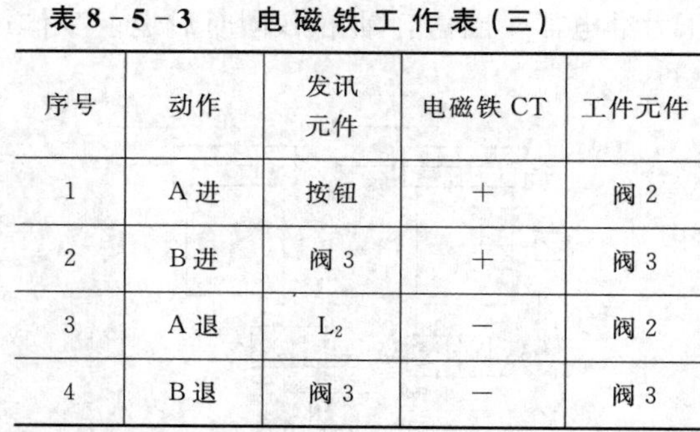

表 8－5－3 电磁铁工作表（三）

序号	动作	发讯元件	电磁铁 CT	工件元件
1	A 进	按钮	＋	阀 2
2	B 进	阀 3	＋	阀 3
3	A 退	L_2	－	阀 2
4	B 退	阀 3	－	阀 3

注 “＋”表示通电，“－”表示断电。

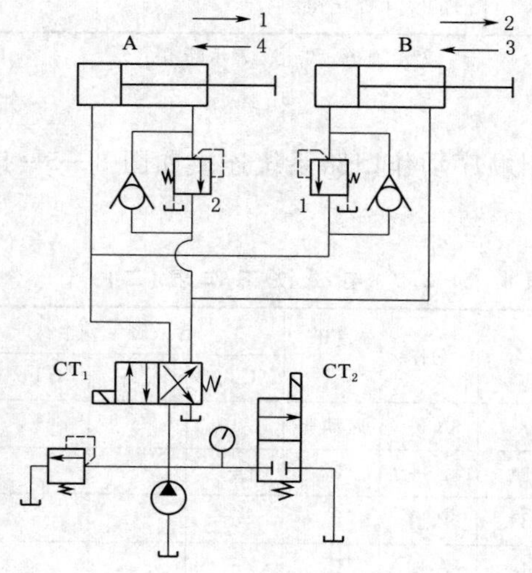

图 8－5－7 系统连接图

表 8－5－4 电磁铁工作表（四）

序号	动作	发讯元件	电磁铁	
			CT_1	CT_2
1	A 进	按钮	＋	－
2	B 进	阀 1	＋	－
3	B 退	按钮	－	－
4	A 退	阀 2	－	－
5	停止	停止钮	－	＋

注 “＋”表示通电，“－”表示断电。

四、实验步骤

（1）按照实验回路图的要求，取出所要用的液压元件并检查型号是否正确。

（2）将检查完毕、性能完好的液压元件安装到插件板的适当位置上，每个阀的连接底板两侧都有各油口的标号，通过快速接头和软管按回路要求连接。

（3）电磁铁编号，对应于电磁工作表所列，把电磁铁插头插到相应的输出孔内。

（4）放松溢流阀，启动泵，调节先导式溢流阀的压力为 4MPa。

（5）按电磁铁动作表运行回路，观察压力表数值，观察控制压力大小、行程阀的位置与液压缸的动作之间的关系，注意各液压缸不同动作的决定因素。记录控制压力大小、行程阀的位置和各液压缸不同动作的相互关系。

（6）根据要求，选择不同的液压元件，设计、连接成各种顺序动作回路，画出其实验原理图及连接图，经指导老师检查无误后，重复上述实验步骤。

(7) 实验完毕后，首先要旋松回路中的溢流阀手柄，然后将电机关闭。当确认回路中压力将为0后，方可将胶管和元件取下放入规定的抽屉内，以备后用。

五、实验分析与结论

(1) 实验前必须认真预习实验指导书，明确实验任务，初步了解实验方法，为正式测试做好准确。

(2) 画出各顺序动作回路的液压系统图，于实验报告纸上复制电磁铁动作表，画出控制压力大小、行程阀的位置与液压缸的动作之间的关系图，并将打印记录数据简单列表。

(3) 指出液压缸控制压力大小、行程阀的位置，注意控制压力大小、行程阀的位置与液压缸的动作之间的关系。

(4) 说明顺序动作回路出现故障时的现象，说明顺序动作时，控制压力大小、行程阀的位置与液压缸的动作之间的关系，为什么？

六、注意事项

该实验由两人共同完成。一人负责调节溢流阀，开关机；一人负责记录有关数据。两人既要明确分工，又要密切配合，严格要求正确操作。

七、讨论与思考

(1) 压力继电器、顺序阀、行程开关和行程阀控制顺序动作回路各有何特点？有什么区别？各适用于什么场合？

(2) 压力控制类和行程控制类顺序动作回路压力有什么变化？

实验六 电-气联合控制顺序动作回路实验

在各种机械设备的气动系统中，因现代设备要求控制动作多，控制程序复杂，精度高，因此气动系统也要自动化程度高，协调性好，为了更好与现代控制设备兼容，须采用电-气联合控制顺序动作回路。

一、实验目的

(1) 通过实验，观察各电气开关与气缸动作相互之间的关系。

(2) 了解本实验系统中各元件的性能，并掌握各元件的连接方法及测量仪表、测试软件使用方法，掌握一定的测试技能。

(3) 通过自行设计电-气联合控制顺序动作回路及实验，比较不同的电气控制设备与不同的顺序动作回路特性，训练学生自我设计顺序动作回路的能力。

二、实验原理

1. 多缸动作互锁回路

图8-6-1为互锁回路。该回路主要是防止各缸的活塞同时动作，保证只有一个活塞动作。回路主要是利用梭阀1、2、3及换向阀4、5、6进行互锁。如换向阀7被切换，则换向阀4也换向，使A缸活塞伸出。与此同时，A缸的进气管路的气体使梭阀1、3动作，把换向阀5、6锁住。所以此时换向阀8、9即使有信号，B、C缸也不会动作。如要改变缸的动作，必须把前动作缸的气控阀复位。

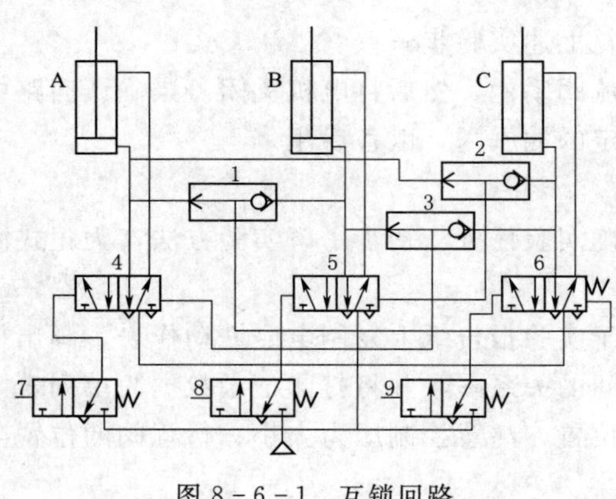

图 8-6-1　互锁回路

1、2、3—梭阀；4、5、6、7、8、9—换向阀

2. 多缸动作复杂控制回路

图 8-6-2 为八轴仿形铣加工机床，是一种高效专用半自动加工木质工件的机床。其主要功能是仿形加工，如梭柄、虎形腿等异型空间曲面。工件表面经粗铣、精铣、砂光等仿形加工后，可得到尺寸精度较高的木质构件。

八轴仿形铣加工机床一次可加工 8 个工件。在加工时，把样品放在居中位置，铣刀主轴转速一般为 8000r/min 左右。工件转速、纵向进给运动速度的改变，都是根据仿形轮的几何轨迹变化，反馈给变频调速器后，再控制电动机来实现的。该机床的接料盘升降、工件的夹紧松开，粗铣、精铣、砂光和仿形加工等工序都是由气动控制与电气控制配合来实现的。

启动→工件夹紧（B_1）→托盘降（A_0）→ 盖板下 / 铣刀下（D_0）/ 平衡缸 →粗铣（E_0）→精铣（E_1）→

砂光进→砂光退→铣刀上→ 盖板上 / 托盘升 / 平衡缸 →工作松开

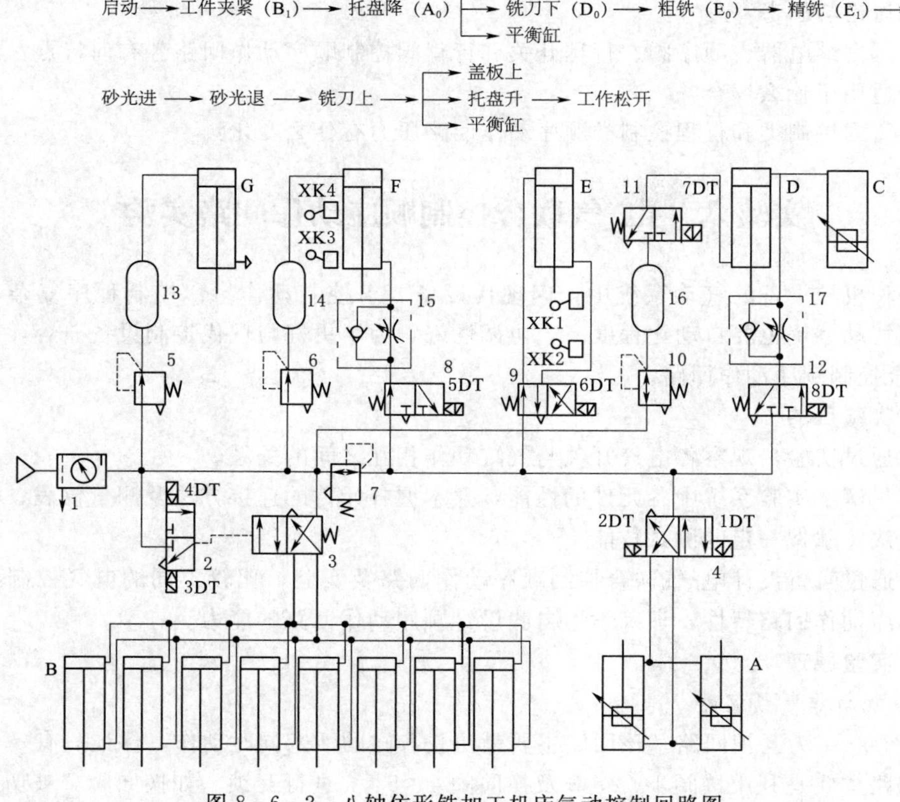

图 8-6-2　八轴仿形铣加工机床气动控制回路图

气动控制回路的工作原理：八轴仿形铣加工机床使用加紧缸 B（共 8 只），接料盘升降缸 A（共 2 只），盖板升降缸 C，铣刀上、下缸 D，粗、铣缸 E，砂光缸 F，平衡缸 G 共

计 15 只气缸。其动作程序为：

三、实验设备与元件

（1）所需设备：气压传动综合实验台。

（2）所需元件：压力表 1 块；接近开关 4 个；二位五通双电磁换向阀 2 个；单杆双作用气缸 2 个；三联件 1 个；连接软管若干。

系统连接如图 8－6－3 所示。

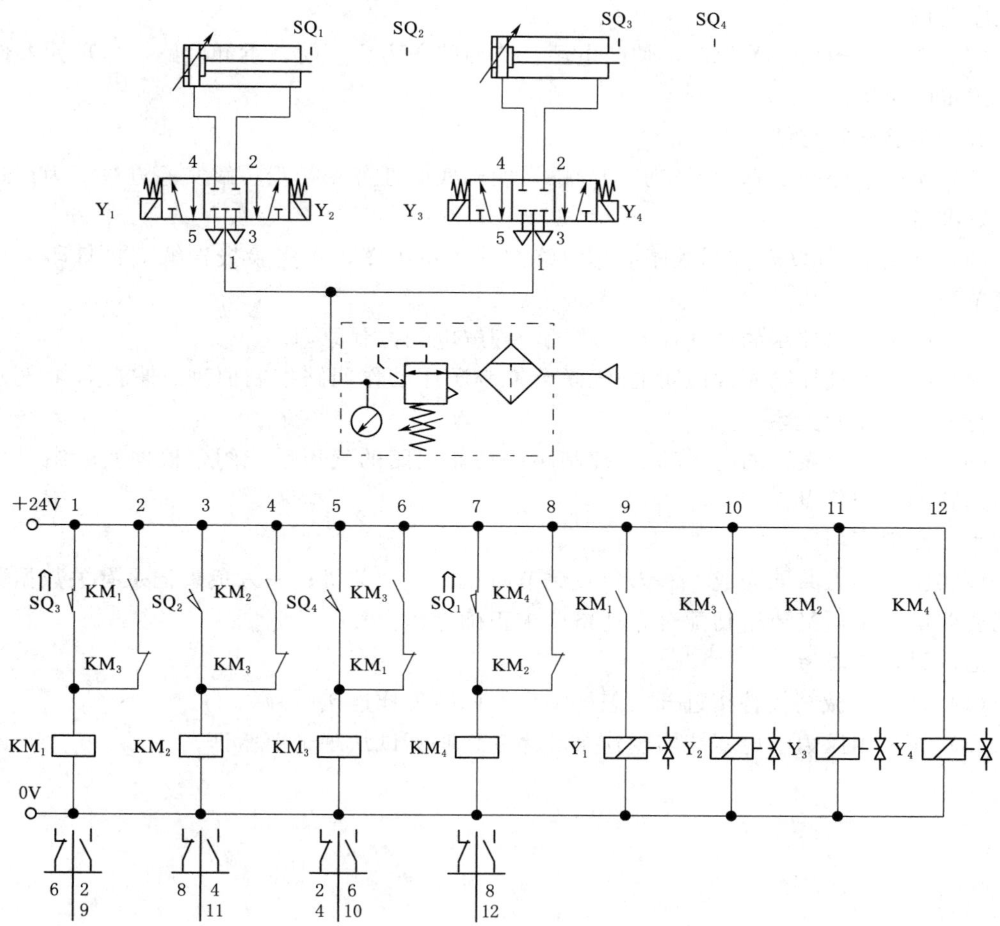

图 8－6－3 电-气联合控制顺序动作回路系统连接图

四、实验步骤

（1）按照实验回路图的要求，取出所要用的气压元件，检查型号是否正确，并检验元件的实用性能是否正常。

（2）将检查完毕性能完好的气压元件安装到插件板的适当位置上，每个阀的连接底板两侧都有各管口的标号，看懂实验原理图之后，通过快速接头和软管按回路要求连接。

（3）将二位五通双电磁换向阀和接近开关的电源输入口插入相应的控制板输出口。

（4）确认连接安装正确稳妥，把三联件的调压旋钮放松，通电开启气泵。待泵工作正常，再次调节三联件的调压旋钮，使回路中的压力在系统工作压力以内。

（5）当电磁阀左位得电，压缩空气控制左边的单气空阀动作，压缩空气进入左缸的左腔使活塞向右运动；此时的右缸因为没有气体进入左腔而不能动作。

（6）当左缸活塞杆靠近开关时，二位五通电磁阀迅速换向，气体作用于右边的气控阀促使其左位接入，压缩空气经过右边气控阀的左位进入右缸的左腔，活塞在压力的作用下向右运动，当活塞杆靠近接近开关时，二位四通电磁阀又回到左位。从而实现双缸的下一个顺序动作。

（7）实验完毕后，关闭泵，切断电源，待回路压力为0时，拆卸回路，清理元器件并放回规定的位置。

五、实验分析与结论

（1）实验前必须认真预习实验指导书，明确实验任务，初步了解实验方法，为正式测试做好准备。

（2）画出电-气联合控制顺序动作回路的气压系统图，于实验报告纸上将打印记录数据简单列表。

（3）画出回路控制的电气控制电路图，理解电气控制原理。

（4）结合电气控制原理说明电-气联合控制顺序动作回路控制原理，掌握各电气开关与执行元件动作的关系

（5）画出自行设计的电-气联合控制顺序动作回路的气压系统图，根据实验结果分析说明回路的不同特点。

六、注意事项

该实验由两人共同完成。一人负责调节减压阀，开关机；一人负责记录有关数据。两人既要明确分工，又要密切配合，严格要求正确操作。

七、讨论与思考

（1）采用机械阀代替接近开关怎样动作？回路怎样连接？

（2）如果用压力继电器能实现这个顺序动作吗？试从理论上验证。

第二篇

专 业 课

第九章　单片机应用系统设计

实验一　子程序设计实验

一、实验目的

（1）学习 MCS-51 系列单片机的 P1 口的使用方法。

（2）学习延时子程序的编写和使用。

二、实验原理

AT89C51 有 32 个通用的 I/O 口，分为 P0、P1、P2、P3 四组，每组都是 8 位，它们是准双向口，作为输出口时与一般的双向口使用方法相同。P3 口也可以作第二功能口用，本实验使用 P1 口作输出口，控制 LED 等产生流水灯效果，发光二极管连接方式如图 9-1-1 所示。

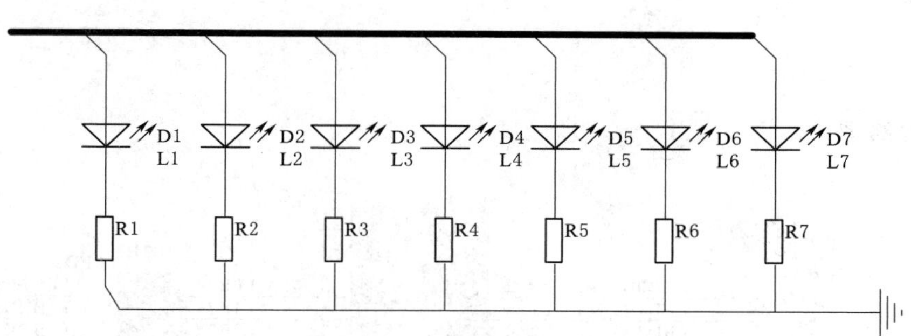

图 9-1-1　发光二极管连接方式

三、实验步骤

用 P1 口作输出口，接八位逻辑电平显示，程序功能使发光二极管循环点亮。

（1）最小系统中插上 80C51 核心板，用扁平数据线连接 MCU 的 P1 口与八位逻辑电平显示模块 JD3。

（2）用串行数据通信线、USB 线连接计算机与仿真器，把仿真器插到模块的锁紧插座中，请注意仿真器缺口朝上。

（3）打开 WV 仿真软件中“流水灯”文件夹下的“8031.Uv2”实验的项目文件，对源程序进行编译，直到编译无误。

（4）全速运行程序，程序功能使发光二极管循环点亮，达到“流水灯”效果。

注意事项：实验程序放在 Soundcode/MS51 的文件夹中；在做完实验后记得养成一个好习惯，把相应单元的短路帽和电源开关还原到原来的位置。

四、源程序

```
          ORG      0000H
          AJMP     START
          ORG      0030H
START:    MOV      A,#0FEH
          MOV      R2,#8
OUTPUT:   MOV      P0,A
          RL       A
          ACALL    DELAY
          DJNZ     R2,OUTPUT
          LJMP     START
DELAY:
          MOV      R6,#0
          MOV      R7,#0
DELAYLOOP:
          DJNZ     R6,DELAYLOOP
          DJNZ     R7,DELAYLOOP
          RET

          END
```

五、电路图

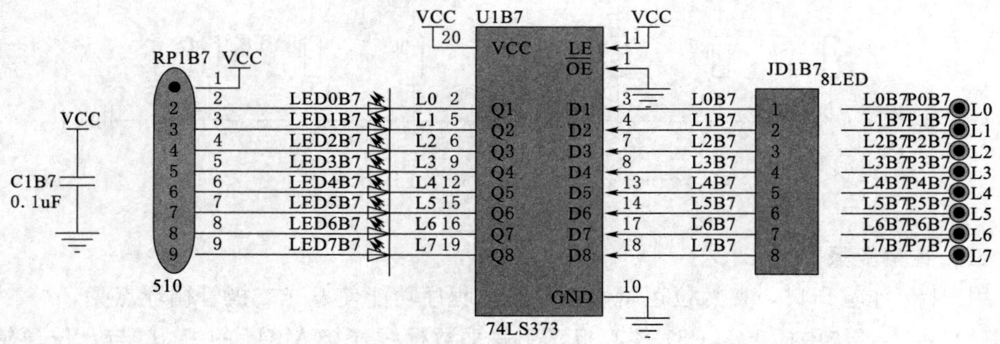

图 9-1-2 子程序设计实验电路图

实验二 数 据 排 序 实 验

一、实验目的

(1) 了解 MCS-51 系列单片机指令系统的操作功能及其使用，以深化对指令的理解，提高初学者对单片机指令系统各指令的运用能力。

(2) 逐步熟悉汇编语言程序设计。

(3) 通过实践积累经验，不断提高编程技巧。

二、实验原理

数据排序程序采用冒泡的算法，即大数下沉、小数上浮的算法，给一组随机数存储在所指定的单元的数列排列，使之成为有序数列。所附参考程序的具体算法是将一个数与后面的每个数相比较，如果前一个数比后面的数大，则进行交换，如此依次操作，将所有的数都比较一遍，则最大的数就排在最后面；然后取第二个数，再进行下一轮比较，找出第二大的数据，将次最大的数放到次高位；如此循环下去，直到该组全部数据按序排列。其余几组数的排序算法同上。

三、实验用具

(1) 硬件部分：该实验为软件实验，不需要设施（除计算机外）。

(2) 软件部分：Wave 系列软件模拟器以及相关的读写软件等。

四、实验步骤

(1) 打开 Wave6000 编程软件模拟器，进入汇编语言的编程环境，新建文件，将编写的数据排序程序输入，确保无误后，以 .asm 为后缀名保存文件。

(2) 启动程序，打开“执行”菜单下面的子菜单“全速执行”等，如发现程序有错，根据指令系统、编程语法和编程要求调试程序，直到程序运行成功；并自动生成以 .bin 为后缀名的执行文件，这样可得到以 .bin、.hex、.lst 等为后缀名的多个文件。

参考程序：设有两组数据，每组 10 个数，已经依次存放在片内 RAM 的 80H～89H、90H～99H 单元。要求每组数均按由小到大的次序排队，排队后放回原存放区域。

设数据区的首地址 50H 已存放在片内 RAM 的 7CH 单元。

```
RG       0030H;
MOV      60H,      #80H;
RANG:    MOV       R2,#02H;
RAN1:    MOV       R3,#09H;
RAN2:    MOV       A,R3;
         MOV       R4,A;
MOV      R0,60H;
RAN3:    MOV       A, @R0;
MOV      R5, A;
INC      R0;
MOV      A, @R0;
CLR      C;
SUBB     A, R5;
JNC      RAN4;
MOV      A, R5;
XCH      A, @R0;
DEC      R0;
MOV      @R0, A;
```

```
INC      R0;
RAN4:    DJNZ        R4, RAN3;
DJNZ     R3, RAN2;
MOV      A, 60H;
ADD      A, #10H;
MOV      60H, A;
DJNZ     R2, RANG;
MOV      60H, #80H;
END
```

五、实验分析及结论

实验运行前，打开数据存储器 DATA，在以首地址为 80H 的共 10 个 RAM 存储单元依次输入 10 个任意十六进制数；同时 90H 及以后的 10 个单元输入 10 个随机数，如图 9-2-1 所示。然后运行程序，得到排序后的运行界面，如图 9-2-2 所示。

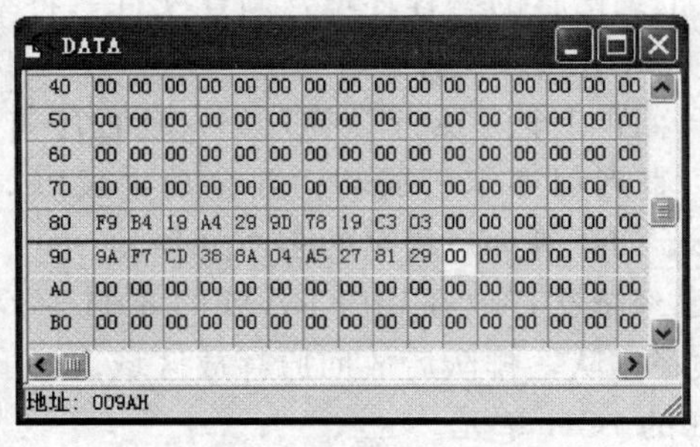

图 9-2-1 需要排序的数据

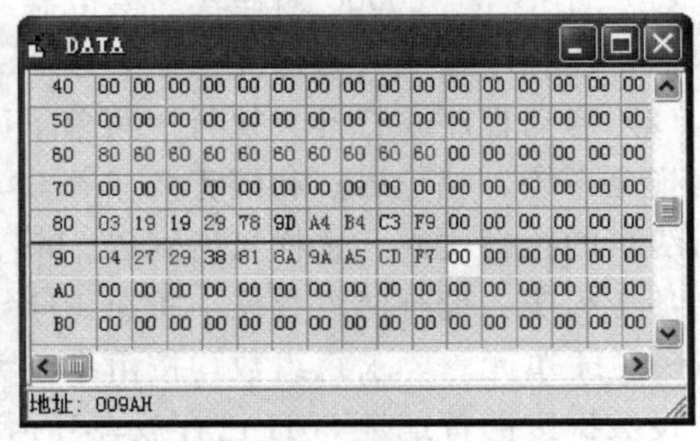

图 9-2-2 排序完成的两组数据

六、注意事项

(1) 保存汇编语言的源程序时，需要以 .asm 为后缀名的文件。

(2) 在关闭运行的 Wave6000 编程软件模拟器之前，需要让程序停止运行才能关闭。

七、讨论与思考

(1) 将一组任意数从大到小排序，如何实现？

(2) 如何对有符号的数进行相关排序？

(3) 手工将源程序译成机器码。

实验三 定时器/计数器实验

一、实验目的

(1) 学习 AT89C51 内部定时器/计数器的初始化方法和各种工作方式的用法。

(2) 进一步掌握定时器/计数器中断处理程序的编写方法。

二、实验原理

AT89C51 单片机定时器内部有两个 16 位的定时器 T0 和 T1，可用于定时或延时控制、对外部事件检测、计数等。定时器和计数器实质上是一样的，“计数”就是对外部输入脉冲的计数；“定时”是通过计数内部脉冲完成的。图 9－3－1 是定时器 Tx（x 为 0 或 1，表示 T0 或 T1）的原理框图，图中的“外部引脚 Tx”是外部输入引脚的标识符，通常将引脚 P3.4、P3.5 用 T0、T1 表示。

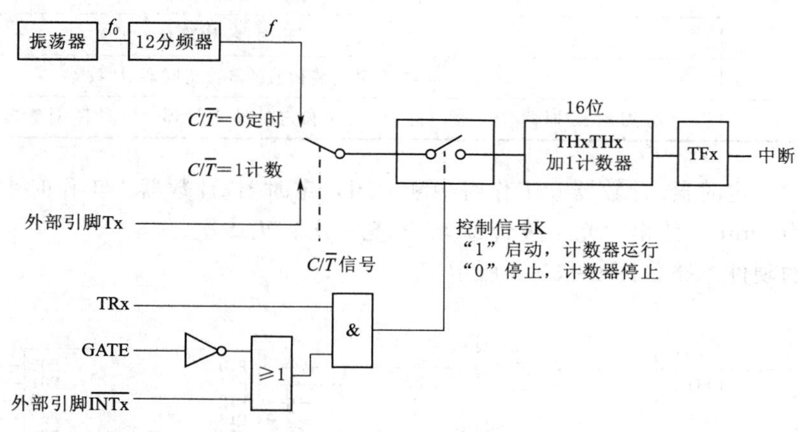

图 9－3－1　定时器/计数器原理框图

当控制信号 $C/\overline{T}=0$ 时，定时器工作在定时方式。加 1 计数器对内部时钟 f 进行计数，直到计数器计满溢出。f 是振荡器时钟频率 f_0 的 12 分频，脉冲周期为一个机器周期，即计数器计数的是机器周期脉冲的个数，以此来实现定时。

当控制信号 $C/\overline{T}=1$ 时，定时器工作在计数方式。加 1 计数器对来自“外部引脚 Tx”的外部信号脉冲计数（下降沿触发）。

控制信号 K 的作用是控制“计数器”的启动和停止。当 GATE＝0 时，K＝TRx，K 不受$\overline{\text{INTx}}$输入电平的影响。若 TRx＝1，允许计数器加 1 计数；若 TRx＝0 计数器停止计数。当 GATE＝1 时，与门的输出由$\overline{\text{INTx}}$输入电平和 TRx 位的状态来确定。仅当 TRx＝1，且引脚＝1 时，才允许计数；否则停止计数。

8051 单片机的定时器主要由几个特殊功能寄存器 TMOD、TCON、TH0、TL0、TH1、TL1 组成。其中，THx 和 TLx 分别用来存放计数器初值的高 8 位和低 8 位，TMOD 用来控制定时器的工作方式，TCON 用来存放中断溢出标志并控制定时器的启停。

TMOD 的地址为 89H，用于设定定时器 T0、T1 的工作方式。无位地址，不能位寻址，只能通过字节指令进行设置。复位时，TMOD 所有位均为“0”。其格式见表 9－3－1。

表 9－3－1　定时器/计数器方式控制寄存器 TMOD

TMOD（89H）	D7	D6	D5	D4	D3	D2	D1	D0
功能	GATE	$C/\overline{T}$	M1	M0	GATE	$C/\overline{T}$	M1	M0
	定时器/计数器 1				定时器/计数器 0			

TMOD 的低 4 位为 T0 的工作方式字段，高 4 位为 T1 的工作方式字段，它们的含义是完全相同的。

M1 和 M0 方式选择位对应关系见表 9-3-2。

表 9-3-2　　定时器/计数器工作方式选择

M1	M0	工　作　方　式
0	0	方式 0：13 位定时器/计数器
0	1	方式 1：16 位定时器/计数器
1	0	方式 2：具有自动重装初值的 8 位定时器/计数器
1	1	方式 3：定时器/计数器 0 分为两个 8 位定时器/计数器，定时器/计数器 1 无意义

本实验中，定时器/计数器 0 工作时中断关闭，定时器/计数器 1 工作时中断开启，使得定时时间为 1min，使得发光二极管每 1min 亮一次、灭 1 次。

本实验的硬件电路如图 9-3-2 所示。

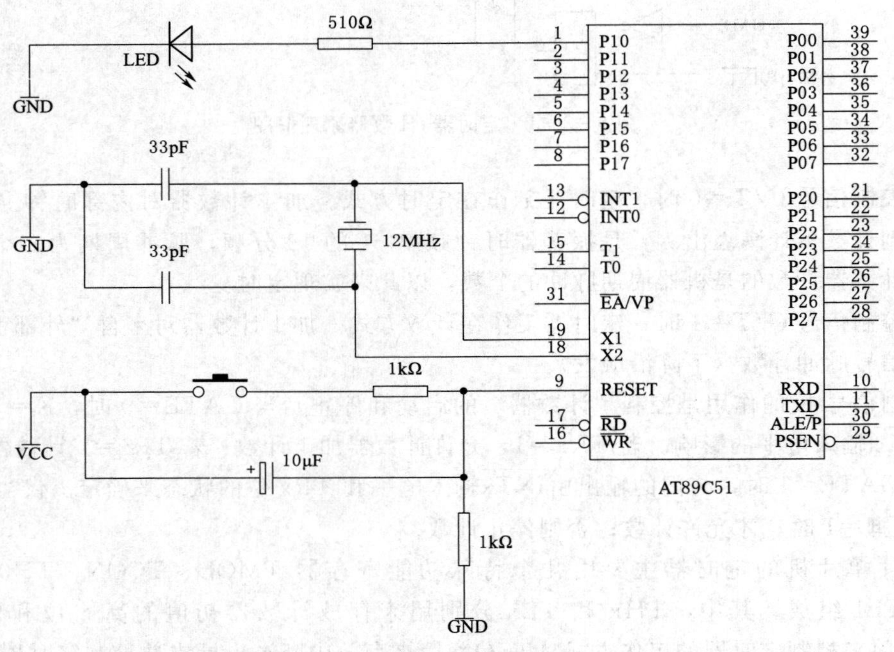

图 9-3-2　定时器实验硬件电路图

三、实验用具

(1) 硬件部分：计算机、KNTMCU-2 型单片机开发实验装置，SP51 仿真器。

(2) 软件部分：Wave 系列软件模拟器以及相关的读写软件等。

四、实验步骤

(1) 打开 Wave6000 编程软件模拟器，进入汇编语言的编程环境，新建文件，将编写的源程序输入，确保无误后，以 .asm 为后缀名保存文件。

(2) 启动程序，打开“执行”菜单下面的子菜单“全速执行”等，如发现程序有错，根据编程语法和编程要求调试程序，直到程序运行成功；并自动生成以 .bin 为后缀名的执行文件。

（3）通过读写软件将执行程序写入仿真器，核对单片机的引脚与指示灯的连接是否正确，检查程序运行效果。

五、参考程序

硬件实验

实验名称：定时器计数器实验

```
ORG       0000H;
LJMP      0030H;
ORG       001BH;
SETB      F0;
RETI;
ORG       0030H;
START:
MOV       TMOD, #51H;
REP:      MOV  TH1, #0E8H;
MOV       TL1, #090H;
MOV       TH0, #0FCH;
MOV       TL0, #18H;
CLR       P3.5;
MOV       IE, #88H;
SETB      TR1;
SETB      TR0;
LOOP:
JNB       TF0, $;
CLR       TF0;
JBC       F0, ELSE;
SETB      P3.5;
MOV       TH0, #0FCH;
MOV       TL0, #18H;
CLR       P3.5;
SJMP      LOOP;
ELSE:
CPL       P1.0;
SJMP      REP;
END
```

六、实验分析及结论

程序运行后，使得 8051 芯片内部的定时器/计数器达到 1s 的定时，在 P1.0 引脚输出周期为 2s 的方波，达到每隔 1s 钟亮、灭一次的控制效果。

七、注意事项

（1）保存汇编语言的源程序时，需要以 .asm 为后缀名。

（2）在关闭运行的 Wave6000 编程软件模拟器之前，需要让程序停止运行才能关闭。

（3）注意发光二极管硬件电路是否形成回路。

八、讨论与思考

（1）定时器/计数器的软中断怎样实现，初始化怎样实现？联系相应的硬件电路进行分析。

（2）定时器/计数器在生产实践中主要用途是什么？

（3）试编写一程序，读出定时器 TH0、TL0 以及 TH1、TL1 的瞬态值。

实验四　模/数转换与数据采集实验

一、实验目的

（1）掌握 A/D 转换的工作原理，掌握单片机与 A/D 转换器的硬件电路及其对应的程序编写。

（2）将外部的模拟信号转换为计算机能够处理的数字信号。

（3）初步具备计算机数据采集系统的开发能力。

二、实验原理

A/D 转换器的功能是将模拟量转化为数字量，一般要经过采样、保持、量化、编码四个步骤。连续的模拟信号经过离散化、量化之后，进行编码，即将量化后的幅值用一个数制代码与之对应，这个数制代码就是 A/D 转换器输出的数字量。A/D 转换器的主要参数有分辨率、转换时间与转换速率、相对精度和量程。

常规的 ADC 转换器为 ADC0809，ADC0809 是 CMOS 工艺的 8 位逐次逼近型 A/D 转换器，它由 8 路模拟量选通开关、地址锁存译码器、8 位 A/D 转换器及三态输出锁存缓冲器构成，如图 9－4－1 所示。

该芯片共有 28 个引脚，主要功能如下：

IN0～IN7：8 路模拟信号输入端。

START：A/D 转换启动信号的输入端，高电平有效。

ALE：地址锁存允许信号输入端，高电平将 A、B、C 三位地址送入内部的地址锁存器。

$V_{REF(+)}$ 和 $V_{REF(-)}$：正、负基准电压输入端。

OE（输出允许信号）：A/D 转换后的数据进入三态输出数据锁存缓冲器，并在 OE 为高电平时由 D0～D7 输出，可由 CPU 读信号和片选信号产生。

EOC：A/D 转换结束信号，高电平有效，可作为 CPU 的中断请求或状态查询信号。

CLK：外部时钟信号输入端，典型值为 640kHz。

VCC：芯片＋5V 电源输入端。

GND：接地端。

A、B、C：8 路模拟开关的 3 位地址选通输入端，用于选择 IN0～IN7 的输入通道。

ADC0809 与 8051 单片机的硬件接口最常用的有查询方式和中断方式两种。具体选用

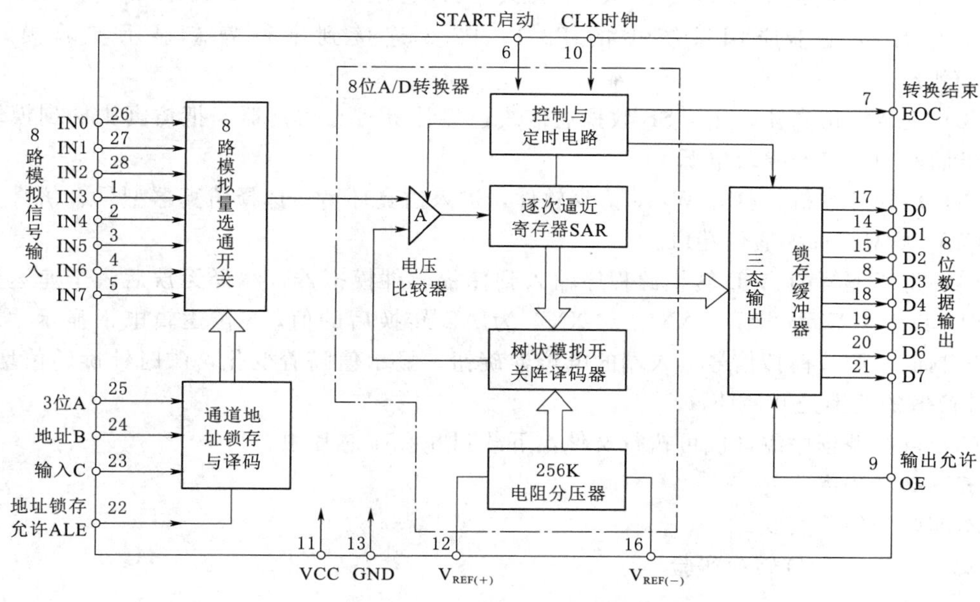

图 9-4-1　ADC0809 内部结构框图

何种工作方式，应根据实际应用系统的具体情况进行选择。查询方式的硬件接口电路如图 9-4-2 所示。

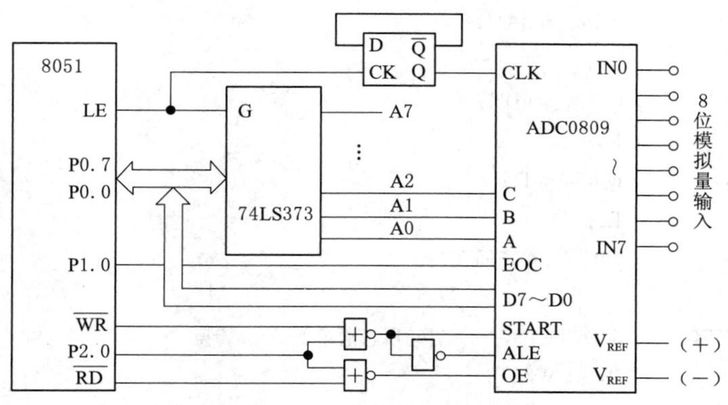

图 9-4-2　ADC0809 通过查询方式与 8051 的接口

三、实验用具

（1）硬件部分：计算机，KNTMCU-2 型单片机开发实验装置，SP51 仿真器，A/D 转换 ADC0809 一块。

（2）软件部分：Wave 系列软件模拟器以及相关的读写软件等。

四、实验步骤

（1）单片机最小应用系统 1 的 P0 口接 A/D 转换的 D0～D7 口，单片机最小应用系统 1 的 Q0～Q7 口接 ADC0809 的 A0～A7 口，单片机最小应用系统 1 的 WR、RD、P2.0、

ALE、INT1 分别接 A/D 转换的 WR、RD、P2.0、CLK、INT1，A/D 转换的 IN 接入 +5V，单片机最小应用系统 1 的 P2.1、P2.2 连接到串行静态显示实验模块的 DIN、CLK。

（2）安装好仿真器，用 USB 数据通信线连接计算机与仿真器，把仿真头插到模块的单片机插座中，打开模块电源。

（3）启动计算机，打开 Wave 仿真软件，进入仿真环境。选择仿真器型号、仿真头型号、CPU 类型；选择通信端口。

（4）将所编写的 A/D 转换源程序输入到伟福软件模拟器，编译无误后，全速运行程序，5LED 静态显示“AD　XX”，“XX”为 AD 转换后的值，8 位逻辑电平显示“XX”的二进制值，调节模拟信号输入端的电位器旋钮，显示值随着变化，顺时针旋转值增大，AD 转换值的范围是 0～FFH。

（5）可把源程序编译成可执行文件，下载到 89C51 芯片中。

五、参考程序

本实验为硬件实验。

实验名称：A/D 转换实验

```
        DBUF0   EQU  30H;
        TEMP    EQU  40H;

        ORG     0000H
START:  MOV     R0，#DBUF0;
        MOV     @R0，#0AH;
        INC     R0;
        MOV     @R0，#0DH;
        INC     R0;
        MOV     @R0，#11H;
        INC     R0;
        MOV     DPTR，#0FEF3H;
        MOV     A，#0;
        MOVX    @DPTR，A;      启动所选通道的 A/D 转换
WAIT:   JNB     P1.0，WAIT;
        MOVX    A，@DPTR;      从 ADC0809 读得转换后的数值量
        MOV     P1，A;

        MOV     B，A;
        SWAP    A;
        ANL     A，#0FH;
        XCH     A，@R0;

        INC     R0;
        MOV     A，B;
```

```
        ANL     A, #0FH;
        XCH     A, @R0;
        ACALL   DISP1;
        ACALL   DELAY;
        AJMP    START;

DISP1:
        MOV     R0, #DBUF0;
        MOV     R1, #TEMP;
        MOV     R2, #5;
DP10:   MOV     DPTR, #SEGTAB;
        MOV     A, @R0;
        MOVC    A, @A+DPTR;
        MOV     @R1, A;
        INC     R0;
        INC     R1;
        DJNZ    R2, DP10;
        MOV     R0, #TEMP;
        MOV     R1, #5;
DP12:   MOV     R2, #8;
        MOV     A, @R0;
DP13:   RLC     A;
        MOV     P2.1, C;
        CLR     P2.2;
        SETB    P2.2;
        DJNZ    R2, DP13;
        INC     R0;
        DJNZ    R1, DP12;
        RET;

SEGTAB:
        DB      3FH,6, 5BH,4FH,66H,6DH ;
        DB      7DH,7, 7FH,6FH,77H,7CH ;
        DB      58H,5EH,79H,71H,0,00H ;
DELAY:  MOV     R4,#0FFH;
AA1:    MOV     R5,#0FFH;
AA:     NOP;
        NOP;
        DJNZ    R5, AA;
        DJNZ    R4,AA1;
        RET;
        END
```

六、实验分析

实验时，当 A/D 转换完成，EOC 的输出信号变为高电平，通过查询，从 ADC0809 芯片中读取所得到的数字信号，则外部的模拟信号被采集到系统里来，并显示所采集的数据。另外也可打开 RAM 存储器，找到以 30H 为首地址的单元，看所采集的信号为多少。

七、注意事项

(1) 通过改变模拟量的大小，得出模拟信号与数字信号之间的变换关系。

(2) 注意模拟信号与单片机双机接口之间的电平匹配。

(3) 根据测量要求，选择相应的分辨率与转换速度的 A/D 芯片，以及转换的路数。

八、讨论与思考

(1) 如果需要提高采样的响应速度，如何处理？如何提高系统采样的准确度？

(2) 根据检测要求，设计相应的硬件接口电路。

(3) ADC0809 的分辨率是多少？转换时间是多少？

(4) 试采用中断的方式完成 A/ D 转换的硬件电路并编写 A/D 转换的程序。

实验五　外部中断实验

一、实验目的

(1) 掌握外部中断技术的基本使用方法。

(2) 掌握中断处理程序的编写方法。

二、实验原理

1. 外部中断的初始化设置

共有三项内容：①中断总允许，即 EA＝1；②外部中断允许，即 EXi＝1（i＝0 或 1）；③中断方式设置。中断方式设置一般有电平方式和脉冲方式两种，本实验选用后者，其前一次为高电平后一次为低电平时为有效中断请求。因此高电平状态和低电平状态至少维持一个周期，中断请求信号由引脚 $\overline{\text{INT0}}$（P3.2）和 $\overline{\text{INT1}}$（P3.3）引入，本实验由 $\overline{\text{INT0}}$（P3.2）引入。

2. 中断服务的关键

(1) 保护进入中断时的状态。堆栈有使用 PUSH 指令保护断点和保护现场的功能，在转中断服务程序之前把单片机中有关寄存单元的内容保护起来。

(2) 必须在中断服务程序中设定是否允许中断重入，即设置 EX0 位。

(3) 用 POP 指令恢复中断时的现场。

3. 中断控制原理

中断控制是提供给用户使用的中断控制手段。实际上就是控制一些寄存器，51 系列用于此目的的控制寄存器有 TCON、IE、SCON 及 IP 四个。

4. 中断响应的过程

首先中断采样，然后中断查询，最后中断响应。采样是中断处理的第一步，对于本实验的脉冲方式的中断请求，若在两个相邻周期采样，先高电平后低电平则中断请求有效，IE0 或 IE1 置“1”；否则继续为“0”。所谓查询就是由 CPU 测试 TCON 和 SCON 中各标志位的状态以确定有没有中断请求发生以及是哪一个中断请求。中断响应就是对中断请求的接受，是在中断查询之后进行的，当查询到有效的中断请求后就响应一次中断。

INT0 端接单次脉冲发生器。P1.0 接 LED 灯，以查看信号反转。

三、实验步骤

(1) 最小系统中插上 80C51 核心板，用导线连接 MCU 的 P1.0 到八位逻辑电平显示的 L0 发光二极管处，P3.2 接单次脉冲电路的输出端（绿色防转座）。

(2) 用串行数据通信线、USB 线连接计算机与仿真器，把仿真器插到模块的锁紧插座中，请注意仿真器缺口朝上。

(3) 打开 WV 仿真软件中“中断”文件夹下的“中断.Uv2”实验的项目文件，对源程序进行编译，直到编译无误。

(4) 全速运行程序，按一次单次脉冲的按钮灯取反一次。

四、源程序

```
LED          BIT       P1.00
LEDBUF       BIT       0
             ORG       0000H
             AJMP      START
             ORG       0003H
             LJMP      INTERRUPT
             ORG       0030H
INTERRUPT:
             PUSH      PSW
             CPL       LEDBUF
             MOV       C,LEDBUF
             MOV       LED,C
             POP       PSW
             RETI
START:
             CLR       LEDBUF
             CLR       LED
             MOV       TCON,#01H
             MOV       IE,#81H
             LJMP      $
```

实验六　直流电动机控制实验

一、实验目的

(1) 学习用 PWM 输出模拟量驱动直流电机。

（2）熟悉直流电动机的工作特性。

二、实验原理

PWM是单片机上常用的模拟量输出方法，用占空比不同的脉冲驱动直流电机转动，从而得到不同的转速。程序中通过调整输出脉冲的占空比来调节直流电机的转速。

使用光电测速元件测速，当它与圆盘上的空位靠近时，光电测速元件输出低电平；反之，光电测速元件输出高电平。圆盘转动一周时则产生12个脉冲，直流电机转动时，光电元件输出连续的脉冲信号，单片机记录其脉冲信号，就可以测出直流电机的转速。另外增加显示电路，可把电机的转速显示出来。

本实验使用6V直流电机。运行速度设置为40r/s，经过若干秒后，直流电机转速慢慢下降到运行速度，以设定的速度运行。

三、实验步骤

（1）最小系统中插上80C51核心板，把7279阵列式键盘的JT9短路帽打在上方VCC处，用8P排线将JD16、JD17分别接八位动态数码显示的JD1、JD2；MCU最小系统的P1.6、P1.7、P2.7分别接7279键盘的CLK、DATA、CS。

（2）MCU最小系统的P1.0、P3.2分别接直流电机V-DCmotor、Pulseout。

（3）用串行数据通信线、USB线连接计算机与仿真器，把仿真器插到模块的锁紧插座中，请注意仿真器缺口朝上。

（4）打开Keil uVision2仿真软件中“DC Motor”文件夹下的“DC Motor.Uv2”实验的项目文件，对源程序进行编译，直到编译无误。

（5）全速运行程序直流电机旋转，第三个数码显示P，最后两位显示电机转速。观察直流电机转速，若干秒后，直流电机转速慢慢下降到以程序设定的速度运行（程序设定为40r/s左右）。

四、源程序

```
OUTPUT  Bit     P1.3
        ORG     0000H
        AJMP    LOOP
        ORG     0030H
LOOP:
        CLR     OUTPUT
        MOV     A,#4H
        CALL    Delay
        SETB    OUTPUT
        MOV     A,#6H
        CALL    DELAY
        LJMP    LOOP
DELAY:
        MOV     R0,#2H
DLOOP1:
        DJNZ    R0,DLOOP2
```

```
DLOOP2:
        DJNZ    ACC,DLOOP1
        RET

        END
```

五、实验电路图

直流电流控制实验电路如图 9-6-1 所示。

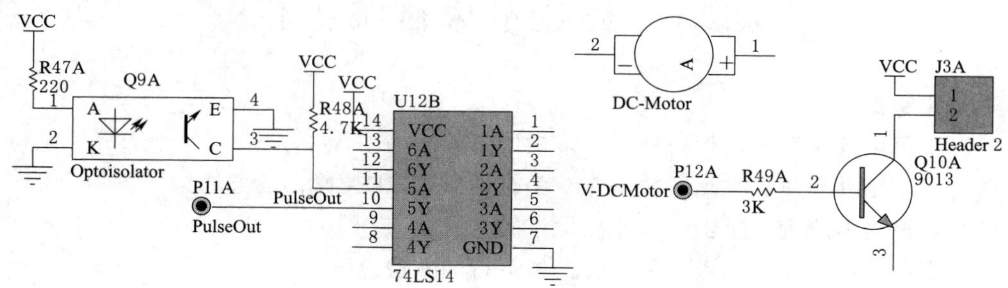

图 9-6-1　直流电流控制实验电路

第十章　数 控 机 床 与 编 程

实验一　数 控 车 床 面 板 操 作

一、实验目的

(1) 了解数控车床的面板功能及基本操作步骤。

(2) 了解手动操作、手动增量操作、手轮操作、MDA 操作的方法。

(3) 掌握对刀原理及步骤编程原点设定的方法。

(4) 掌握数控程序的输入、编辑、模拟运行的方法。

二、实验仪器与设备

(1) 配备西门子（SINUMERIK）802C 数控系统的 CK0638 卧式车床一台。

(2) 尼龙棒一根（长 150～200mm，直径 26mm）。

(3) 深度游标卡尺、游标卡尺、外径千分尺各一把。

(4) 外圆车刀、螺纹车刀、切断刀各一把。

三、实验原理

CK0638 数控车床的操作。西门子 802C 数控系统操作面板如图 10－1－1 所示，各按键功能见表 10－1－1。

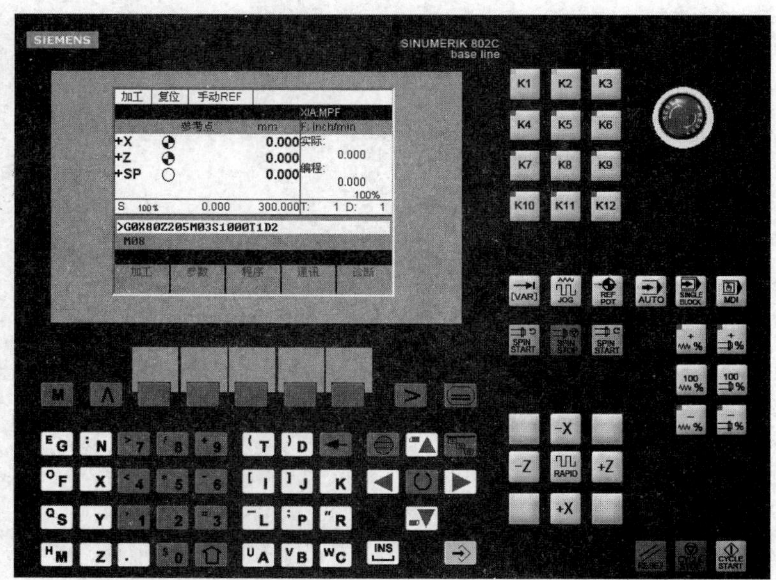

图 10－1－1　操作面板

表 10-1-1　各按键功能

按　键	功　能	按　键	功　能
NC 键盘区（左侧）			
	软键		垂直菜单键
M	加工显示键	ALARM CANCEL	报警应答键
∧	返回键	SELECT	选择/转换键
>	菜单扩展键	INPUT	回车/输入键
	区域转换键	SHIFT	上挡键
	光标向上键 上挡：向上翻页键		光标向下键 上挡：向下翻页键
	光标向左键		光标向右键
BACKSPACE	删除键（退格键）	INSERT	空格键（插入键）
0 … 9	数字键 上挡键转换对应字符	U … Z	字母键 上挡键转换对应字符
机床控制面板区域（右侧）			
RESET	复位键		主轴反转
	程序停止键		主轴停
	程序启动键	Rapid	快速运行叠加
K1 … K12	用户定义键，带 LED	+X　-X	X 轴点动
	用户定义键，不带 LED	+Z　-Z	Z 轴点动
[VAR]	增量选择键	+ %	轴进给正，带 LED
JOG	点动键	100 %	轴进给 100%，不带 LED
REF POINT	回参考点键	- %	轴进给负，带 LED
AUTO	自动方式键	+ %	主轴进给正，带 LED

续表

按　键	功　能	按　键	功　能
	单段运行键		主轴进给 100%不带 LED
	手动数据键		主轴进给负，带 LED
	主轴正转		

四、实验步骤

(1) 开机回参考点。

(2) 接通 CNC 和机床电源系统启动以后按 REF POT 键进入回参考点功能。

(3) 按住＋X 按钮进行 X 方向回零，直至屏幕＋X 后显示 ，表示 X 方向回零完成。

(4) 按住＋Z 按钮进行 Z 方向回零，直至屏幕＋Z 后显示 ，表示 Z 方向回零完成。

(5) 回零完成后，＋X、＋Z 后的机床坐标均被置零。

(6) 装夹加工所需刀具及加工棒料，注意棒料的装夹长度应满足加工要求。

(7) 手动试切对刀，先对 X 轴，再对 Z 轴，完成后正确设定刀具补偿参数。

(8) 按照上述步骤完成全部加工所用刀具的对刀。

五、实验分析与结论

分析对刀误差产生的原因并提出改进方案。

六、讨论与思考

(1) 说明数控机床基本操作步骤。

(2) 试述对刀的基本原理，举出几种不同的对刀方法。

(3) 记录对刀数据，比较系统自动生成的刀偏值是否和计算出来的一致。

实验二　数控车床复杂零件编程及加工

一、实验目的

(1) 了解数控车床自动加工的基本操作步骤。

(2) 了解典型零件的数控车削加工工艺。

(3) 掌握直线、圆弧、螺纹、复合循环、刀具补偿等编程指令的用法。

(4) 掌握对指定零件数控编程、输入数控车床并进行自动加工的方法。

二、实验仪器与设备

(1) 配备西门子 802C 数控系统的 CK0638 卧式车床一台。

(2) 尼龙棒一根（长 150～200mm，直径 26mm）。

(3) 深度游标卡尺、游标卡尺、外径千分尺各一把。

(4) 外圆车刀、螺纹车刀、切断刀各一把。

三、实验原理

对给出零件图纸（图 10－2－1）进行工艺分析并完成数控程序编制。

四、实验步骤

（1）分析零件图纸和工艺要求。

（2）设定编程坐标系，规划加工路线，选择加工刀具。

（3）完成该零件的程序编制并仔细检查有无错误。

（4）机床通电，完成回零操作。

（5）编制数控程序，检查后认真输入数控系统。

（6）安装棒料，完成对刀操作，正确设定坐标数据及刀具补偿参数。

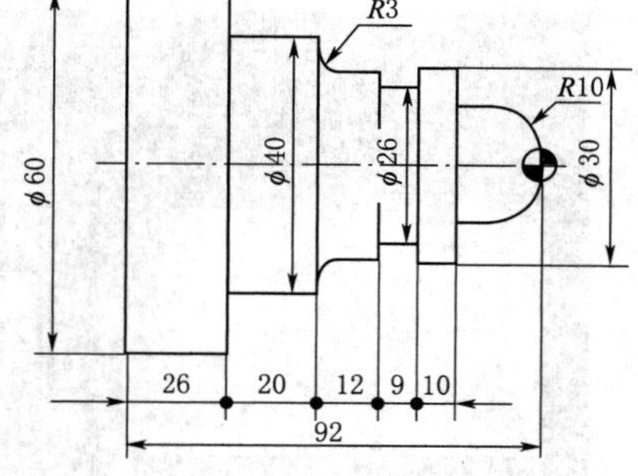

图 10－2－1　零件图纸

（7）进行模拟加工，检查程序有无错误。

（8）检查无误后，使用自动加工功能完成零件的加工。

（9）测量最终加工的零件是否合格并分析误差原因。

五、实验分析

对加工零件的工艺路线进行分析并提出优化方案。

六、讨论与思考

（1）分析复合循环指令适合加工的零件范围。

（2）试述数控车床加工该零件的主要工艺流程。

（3）数控车床加工螺纹和普通车床加工螺纹有何不同？

实验三　数控铣床复杂零件编程及加工

一、实验目的

（1）掌握数控铣床加工中的基本操作技能。

（2）掌握开关机步骤及坐标轴回参考点的操作方法。

（3）掌握数控铣床刀具的装卸。

（4）熟练掌握手动运行的各种方法及运行状态的数据设定方法。

（5）熟练掌握 MDA 运行方式。

（6）掌握辅助指令、主轴指令及相关 G 代码准备功能指令的使用。

二、实验仪器与设备

（1）配备西门子 802D 数控系统的 XK713 数控铣床一台。

（2）方形毛坯一块（规格根据所加工零件定）。

（3）游标卡尺、塞尺各一把、标准棒芯一根。

（4）立铣刀一把。

三、实验原理

XK713 数控铣床面板如图 10－3－1 和图 10－3－2 所示。

机床操作面板位于窗口的右侧，主要用于控制机床的运动和选择机床运行状态，由模式选择按钮、数控程序运行控制开关等多个部分组成，每一部分的详细说明见表 10-3-1。

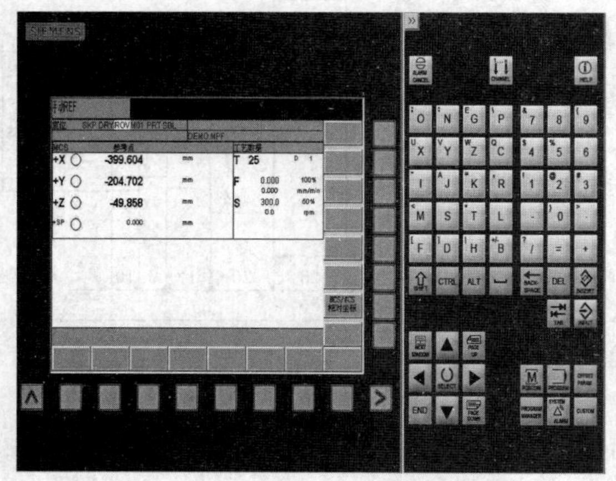

图 10-3-1 XK713 数控铣床数控面板

图 10-3-2 XK713 数控铣床铣床面板

表 10-3-1　XK713 数控铣床面板按键功能

按 键	功 能	按 键	功 能
MDA	MDA 直接通过操作面板输入数控程序和编辑程序	Auto	AUTO 进入自动加工模式
Jog	JOG 手动模式，手动连续移动各轴	Ref Pot	REF 回参考点模式
[VAR]	VAR 增量选择	SingleBlo	SINGL 自动加工模式中，单步运行
SpinStar	SPINSTAR 主轴正转	SpinStar	SPINSTAR 主轴反转
SpinStop	SPINSTP 主轴停止	Reset	RESET 复位键
CycleStar	CYCLESTAR 循环启动	CycleStop	CYCLESTOP 循环停止
Rapid	RAPID 快速移动	SELECT	选择/转换键（当光标后有 U 时使用）
+Z -Y +X Rapid -X +Y -Z	方向键：选择要移动的轴。		紧急停止旋钮
	主轴速度调节旋钮		进给速度（F）调节旋钮
	返回键		菜单扩展键
ALARM CANCEL	报警应答键	CHANNEL	通道转换键

续表

按　键	功　能	按　键	功　能
HELP	信息键	SHIFT	上挡键
CTRL	控制键	ALT	ALT 键
⎵	空格键	BACKSPACE	删除键（退格键）
DEL	删除键	INSERT	插入键
TAB	制表键	INPUT	回车/输入键
M POSITION	加工操作区域键	PROGRAM	程序操作区域键
OFFSET PARAM	参数操作区域键	PROGRAM MANAGER	程序管理操作区域键
SYSTEM ALARM	报警/系统操作区域键	NEXT WINDOW	未使用
PAGE UP　PAGE DOWN	翻页键	▲ ▼ ◀ ▶	光标键
0　9	数字键，上挡键转换对应字符	J　Z	字母键，上挡键转换对应字符

四、实验步骤

（1）分析零件图纸和工艺要求。

（2）设定编程坐标系，规划加工路线，选择合理加工刀具。

（3）完成该零件的程序编制并仔细检查有无错误。

（4）机床通电、完成回零操作。

（5）将编制检查好的数控程序认真输入数控系统。

（6）安装棒料，完成对刀操作，正确设定坐标数据及刀具补偿参数。

（7）进行模拟加工，检查程序有无错误。

（8）检查无误后，使用自动加工功能完成零件的加工。

（9）测量最终加工的零件是否合格并分析误差原因。

要求加工图 10－3－3 所示零件，毛坯为 100mm×100mm×25mm 的方料，工件材料为 45 钢，刀具为 ϕ10mm 立铣刀。要求通过数控铣削去除多余材料，切削路线自行拟定，切削用量请根据实际情况进行合理选择。

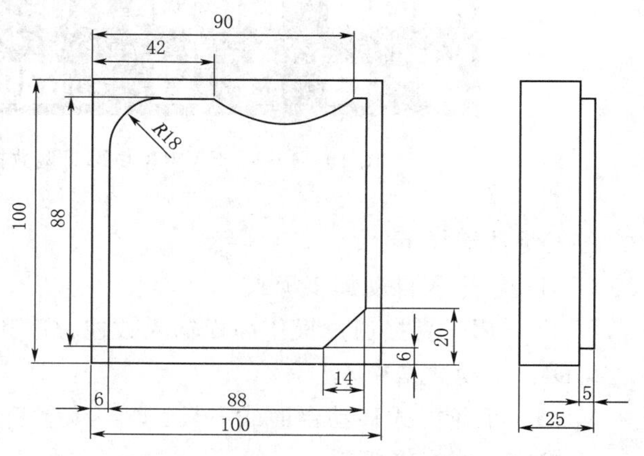

图 10－3－3　平面外轮廓铣削加工

五、实验分析与结论

对加工零件的工艺路线进行分析并提出优化方案。

六、实验报告

(1) 讨论带有刀具半径补偿的数控铣床加工程序的编制要点。

(2) 分析批量生产时如果刀具磨损后如何进行正确的补偿修正?

实验四　加工中心复杂零件的编程及加工

一、实验目的

(1) 了解加工中心的面板操作、对刀及编程原点设定方法。

(2) 了解典型零件的数控铣削加工工艺。

(3) 掌握直线、圆弧、螺纹、复合循环、刀偏及半径补偿等编程指令的用法。

(4) 掌握对指定零件数控编程、输入加工中心并进行自动加工的方法。

(5) 掌握加工中心换刀编程方法及刀具补偿设定方法。

二、实验仪器与设备

(1) 配备 FANUC MDⅡ型数控系统的 TH7640 加工中心一台。

(2) 毛坯一块(大小由零件尺寸决定)。

(3) 游标卡尺、塞尺各一把,标准棒芯一根(或寻边器、Z 轴设定器各一个)。

(4) 立铣刀、钻头各一把。

三、实验原理

FANUC MDⅡ型数控系统机床操作面板如图 10-4-1 所示。

图 10-4-1　FANUC MDⅡ型数控系统机床操作面板

各按键功能如下:

AUTO:进入自动加工模式。

EDIT:用于直接通过操作面板输入数控程序和编辑程序。

MDI:手动数据输入。

MPG:手轮方式移动台面或刀具。

HOME:回参考点。

JOG：手动方式，手动连续移动台面或者刀具。

JOG INC：手动脉冲方式。

MPG：快速手轮方式。

数控程序运行控制开关：程序运行启动，模式选择旋钮在“AUTO”和“MDI”位置时按下有效，其余时间按下无效。程序运行停止，在程序运行中，按下此按钮停止程序运行。程序运行 M00 停止。

机床主轴手动控制开关：手动开机床主轴正转，手动开机床主轴反转，手动停转主轴。

手动移动机床台面按钮

：铣床移动按钮。

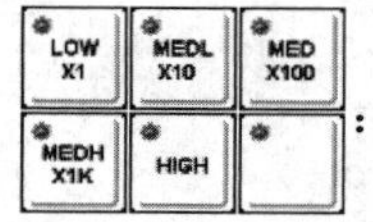

：增量进给倍率选择按钮。选择移动机床轴时每次按下铣床移动按钮所对应的距离：×1 为 0.001mm，×10 为 0.01mm，×100 为 0.1mm，×1K 为 1mm。

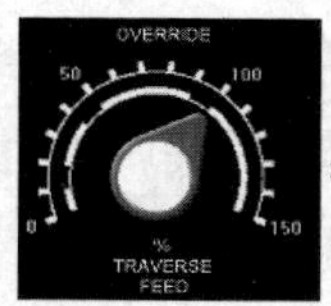

：进给速度（F）调节旋钮。调节程序运行中的进给速度，调节范围为 0～150%。主轴速度调节按钮：用来调节主轴速度，速度调节范围为 0～120%。

如图 10－4－2 所示手摇脉冲发生器（简称手轮）的具体使用方法为：先通过左边旋钮选择所需要的运动轴，再通过右边旋钮选择合适的倍率，手轮顺时针转时机床往坐标轴正方向移动，手轮逆时针转时机床往坐标轴负方向移动，手轮使用完毕左边旋钮及时置于 OFF 状态。

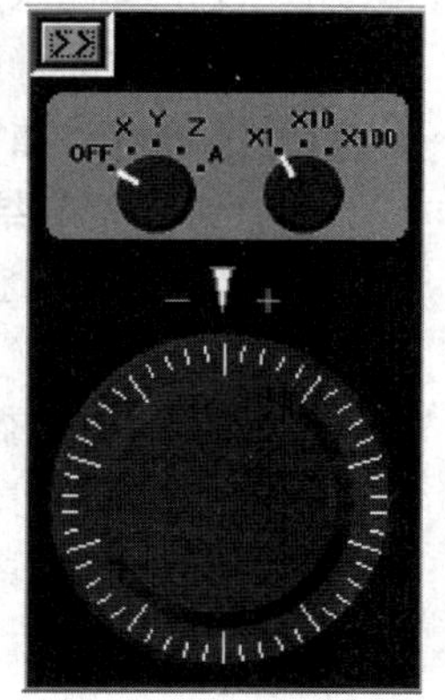

图 10－4－2　手摇脉冲发生器

机床锁定开关：置于“ON”位置，程序运行，机床各轴不运动。

机床空转：置于“ON”位置，各轴以固定的速度运动。

四、实验步骤

复杂零件外形轮廓如图 10－4－3 所示。

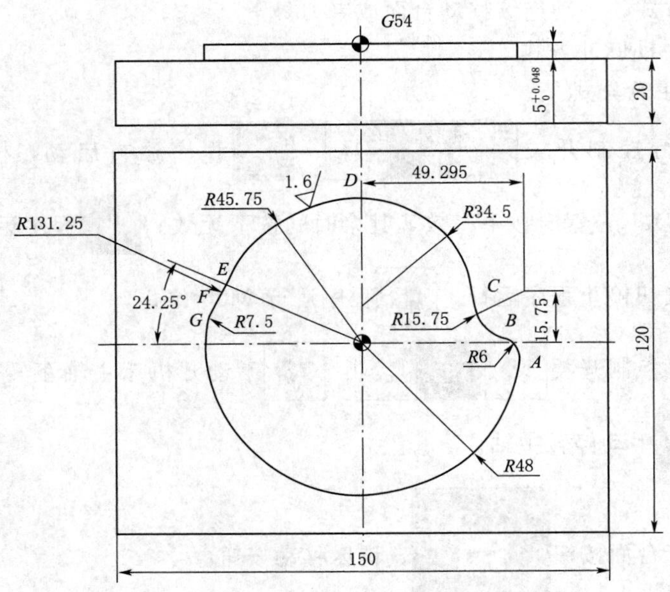

图 10-4-3 复杂外形轮廓铣削加工

(1) 打开电源启动系统并打开程序保护钥匙。

(2) 进行回零操作。

(3) 安装毛坯并进行找正。

(4) 对指定的零件进行工艺分析、数值计算，并按加工中心指令格式编程。

(5) 在计算机中输入要求的加工程序并按要求对加工程序进行修改、编辑。

(6) 用数据线将计算机与数控机床相连。

(7) 启动计算机传输程序。

(8) 将程序从计算机传输到数控机床。

(9) 装刀并设定刀具补偿。

(10) 设定编程原点。

(11) 加工前进行图形模拟显示。

(12) 进行自动加工，并测量所加工的零件，进行误差分析。

五、实验分析与结论

对加工零件的工艺路线进行分析并提出优化方案。

六、讨论与思考

(1) 针对比较复杂的零件如何简化数值计算过程?

(2) 加工中心刀具半径补偿用在什么场合?

(3) 加工中心刀具长度补偿是如何设置的，有几种方法?

第十一章　可编程序控制器设计

实验一　基本指令的编程练习

一、实验目的

(1) 熟悉 PLC 装置。

(2) 熟悉 PLC 及实验系统的接线及操作。

(3) 掌握与、或、非逻辑功能的编程方法。

二、实验原理

调用 PLC 基本指令，可以实现“与”“或”“非”等逻辑功能。

三、实验设备

主要仪器设备有 KNTFX－1 型可编程控制器、YTMSL－1A 网络型可编程控制器实训装置、电脑，以及相关软件。

四、实验方法

利用 YTMSL－1A 网络型可编程控制器实训装置自带的开关模块（输入）、指示灯模块（输出）完成本实验。基本指令编程练习的 PLC 外部接线如图 11－1－1 所示。

图 11－1－1 中的接线，左边输入部分与开关模块接线，右边输出部分与指示灯模块接线，通过防转座插锁紧线与 PLC 的主机相应的输入输出插孔相接。Xi 为输入点，Yi 为输出点。

开关模块任选 2 个开关（如 S0、S1）接 PLC 主机输入端，注意 COM 端接 DC 电源负极 (GND)，用于模拟开关量的输入。指示灯模块的 LED 指示灯对应接 PLC 主机输出端，用于模拟输出负载的通与断。

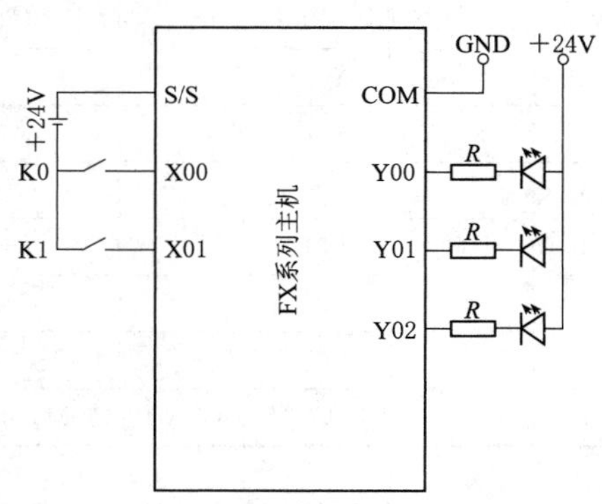

图 11－1－1　基本指令编程练习的 PLC 外部接线图

五、实验步骤

与、或、非逻辑功能实验步骤如下：

(1) 通过专用电缆连接 PC 与 PLC 主机，将 PLC 主机上的 STOP/RUN 按钮拨到 STOP 位置。接通电源，打开编程软件，逐条输入程序（图 11－1－2 梯形图参考程序），检查无误并把其下载到 PLC 主机。

(2) 关闭 PLC 主机电源，根据梯形图程序对 PLC 的输入、输出接线。S0、S1 为输入按键，接 PLC 主机输入端，用于模拟开关量的输入。L1、L2、L3、L4 的 LED 指示灯接 PLC 主机输出端，用于模拟输出负载的通与断。

0 X000 X001 (Y000)
3 X000 X001 (Y001)
6 X000 X001 (Y002)
9 X000 X001 (Y003)
12 [END]

图 11-1-2　梯形图参考程序（一）

参考输入/输出接线列表（对应梯形图参考程序）：

输入接线	X000	X001
	S0	S1

输出接线	Y0	Y1	Y2	Y3
	L0	L1	L2	L3

I/O 端口分配功能见表 11-1-1。

表 11-1-1　　I/O 端口分配功能

序号	PLC 地址（PLC 端子）	电气符号（面板端子）	功能说明
1	X00	S0	点动触点 01
2	X01	S1	点动触点 02
3	Y00	L0	“与”逻辑输出指示
4	Y01	L1	“或”逻辑输出指示
5	Y02	L2	“非”逻辑输出指示
6	Y03	L3	“或非”逻辑输出指示
7	主机 COM0、COM1、COM2 等接电源 GND		电源端

（3）检查全部接线，无误后接通 PLC 主机电源，将主机上的 STOP/RUN 按钮拨到 RUN 位置，运行指示灯点亮，表明程序开始运行，有关指示灯将显示运行结果。

（4）通断点动按钮 S0、S1，观察、记录、分析过程及 PLC 输出端 Y1、Y2、Y3、Y4 和输出指示灯 L1、L2、L3、L4 是否符合与、或、非逻辑的正确结果。

六、实验分析及结论

（1）编写程序。

（2）观察、记录、分析实验过程及结果。

（3）得出结论。

七、注意事项

检查全部接线，无误后才接通 PLC 主机电源。

实验二　定时器、计数器实验

一、实验目的

（1）熟悉 PLC 装置。

（2）熟悉 PLC 及实验系统的接线及操作。

（3）认识定时器，掌握针对定时器的正确编程方法。

（4）认识计数器，掌握针对计数器的正确编程方法。

二、实验原理

（1）定时器的工作原理是：经过计时器触点延时动作，然后产生控制作用。其控制作用同一般时间继电器。

（2）计数器的工作原理是：计数器对脉冲信号进行计数，当计数值等于设定值时，其触点延时动作，然后产生控制作用。

三、实验设备

主要仪器设备有 KNTFX－1 型可编程控制器、YTMSL－1A 网络型可编程控制器实训装置、计算机，以及相关软件。

四、实验方法

利用 YTMSL－1A 网络型可编程控制器实训装置自带的开关模块（输入）、指示灯模块（输出）完成本实验。基本指令编程练习的 PLC 外部接线如图 11－2－1 所示。

上图中的接线，左边输入部分与开关模块接线，右边输出部分与指示灯模块接线，通过防转座插锁紧线与 PLC 的主机相应的输入输出插孔相接。Xi 为输入点，Yi 为输出点。

开关模块任选 2 个开关（如 S0、S1）接 PLC 主机输入端，注意 COM 端接 DC 电源负极(GND)，用于模拟开关量的输入。指示灯模块的 LED 指示灯，对应接 PLC 主机输出端，用于模拟输出负载的通与断。

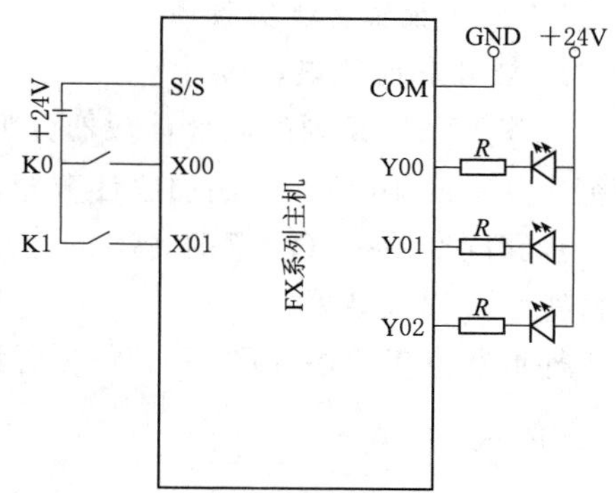

图 11－2－1　基本指令编程练习的 PLC 外部接线图

五、实验步骤

（一）定时器功能实验

1. 定时器的认识实验

步骤同实验一（注意两者不同之处，输入端建议接 K0，输出端建议接 L0，参考上述接线）。观察、记录、分析实验过程及结果。

梯形图参考程序如图 11－2－2 所示。

2. 定时器扩展实验

由于 PLC 的定时器都有一定的定时范围，如果需要的设定值超过机器范围，可以通

图 11-2-2　梯形图参考程序（二）

过几个定时器的串联组合来扩充设定值的范围。

步骤同实验一（注意两者不同之处，输入端建议接 K0，输出端建议接 L0，参考上述接线）。观察、记录、分析实验过程及结果。

梯形图参考程序如图 11-2-3 所示。

0 X000 —(T0 K50)
4 T0 —(T1 K30)
8 T1 —(Y000)
10 —[END]

图 11-2-3　梯形图参考程序（三）

（二）计数器功能实验

1. 计数器的认识实验

三菱 FX3U 系列的内部计数器分为 16 位二进制加法计数器和 32 位增计数/减计数器两种。其中的 16 位二进制加法计数器，其设定值在 K1～K32767 范围内有效。

步骤同实验一（注意两者不同之处，输入端与输出端参考上述接线）。观察、记录、分析实验过程及结果。

梯形图参考程序如图 11-2-4 所示。

图 11-2-4　梯形图参考程序（四）

这是一个由定时器 T0 和计数器 C0 组成的组合电路。T0 形成一个设定值为 1s 的自复位定时器，当 X000 接通，T0 线圈得电，经延时 1s，T0 的常闭接点断开，T0 定时器断开复位，待下一次扫描时，T0 的常闭接点才闭合，T0 线圈又重新得电。即 T0 接点每接通一次，每次接通时间为一个扫描周期。计数器对这个脉冲信号进行计数，计数到 10 次，C0 常开接点闭合，使 Y0 线圈接通。从 X10 接通到 Y0 有输出，延时时间为定时器和计数器设定值的乘积：$T_{总}=T0\times C0=1\times 10=10s$。

2. 计数器扩展实验

由于 PLC 的计数器都有一定的定时范围，如果需要的设定值超过机器范围，可以通过几个计数器的串联组合来扩充设定值的范围。

步骤同实验一（注意两者不同之处，输入端与输出端参考上述接线）。观察、记录、分析实验过程及结果。

梯形图参考程序如图 11-2-5 所示。

图 11-2-5　梯形图参考程序（五）

此实验中，总的计数值 $C_{总}=C0\times C1=20\times 3\times 1=60$。

六、实验分析及结论

（1）编写程序。

（2）观察、记录、分析实验过程及结果。

（3）得出结论。

七、注意事项

检查全部接线，无误后才接通 PLC 主机电源。

实验三　四层电梯控制实验

一、实验目的

（1）通过对工程实例的模拟，熟练掌握 PLC 的编程和程序调试方法。

（2）进一步熟悉 PLC 的连接。

（3）熟悉电梯采用轿厢内外按钮控制的编程方法。

（4）综合 PLC 外部接线、电气控制及指示灯电路原理，自行设计五层以及更多层电梯控制的方案与程序，自行连接控制电路，掌握 PLC 编程方法和电路连接方法。

二、实验原理

本实验以四层电梯为例，如图 11-3-1 所示。综合 PLC 及电气控制知识，可设计五层以及更多层电梯控制及电路连接方案。

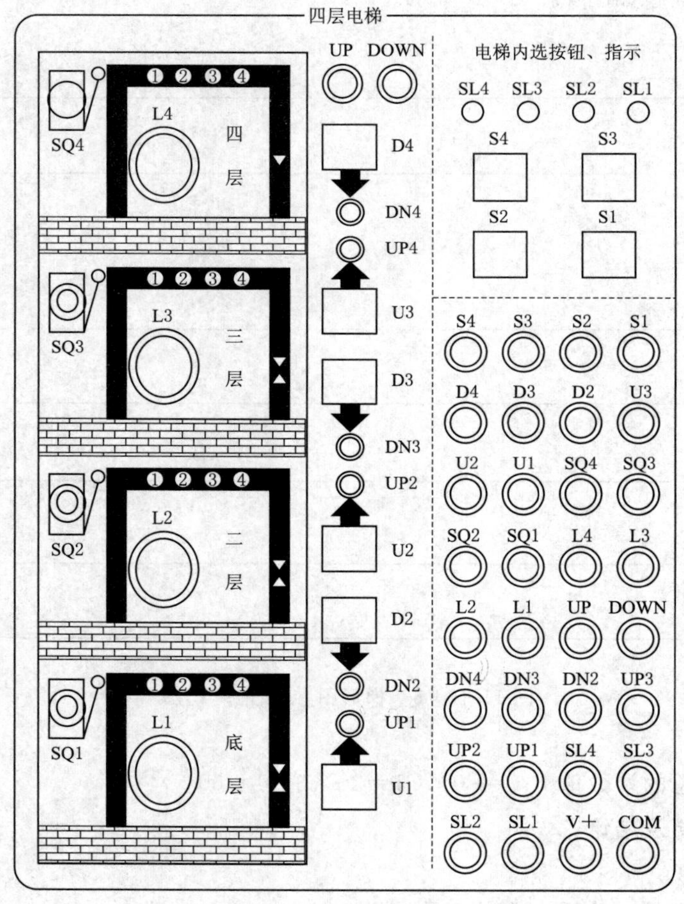

图 11-3-1　四层电梯

1. 控制要求

（1）总体控制要求：电梯由安装在各楼层电梯口的上升下降呼叫按钮（U1、U2、

D2、D3）、电梯轿厢内楼层选择按钮（S1、S2、S3）、上升下降指示（UP、DOWN）、各楼层到位行程开关（SQ1、SQ2、SQ3）组成。电梯自动执行呼叫。

（2）电梯在上升过程中只响应向上的呼叫，在下降过程中只响应向下的呼叫，电梯向上或向下的呼叫执行完成后再执行反向呼叫。

（3）电梯停止运行等待呼叫时，同时有不同呼叫时，谁先呼叫执行谁。

（4）具有呼叫记忆、内选呼叫指示功能。

（5）具有楼层显示、方向指示、到站声音提示功能。

2. 程序编写与控制过程分析

编写复杂逻辑程序时，应遵循以下原则及顺序：

（1）确定系统所需的动作及次序。首先设定系统输入及输出数目，由系统的输入及输出分立元件数目直接取得。然后根据系统的控制要求，确定控制顺序、各器件相应关系以及做出何种反应。

（2）将输入及输出器件编号。每一输入和输出包括定时器、计数器、内置继电器等都有一个唯一的对应编号，不能混用。

（3）画出梯形图。根据控制系统的动作要求，画出梯形图。梯形图设计规则如下：

1）触点应画在水平线上，不能画在垂直分支上。应根据自左至右、自上而下的原则和对输出线圈的几种可能控制路径来画。

2）不包含触点的分支应放在垂直方向，不可放在水平位置，以便于识别触点的组合和对输出线圈的控制路径。

3）在有几个串联回路相并联时，应将触头多的那个串联回路放在梯形图的最上面。在有几个并联回路相串联时，应将触点最多的并联回路放在梯形图的最左面。这种安排，所编制的程序简洁明了，语句较少。

4）不能将触点画在线圈的右边，只能在触点的右边接线圈。

3. 程序流程图（图 11－3－2）

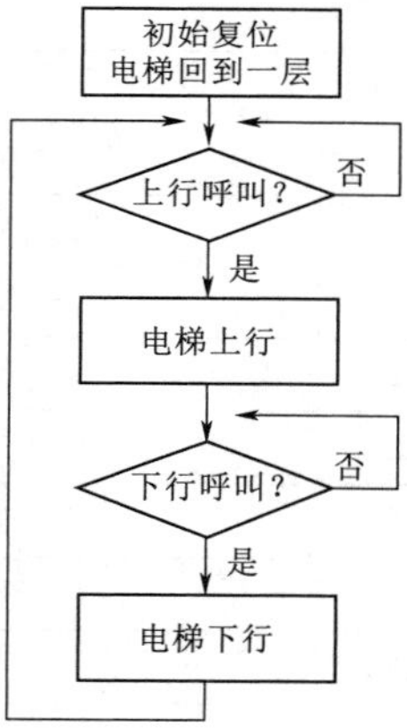

图 11－3－2　流程图

三、实验设备

主要仪器设备有 KNTFX－1 型可编程控制器、YTMSL－1A 网络型可编程控制器实训装置、电脑，以及相关软件。

四、实验方法

1. 端口分配及功能

端口分配及功能见表 11－3－1。

表 11－3－1　　**端口分配及功能表**

序号	PLC 地址（PLC 端子）	电气符号（面板端子）	功能说明
1	X00	S4	四层内选按钮
2	X01	S3	三层内选按钮
3	X02	S2	二层内选按钮

续表

序号	PLC 地址（PLC 端子）	电气符号（面板端子）	功能说明
4	X03	S1	一层内选按钮
5	X04	D4	四层下呼按钮
6	X05	D3	三层下呼按钮
7	X06	D2	二层下呼按钮
8	X07	U3	三层上呼按钮
9	X10	U2	二层上呼按钮
10	X11	U1	一层上呼按钮
11	X12	SQ4	四层行程开关
12	X13	SQ3	三层行程开关
13	X14	SQ2	二层行程开关
14	X15	SQ1	一层行程开关
15	Y00	L4	四层指示
16	Y01	L3	三层指示
17	Y02	L2	二层指示
18	Y03	L1	一层指示
19	Y04	DOWN	轿厢下降指示
20	Y05	UP	轿厢上升指示
21	Y06	SL4	四层内选指示
22	Y07	SL3	三层内选指示
23	Y10	SL2	二层内选指示
24	Y11	SL1	一层内选指示
25	Y12	DN4	四层下呼指示
26	Y13	DN3	三层下呼指示
27	Y14	DN2	二层下呼指示
28	Y15	UP3	三层上呼指示
29	Y16	UP2	二层上呼指示
30	Y17	UP1	一层上呼指示
31	主机 COM、面板 COM 接电源 GND		电源地端
32	主机 COM0、COM1、COM2、COM3、COM4、COM5、接电源 GND		电源地端
33	面板 V＋接电源＋24V		电源正端

2. PLC 外部接线图（图 11－3－3）

五、实验步骤

（1）检查实训设备中器材及调试程序。

（2）按照 I/O 端口分配表或接线图完成 PLC 与实训模块之间的接线，认真检查，确保正确无误后，接通 PLC 主机电源，将主机上的 STOP/RUN 按钮拨到 RUN 位置，运行指示灯点亮，表明程序开始运行，在电梯控制实验面板区及扩展至指示灯显示运行结果。

（3）打开示例程序或用户自己编写的控制程序，进行编译，有错误时根据提示信息修改，直至无误，用 SC－09 通信编程电缆连接计算机串口与 PLC 通信口，打开 PLC 主机电源开关，下载程序至 PLC 中，下载完毕后将 PLC 的“RUN/STOP”开关拨至“RUN”状态。

（4）将行程开关“SQ1”拨到 ON，“SQ2”“SQ3”“SQ4”拨到 OFF，表示电梯停在底层。

（5）选择电梯楼层按钮或上下按钮。例：按下“D3”电梯方向指示灯“UP”亮，底层指示灯“L1”亮，表明电梯离开底层。将行程开关“SQ1”拨到“OFF”，二层指示灯“L2”亮，将行程开关“SQ2”拨到“ON”表明电梯到达二层。将行程开关“SQ2”拨到“OFF”表明电梯离开二层。三层指示灯“L3”亮，将行程开关“SQ3”拨到“ON”表明电梯到达三层。

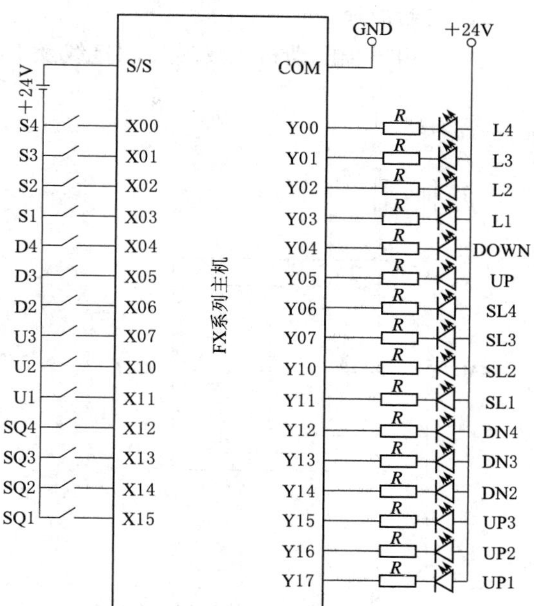

图 11－3－3　外部接线图

（6）重复步骤（5），按下不同的选择按钮，观察电梯的运行过程。

观察、记录、分析实验过程及结果。

六、实验总结

（1）总结复杂输入输出控制系统的程序编程技巧。

（2）总结记录 PLC 与外部设备的接线过程及注意事项。

七、注意事项

（1）遵守实验纪律，一切行动听从指导教师。

（2）检查全部接线，无误后才接通 PLC 主机电源。

实验四　电动机控制实验

一、实验目的

（1）掌握电机正反转主回路的接线。

（2）学会用可编程控制器实现电机正反转过程的编程方法。

（3）验证电动机的控制原理、功能与性能；综合了解可编程序控制器控制电动机的原理、功能与性能等知识内容；自行设计电动机不同正反转顺序，并编制相应的步进梯形图与指令表程序，实现预期设计的控制目的。

二、实验原理

(1) 三相异步电动机正反转控制接线及 PLC 外部接线如图 11-4-1 所示。

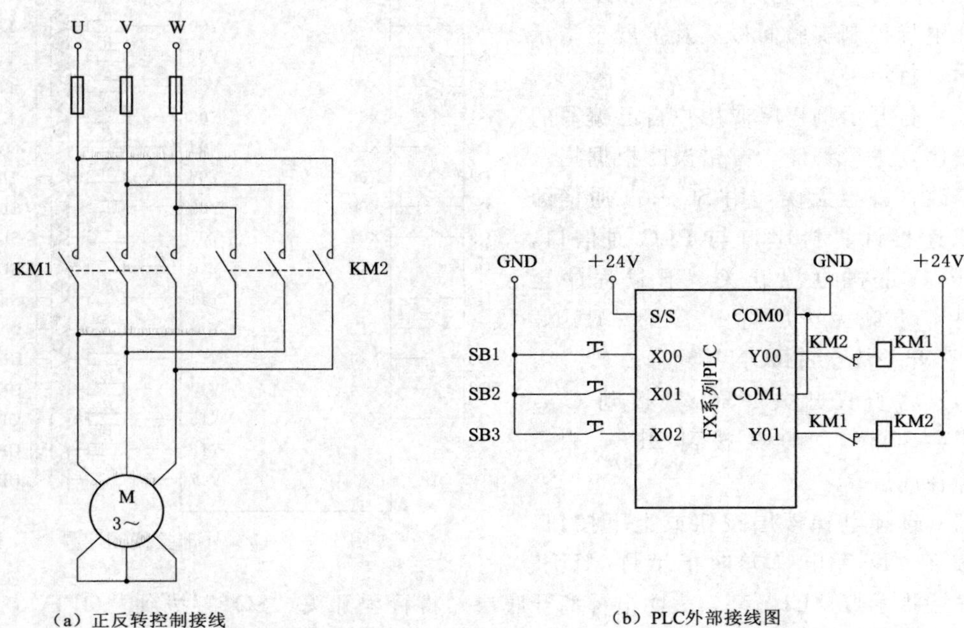

(a) 正反转控制接线　　(b) PLC外部接线图

图 11-4-1　三相异步电动机正反转控制接线及 PLC 外部接线图

(2) 控制要求。按下按钮 SB2，Y00 通电闭合自锁，电动机 M 正转；按下按钮 SB3，Y01 通电闭合并自锁，电动机 M 反转；按 SB1 停止，Y00 与 Y01 联锁。

(3) 自行设计电动机不同正反转顺序与时间方案。

三、实验设备

主要仪器设备有 KNTFX-1 型可编程控制器、YTMSL-1A 网络型可编程控制器实训装置、电脑、接触器，以及相关软件。

四、实验步骤

带延时 (0.2s) 功能双重联锁正反转电动机控制实验步骤如下：

(1) 通过专用电缆连接 PC 与 PLC 主机，将 PLC 主机上的 STOP/RUN 按钮拨到 STOP 位置。接通电源，打开编程软件，逐条输入程序（参考图 11-4-2 梯形图参考程序），检查无误后把其下载到 PLC 主机。

(2) 关闭 PLC 主机电源，根据梯形图程序对 PLC 的输入、输出接线（表 11-4-1）。

I/O 端口分配功能见表 11-4-2。

表 11-4-1　　**输入/输出接线列表**

输入接线	S0	S1	S2	输出接线	KM1	KM2
	X0	X1	X2		Y0	Y1
	停止	正转	反转		正转	反转

表 11-4-2　　I/O 端口分配功能

序号	PLC 地址（PLC 端子）	电气符号（面板端子）	功能说明
1	X00	S0	停止点动触点
2	X01	S1	正转点动触点
3	X02	S2	反转点动触点
4	S/S 接+24V		电源正端
5	S0、S1、S2 的 COM 等接电源 GND		电源负端
6	Y00	接触器 1 负端	正转信号输出
7	Y01	接触器 2 负端	反转信号输出
8	接触器 1、2 正极接+24V		电源正端
9	主机 COM0、COM1、COM2 等接电源 GND		电源负端

（3）检查全部接线，无误后接通 PLC 主机电源，将主机上的 STOP/RUN 按钮拨到 RUN 位置，运行指示灯点亮，表明程序开始运行，合上按钮开关，观察 KM1、KM2 的动作并显示运行结果。

（4）运行结果正确后，关闭 PLC 主机电源，连接三相异步电动机（注意：A、B、C 通过接触器接三相电源，X、Y、Z 为星形连接），检查接线，无误后接通 PLC 主机电源，三相电源引入主电路中，电机动作。

（5）观察、记录、分析实验过程及结果。

（6）双重联锁正反转的梯形图如图 11-4-2 所示。控制顺序为正（S1）—停（S0）—反（S2）。

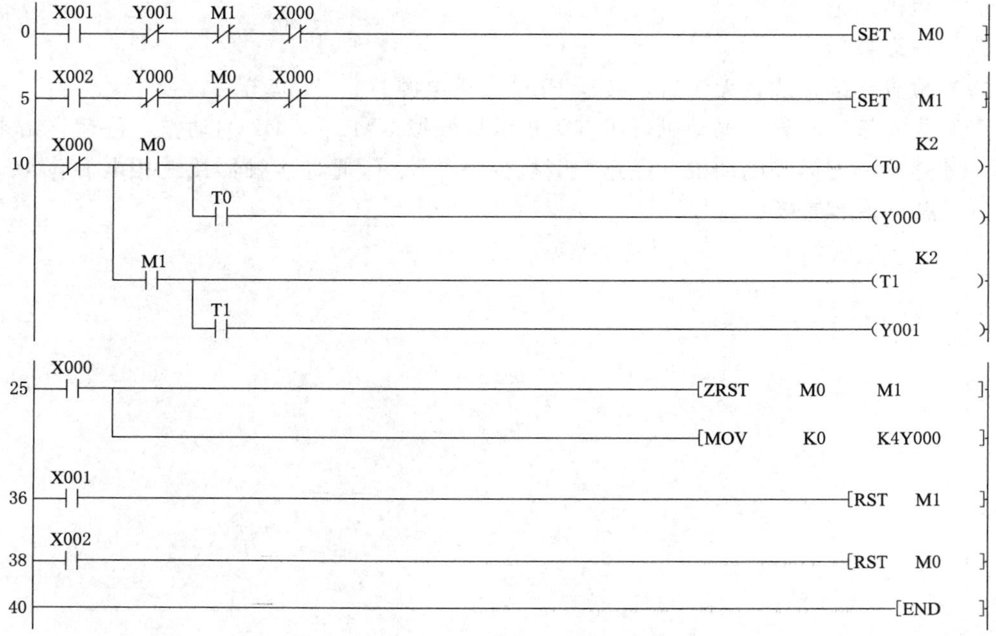

图 11-4-2　双重联锁正反转的梯形图

正反转自动转换的梯形图如图 11-4-3 所示。控制顺序为正转（S0）10s—正转自动停（T0 延时断开）—延时 2s（T0、T1）—自动反转（T1 延时接通）—停止（S1）。

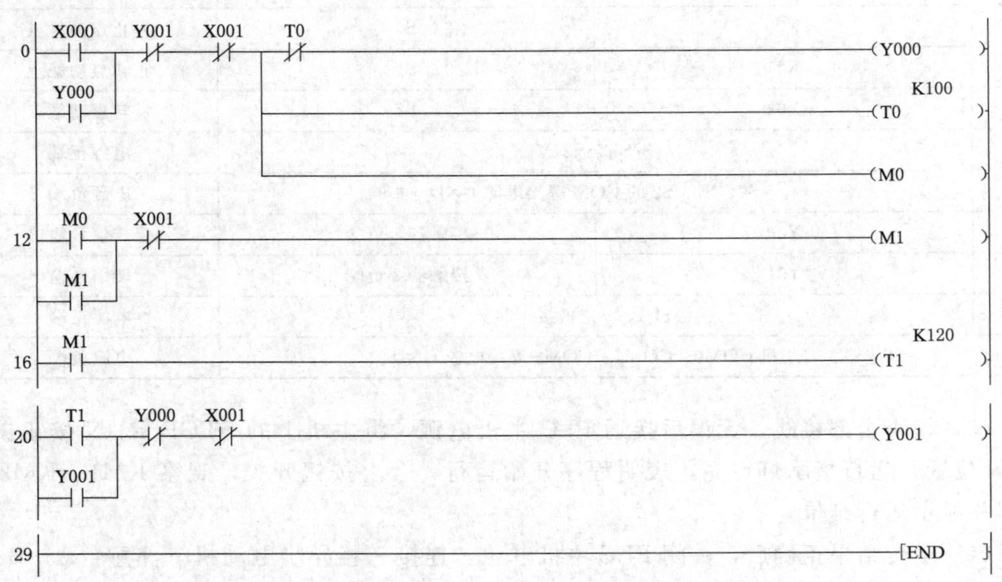

图 11-4-3 正反转自动转换的梯形图

五、实验分析及结论

（1）编写程序。

（2）观察、记录、分析实验过程及结果。

（3）得出结论。

六、注意事项

（1）检查全部接线，无误后才接通 PLC 主机电源。

（2）先不接三相异步电动机，用有关指示灯模拟 KM1、KM2 的动作，待运行结果正确后，才连接三相异步电动机（注意：电机的 A、B、C 通过接触器接三相电源，X、Y、Z 接为一点—星形连接）。

第十二章 机电传动与控制

实验一 直流电动机调速性能实验

一、实验目的

（1）掌握直流并励电动机的调速方法及制动方法。

（2）掌握测取直流并励电动机的调速性能的实验方法。

二、实验原理及实验线路

（1）直流并励电动机的调速方法有改变电枢电压和改变励磁电流两种，调速原理接线如图 12－1－1 所示。

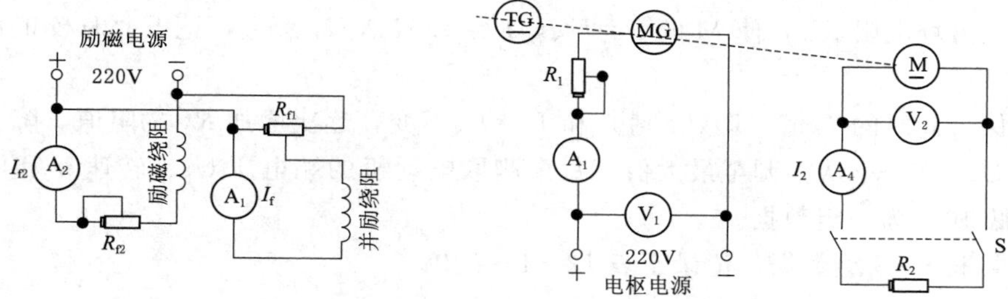

图 12－1－1 并励电动机两种调速原理接线图

（2）常用制动方法有能耗制动和反接制动两种，能耗制动接线如图 12－1－2 所示。

（3）直流并励电动机的调速性能测试原理接线如图 12－1－3 所示。

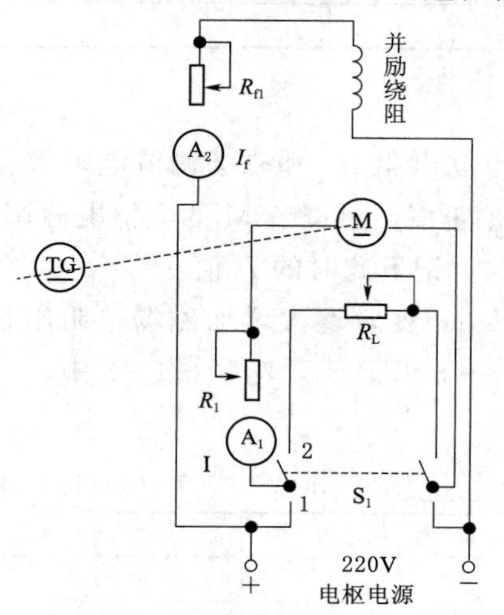

图 12－1－2 并励电动机能耗制动接线图

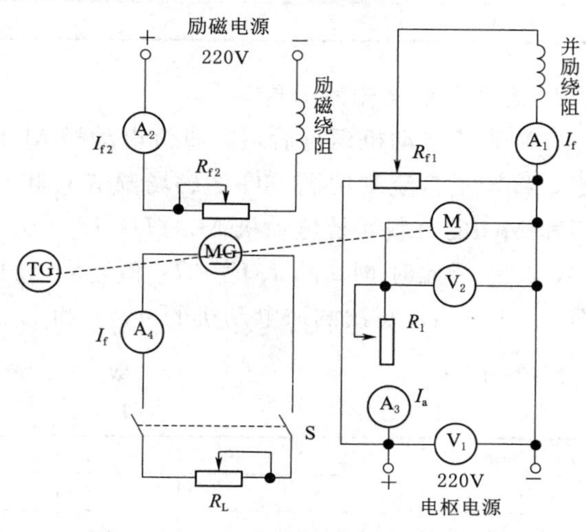

图 12－1－3 直流并励电动机接线图

三、实验设备

（1）实验设备：HREM10 型电机拖动与调速系统。

（2）所用实验模块与挂箱见表 12-1-1。

表 12-1-1　　实验模块与挂箱

型　号	名　称	数　量
M03	导轨、测速发电机及转速表	1 台
M23	校正直流测功机	1 台
M15	直流并励电动机	1 台
EM100431	直流数字电压、毫安、安培表	2 件
EM100442	三相可调电阻器	1 件
EM100444	可调电阻器、电容器	1 件
EM100451	波形测试及开关板	1 件

四、实验步骤

（一）调速特性

1. 电枢绕组串电阻的调速

（1）直流电动机 M 运行后，将电阻 R_1 调至 0，I_{f2}调至校正值，再调节负载电阻 R_L、电枢电压及磁场电阻 R_{f1}，使 M 的 $U=U_N$，$I_a=0.5I_N$，$I_f=I_{fN}$，记下此时校正直流测功机 MG 的 I_F值。

（2）保持此时的 I_F值（即 T_2 值）和 $I_f=I_{fN}$不变，逐次增加 R_1 的阻值，降低电枢两端的电压 U_a，使 R_1 从零调至最大值，每次测取电动机的端电压 U_a、转速 n 和电枢电流 I_a。每降低 10V 为一组数据。

（3）共取 8～9 组数据，记录于表 12-1-2 中。

表 12-1-2　　数据记录

$I_f=I_{fN}=$_____ mA　　$I_F=$_____ A（$T_2=$_____ N·m）　　$I_{f2}=100$mA

U_a/V									
n/(r/min)									
I_a/A									

2. 改变励磁电流的调速

（1）直流电动机运行后，将直流电动机 M 的电枢串联电阻 R_1 和磁场调节电阻 R_{f1} 调至零，将校正直流测功机 MG 的磁场调节电阻 I_{f2}调至校正值，再调节 M 的电枢电源调压旋钮和 MG 的负载，使电动机 M 的 $U=U_N$、$I_a=0.5I_N$，记下此时的 I_F值。

（2）保持此时 MG 的 I_F值（T_2 值）和 M 的 $U=U_N$不变，逐次增加磁场电阻阻值，直至 $n=1.3n_N$，每次测取电动机的 n、I_f和 I_a。共取 7～8 组记录于表 12-1-3 中。

表 12-1-3　　数据记录

$U=U_N=$_____ V　　$I_F=$_____ A（$T_2=$_____ N·m）　　$I_{f2}=100$mA

n/(r/min)								
I_f/mA								
I_a/A								

（二）能耗制动

（1）按图 12－1－2 接线，其中 R_1 为 180Ω，R_{f1} 为 1800Ω，R_L 为 2250Ω。

（2）把 M 的电枢串联起动电阻 R_1 调至最大，磁场调节电阻 R_{f1} 调至最小位置。S_1 合向 1 端位置，然后合上控制屏下方右边的电枢电源开关，使电动机起动。

（3）运转正常后，将开关 S_1 合向中间位置，使电枢开路。由于电枢开路，电机处于自由停机，记录停机时间。

（4）将 R_1 调回最大位置，重复启动电动机，待运转正常后，把 S_1 合向 R_L 端，记录停机时间。

（5）对 R_L 选择不同的阻值，观察对停机时间的影响（注意调节 R_1 及 R_L 的阻值不宜太小，以免产生太大的电流，损坏电机）。

（三）直流并励电动机的调速性能

（1）按图 12－1－3 接线。校正直流测功机 MG 按他励方式连接，作为直流电动机 M 的负载，用于测量电动机的转矩和输出功率。R_{f1} 为 900Ω，分压法接线。R_{f2} 为 1800Ω，R_1 为 180Ω，R_L 为 2250Ω。

（2）将电阻 R_{f1} 调至最小值，R_1 调至最大值，先打开励磁电源，再打开电枢电源开关，观察旋转方向是否符合正向旋转的要求。

（3）M 启动正常后，将 R_1 调至 0，并短接。

（4）调节电枢电压为 220V。

（5）调节励磁电流 I_{f2} 为校正值（100 mA）。

（6）再调节 R_L 与 R_{f1}（联合调节），注意：R_L 与 R_{f1} 的联合调节始终使 n 保持额定转速上下，最终使电动机达到额定值：$U=U_N$，$I=I_N$，$n=n_N$。其励磁电流 I_f 为额定励磁电流 I_{fN}。

（7）保持 $U=U_N$，$I_f=I_{fN}$，I_{f2} 为校正值不变，逐次减小电动机负载，测取电动机电枢输入电流 I_a、转速 n 和负载电流 I_F。共取 9～10 组数据，记录于表 12－1－4 中。I_a 每降低 0.1A 时为一组数据。

表 12－1－4　　数据记录

$U=U_N=$ ______ V　　$I_f=I_{fN}=$ ______ mA　　$I_{f2}=100$mA

实验数据	I_a/A										
	n/(r/min)										
	I_F/A										
	T_2/(N·m)										
计算数据	P_2/W										
	P_1/W										
	η/%										
	Δn/%										

五、注意事项

（1）能耗制动时注意调节 R_1 及 R_L 的阻值不宜太小，以免产生太大的电流，损坏电机。

(2) 并励电动机 M 的磁场调节电阻 R_{f1} 调至最小值及电枢串联电阻 R_1 调为 0 时短接。

(3) 调节 R_L 和 R_{f1} 时需配合调节，以免电流过大出现飞车现象。

六、数据处理

1. 根据实验测得数据及计算数据绘出并励电动机调速特性曲线 $n=f(U_a)$ 和 $n=f(I_f)$，分析在恒转矩负载时两种调速的电枢电流变化规律以及两种调速方法的优缺点。

2. 由表 12-1-3 计算出 P_2 和 η，并给出 n、T_2、$\eta=f(I_a)$ 及 $n=f(T_2)$ 的特性曲线。

电动机输出功率：

$$P_2=0.105nT_2 \tag{12-1-1}$$

式中：T_2 为输出转矩，N·m，I_{f2} 及 I_F 值从图 12-1-4 校正曲线 $T_2=f(I_F)$ 查得；n 为转速，r/min。

电动机输入功率：

$$P_1=U_I \tag{12-1-2}$$

输入电流：

$$I=I_a+I_{Fn} \tag{12-1-3}$$

电动机效率：

$$\eta=\frac{P_2}{P_1}\times 100\% \tag{12-1-4}$$

由工作特性求出转速变化率：

$$\Delta n=\frac{n_0-n_N}{n_N}\times 100\% \tag{12-1-5}$$

七、实验结论

(1) 分析在恒转矩负载时两种调速的电枢电流变化规律以及两种调速方法的优缺点，根据其变化趋势得出结论。

(2) 根据实验测得数据及计算数据绘制转矩、转速特性曲线图，得出两个机械量之间的函数关系，分析 $n=f(T)$ 电磁转矩和转速两个机械量之间与速率特性 $n=f(I_a)$ 的函数关系，根据其变化趋势及对电动机运行影响得出结论，见表 12-1-5 和图 12-1-4。

表 12-1-5　校正直流测功机在励磁电流 I_f 分别为 50mA 与 100mA 时，输出电流 I_F 及其对应的输出转矩 T_2 值的测试记录(用标准测功机测试，并取该类电机的典型值)

I_F/A	0	0.1	0.2	0.3	0.4	0.5	0.6	0.7	0.8	0.9	1.0	1.1	1.2	1.3	1.4	1.5	1.6	1.7	1.8	1.9	2.0
T_2(I_f=100mA)/(N·m)	0.182	0.290	0.395	0.505	0.612	0.720	0.828	0.936	1.045	1.155	1.265	1.375	1.482	1.588	1.690	1.789	1.887	1.985	2.080	2.170	2.251
T_2(I_f=50mA)/(N·m)	0.110	0.183	0.256	0.330	0.402	0.471	0.540	0.606	0.672	0.740	0.798	0.856	0.914	0.964	1.012	1.056	1.100	1.142	1.178	1.217	1.250

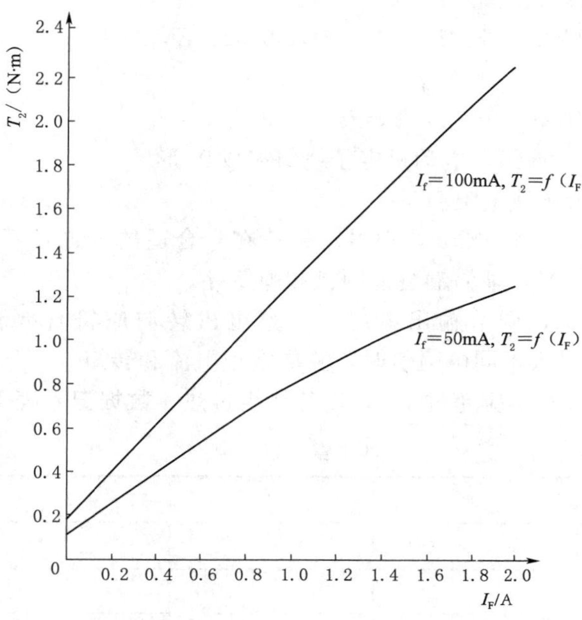

图 12-1-4　输出转矩 T_2、输出电流 I_F 校正曲线

实验二　三相异步电动机的起动与调速实验

一、实验目的

（1）掌握三相异步电动机的起动方法和起动技术指标。

（2）掌握三相异步电动机的调速方法和调速特性。

二、实验原理及实验线路

电动机定子绕组 Y 形接法，电源线路接法如图 12-2-1 所示。

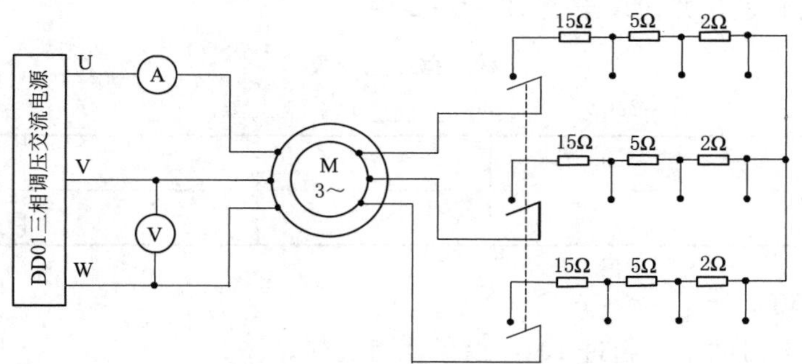

图 12-2-1　三相异步电动机转子绕组串电阻接线

三、实验设备

（1）实验设备：HREM10 型电机拖动与调速系统。

（2）所用实验模块与挂箱见表 12－1－1。

（3）屏上挂件排列顺序：EM100433、EM100432、EM100451、EM100431、EM100443。

四、实验步骤

1．三相异步电动机串可变电阻器起动

（1）按图 12－2－1 接线，电动机定子绕组接成 Y 形。

（2）电阻用启动与调速电阻箱。

（3）为了便于安装 EM100705，把电动机放在一合适的位置且不与测速发电机相连，然后按照安装步骤安装好，轴伸端装上圆盘和弹簧秤。

（4）接通交流电源，调节输出电压（观察电机转向应符合要求），在定子电压为 180V，转子绕组分别串入不同电阻值时，测取定子电流和转矩。

（5）实验时通电时间不应超过 10s，以免绕组过热。数据记入表 12－2－1 中。

表 12－2－1 数 据 记 录 U_K＝____V

R_{st}/Ω	0	2	5	15
I_K				
F/N				
I_{st}/A				
T_{st}/(N·m)				

2．三相异步电动机串可变电阻器调速

（1）实验线路图同图 12－2－1。同轴连接校正直流电机 MG 作为异步电动机 M 的负载，MG 的接线与直流并励电动机一样。电路接好后，将附加电阻调至最大。

（2）合上电源开关，电机空载起动，保持调压器的输出电压为电机额定电压 220V，附加电阻调至 0。

（3）合上励磁电源开关，调节励磁电流 I_f 为校正值，再调节负载电流，使电动机输出功率接近额定功率并保持输出转矩 T_2 不变，改变电阻（每相电阻分别为 0、2Ω、5Ω、15Ω），测相应的转速，并记录于表 12－2－2 中。

表 12－2－2 数 据 记 录

U＝220V I_f＝______mA I_F＝______A（T_2＝______N·m）

R_{st}/Ω	0	2	5	15
n/(r/min)				

五、注意事项

加载实验通电时间不应超过 10s，以免绕组过热。

六、数据处理及实验报告

（1）比较异步电动机不同起动方法的优缺点。

（2）由起动实验数据求下述三种情况下的启动电流和启动转矩。

1）外施额定电压 U_N（直接法启动）。

2）外施电压为$\frac{U_N}{\sqrt{3}}$（Y－Δ启动）。

3）外施电压为$\frac{U_K}{K_A}$，式中K_A为启动用自耦变压器的变比（自耦变压器启动）。

（3）三相异步电动机串入电阻对起动电流和起动转矩的影响。

（4）三相异步电动机串入电阻对电机转速的影响。

七、实验结论及思考题

分析起动电流和外施电压成正比，起动转矩和外施电压的平方成正比对三相异步电动机起动的影响，分析起动时的实际情况误差的产生原因，分析起动电阻的大小对起动电流、起动转矩及转速的影响。

实验三 变频器的多段速运行控制实验

一、实验目的

（1）了解变频器外部控制端子的功能。

（2）掌握外部运行模式下变频器的操作方法。

（3）掌握变频器控制三相异步电动机的多段速变频调速方法和调速特性。

二、实验原理及实验线路

1. 控制要求

（1）正确设置变频器输出的额定频率、额定电压、额定电流、额定功率、额定转速。

（2）通过外部端子控制电机多段速度运行，开关K_2、K_3、K_4、K_5按不同的方式组合，可选择15种不同的输出频率。

（3）运用操作面板设定电机运行频率、加减速时间。

2. 参数功能表及接线图

（1）参数清零步骤见表12－3－1。

表12－3－1　参数清零步骤

实验步骤		显示结果
1	按PU/EXT键，选择PU操作模式	PU显示灯亮 0.00 PU
2	按MODE键，进入参数设定模式	PRM显示灯亮 P. 0 PRM
3	拨动设定用旋钮，选择参数号码ALLC	ALLC 参数全部清除
4	按SET键，读出当前的设定值	0

续表

实　验　步　骤		显示结果
5	拨动设定用旋钮，把设定值变为 1	1
6	按 SET 键，完成设定	1　ALLC 闪烁
7	按 PU/EXT 键，选择 PU 操作模式	PU显示灯亮 0.00 PU
8	按 MODE 键，进入参数设定模式	PRM显示灯亮 P　0 PRM

注　无法显示 ALLC 时，将 P160 设为“1”，无法清零时将 P79 改为 1。

（2）参数功能说明见表 12－3－2。

表 12－3－2　　**参 数 功 能 说 明**

序号	变频器参数	出厂值	设定值	功　能　说　明
1	P1	120	50	上限频率（50Hz）
2	P9	2.5	0.35	电子过电流保护（0.35A）
3	P160	0	0	扩张功能显示选择
4	P79	0	3	外部/PU 组合运行模式 1
5	P179	61	8	多段速运行指令
6	P180	0	0	多段速运行指令
7	P181	1	1	多段速运行指令
8	P182	2	2	多段速运行指令
9	P4	50	5	固定频率 1
10	P5	30	10	固定频率 2
11	P6	10	15	固定频率 3
12	P24	9999	18	固定频率 4
13	P25	9999	20	固定频率 5
14	P26	9999	23	固定频率 6
15	P27	9999	26	固定频率 7
16	P232	9999	29	固定频率 8
17	P233	9999	32	固定频率 9

续表

序号	变频器参数	出厂值	设定值	功　能　说　明
18	P234	9999	35	固定频率 10
19	P235	9999	38	固定频率 11
20	P236	9999	41	固定频率 12
21	P237	9999	44	固定频率 13
22	P238	9999	47	固定频率 14
23	P239	9999	50	固定频率 15

注　设置参数前先将变频器参数复位为工厂值。

（3）变频器外部接线如图 12-3-1 所示。

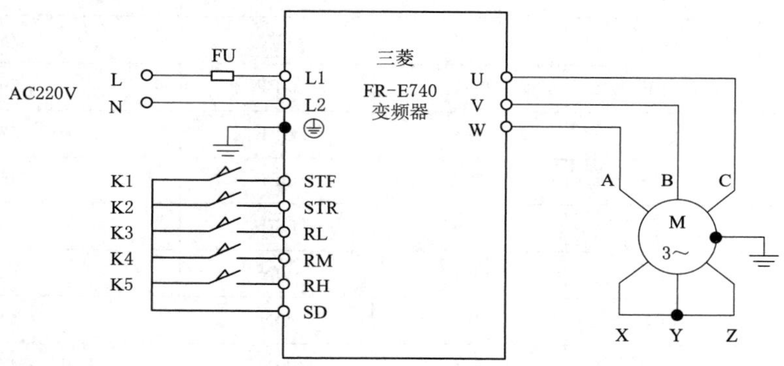

图 12-3-1　变频器接线图

三、实验设备

（1）实验设备：HREM10 型电机拖动与调速系统。

（2）所用实验模块与挂箱见表 12-3-3。

表 12-3-3　　实验模块与挂箱

序号	型　号	名　　称	数量	备注
1	PW71B4M1	三相异步电动机变频调速控制	1 件	
2	M16	三相异步电动机	1 件	
3	M03	导轨、测速发电机及转速表	1 件	

四、实验步骤

（1）检查实验设备中器材是否齐全。

（2）按照变频器外部接线图完成变频器的接线，认真检查，确保正确无误。

（3）打开电源开关，按照参数表 12-3-2 正确设置变频器参数。

（4）打开开关 K_1，启动变频器（若变频器以一定频率运行，可旋转变频器旋钮至显示为 0，然后按下 SET 按键）。

(5) 切换开关 K_2、K_3、K_4、K_5 的通断，观察并记录变频器的输出频率，见表 12-3-4。

表 12-3-4 变频器的输出频率

开关状态				输出频率/Hz
K_2	K_3	K_4	K_5	
OFF	OFF	OFF	ON	5
OFF	OFF	ON	OFF	10
OFF	ON	OFF	OFF	15
OFF	ON	ON	OFF	18
OFF	ON	OFF	ON	20
OFF	OFF	ON	ON	23
OFF	ON	ON	ON	26
ON	OFF	OFF	OFF	29
ON	ON	OFF	OFF	32
ON	OFF	ON	OFF	35
ON	ON	ON	OFF	38
ON	OFF	OFF	ON	41
ON	ON	OFF	ON	44
ON	OFF	ON	ON	47
ON	ON	ON	ON	50

五、数据处理及实验报告

按照观察记录的变频器不同频率列表记录电动机转速，说明其调速方法和调速特性。

六、实验结论

分析变频器外部端子控制电机运行的操作方法，总结变频器外部端子的不同功能、变频器参数的设置步骤及多段速运行的调速特性。

实验四 可编程序控制器控制交通灯实验

一、实验目的

(1) 熟练使用各基本指令，根据控制要求控制十字路口的交通灯。

(2) 掌握可编程序控制器（PLC）的编程方法和程序调试方法，掌握移位指令的使用及编程方法。

(3) 了解用 PLC 解决一个实际问题的全过程，综合可编程序控制器控制十字路口交通灯的原理、功能与性能等知识内容；编制相应的梯形图程序，实现预期设计的控制目的。

二、实验原理

1. 十字路口交通灯控制实验

实验面板如图 12－4－1 所示，甲模拟东西向车辆行驶状况；乙模拟南北向车辆行驶状况。东西南北四组红黄绿三色发光二极管模拟十字路口的交通灯。

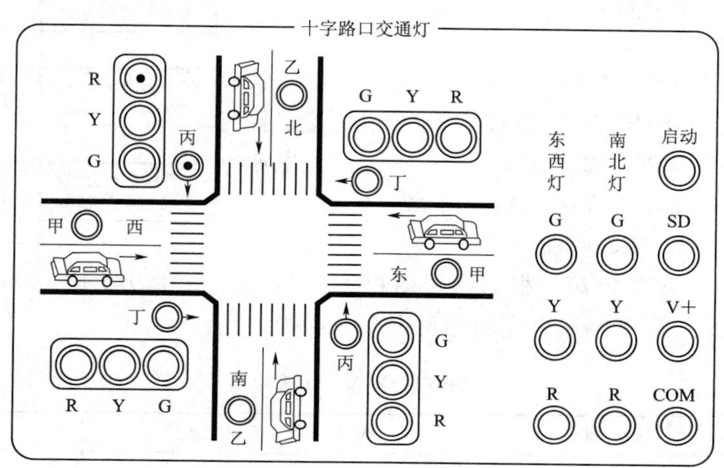

图 12－4－1　十字路口交通灯控制实验面板

2. 控制要求

根据白天与夜晚、车流高峰时段与非高峰时段，自行设计交通灯不同的指挥方式与车流顺序，并根据横向与纵向不同的车流量，设置不同的通行时间，编制相应的梯形图程序，实现预期设计的控制目的，如图 12－4－2 所示。

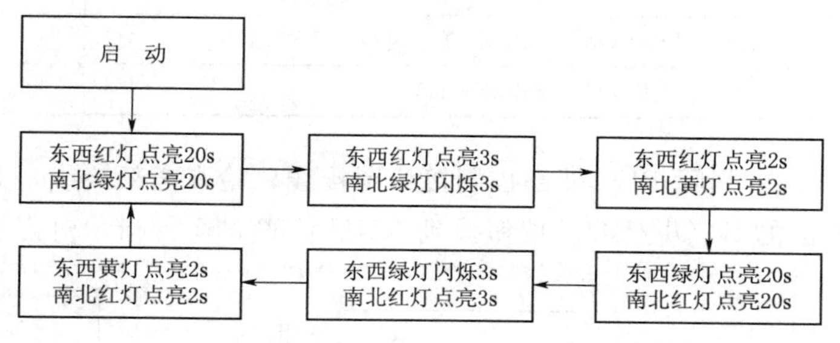

图 12－4－2　梯形图程序

信号灯受一个启动开关控制，当启动开关接通时，信号灯系统开始工作，且先东西红灯亮，南北绿灯亮。当启动开关断开时，所有信号灯都熄灭。

东西红灯亮维持 25s。南北绿灯亮维持 20s；到 20s 时，南北绿灯闪烁，闪烁 3s 后熄灭。在南北绿灯熄灭时，南北黄灯亮，并维持 2s。到 2s 时，南北黄灯熄灭，南北红灯亮，同时，东西红灯熄灭，绿灯亮。

南北红灯亮维持 25s。东西绿灯亮维持 20s，然后闪烁 3s 后熄灭。同时东西黄灯亮，维持 2s 后熄灭，这时东西红灯亮，南北绿灯亮，周而复始。注意：可用传送指令与位左移指令实现。

三、实验设备

主要仪器设备有 THPFSL－1 型可编程控制器实验装置、计算机、实训挂箱 A11、3 号导线若干、SC－09 通信电缆，以及相关软件。

四、实验步骤

（1）通过通信电缆连接计算机与 PLC 主机，将 PLC 主机上的 STOP/RUN 按钮拨到 STOP 位置。接通电源，打开编程软件，参考图 12－4－3 所示程序流程图进行编程，逐条输入程序（参考图 12－4－5），检查无误后将其下载到 PLC 主机。

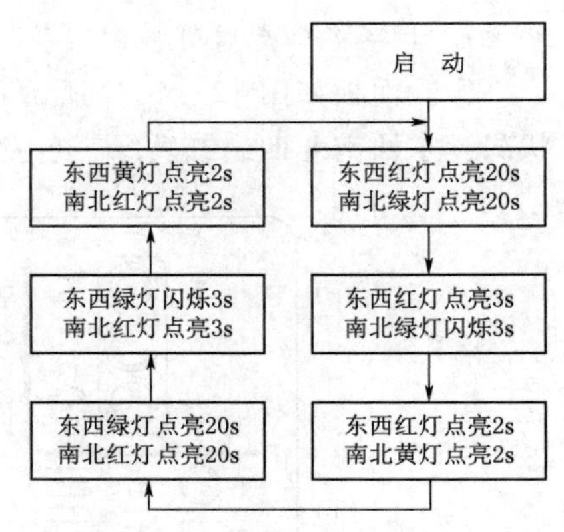

图 12－4－3　程序流程图

（2）关闭 PLC 主机电源，根据梯形图程序对 PLC 的输入、输出接线。I/O 端口分配功能见表 12－4－1。

表 12－4－1　　端口分配功能

序号	PLC 地址（PLC 端子）	电气符号（面板端子）	功能说明
	X00	SD	启动
	Y00	东西灯 G	绿灯
	Y01	东西灯 Y	黄灯
	Y02	东西灯 R	红灯
	Y03	南北灯 G	绿灯
	Y04	南北灯 Y	黄灯
	Y05	南北灯 R	红灯
	主机 COM0、COM1、COM2 等接电源 GND		电源端
	主机 COM 接电源＋24V		电源端

（3）按图 12－4－4 所示 PLC 外部控制接线图接线，检查全部接线，无误后接通 PLC 主机电源，将主机上的 STOP/RUN 按钮拨到 RUN 位置，运行指示灯点亮，表明程序开

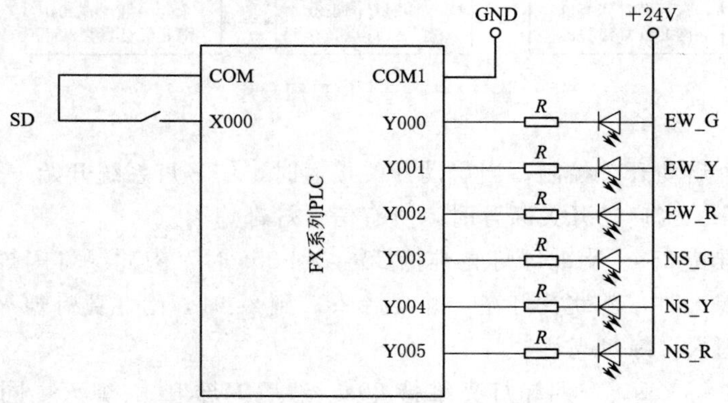

图 12－4－4　PLC 外部控制接线图

始运行，拨动启动开关 SD 为 ON 状态，有关的指示灯将显示运行结果。

（4）观察、记录、分析实验过程及结果，观察并记录东西、南北方向主指示灯及各方向人行道指示灯点亮状态。

梯形图参考程序如图 12-4-5 所示。

工作过程：

当启动开关 SD 合上时，X000 触点接通，M0 的动合触点闭合，Y002 得电，东西红灯亮；同时接通 Y003，Y003 线圈得电，南北绿灯亮。1s 后，模拟南北向行驶车的甲灯、模拟行人通行的丁灯亮。维持到 20s，M1 的动合触点接通，与该触点串联的 T3 动合触点

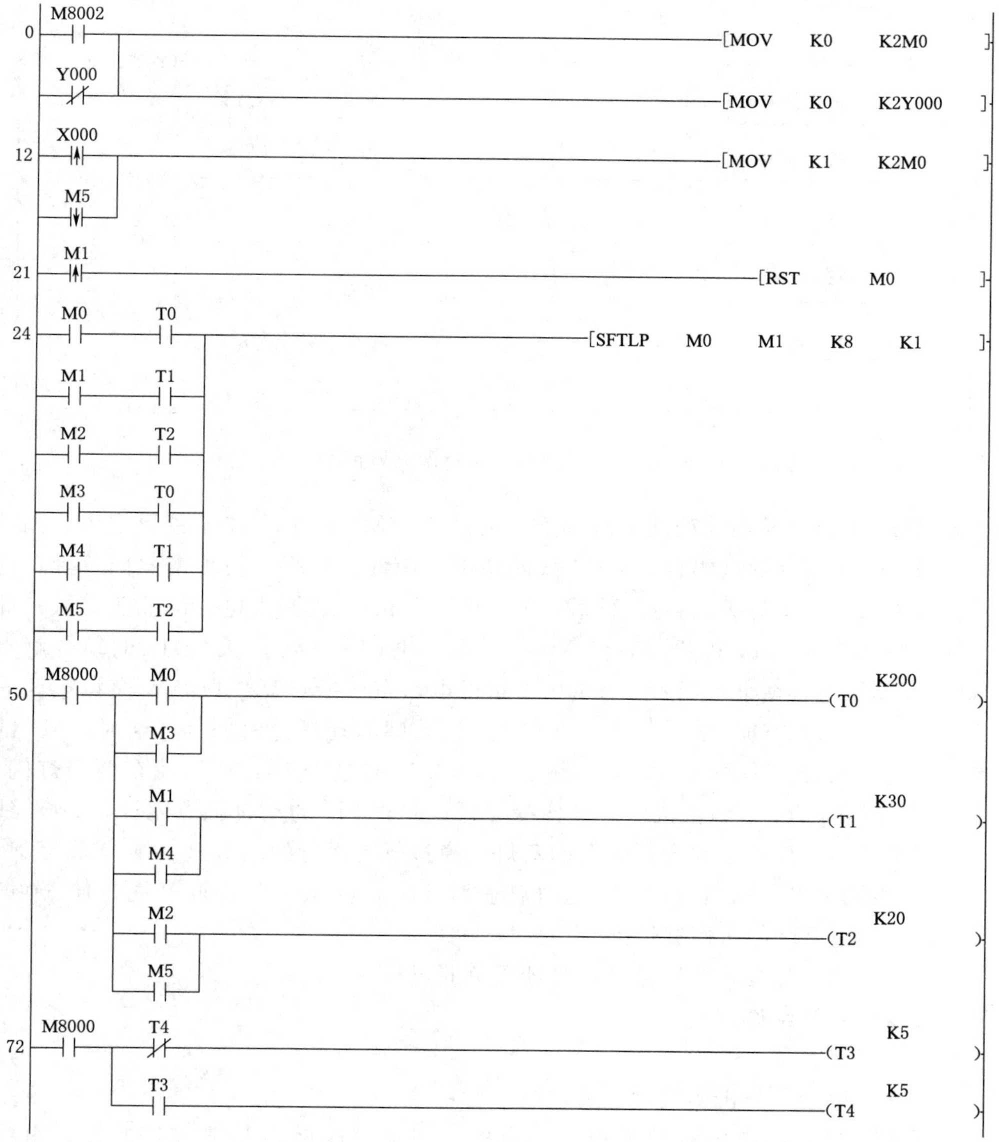

```
 0  M8002                                    [MOV   K0   K2M0   ]
    Y000 (NC)                                [MOV   K0   K2Y000 ]
12  X000 (↑)                                 [MOV   K1   K2M0   ]
    M5 (↓)
21  M1 (↑)                                   [RST        M0     ]
24  M0   T0                                  [SFTLP  M0  M1  K8  K1 ]
    M1   T1
    M2   T2
    M3   T0
    M4   T1
    M5   T2
50  M8000  M0                                (T0    K200 )
           M3
           M1                                (T1    K30  )
           M4
           M2                                (T2    K20  )
           M5
72  M8000  T4 (NC)                           (T3    K5   )
           T3                                (T4    K5   )
```

图 12-4-5（一）　梯形图参考程序

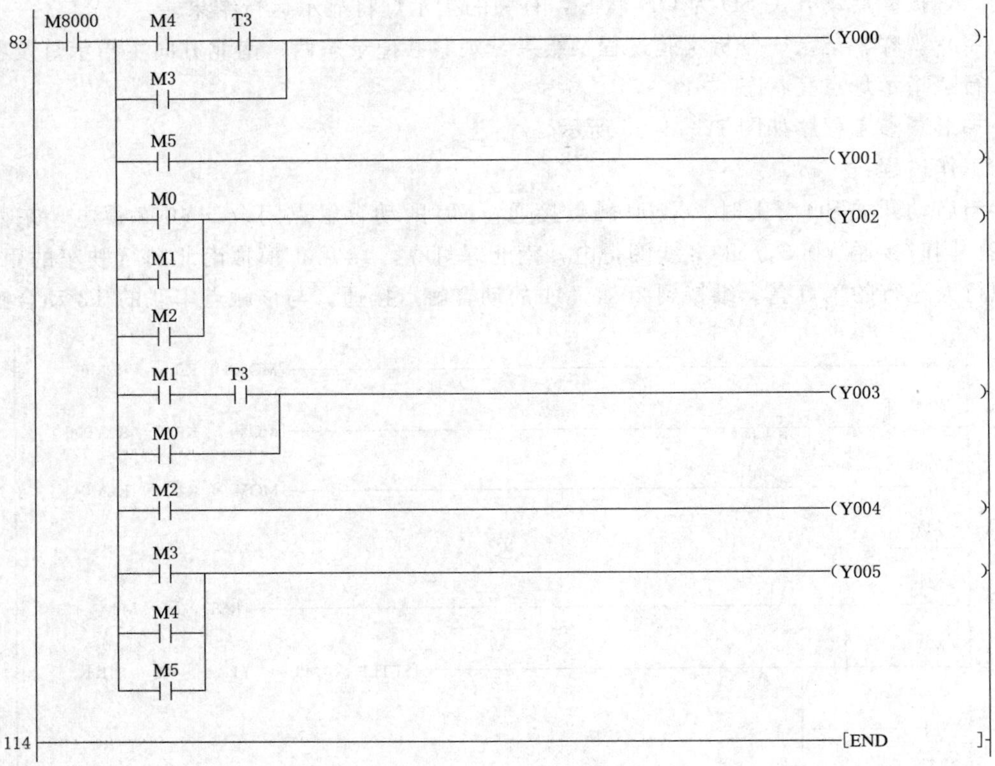

```
83  M8000   M4    T3
    ─┤├──┬──┤├────┤├──┬──────────────(Y000    )
         │   M3       │
         ├──┤├────────┘
         │   M5
         ├──┤├───────────────────────(Y001    )
         │   M0
         ├──┤├──┬────────────────────(Y002    )
         │   M1 │
         ├──┤├──┤
         │   M2 │
         ├──┤├──┘
         │   M1    T3
         ├──┤├────┤├──┬──────────────(Y003    )
         │   M0       │
         ├──┤├────────┘
         │   M2
         ├──┤├───────────────────────(Y004    )
         │   M3
         ├──┤├──┬────────────────────(Y005    )
         │   M4 │
         ├──┤├──┤
         │   M5 │
         └──┤├──┘
114 ─────────────────────────────────[END     ]
```

图 12-4-5（二） 梯形图参考程序

每隔 0.5s 导通 0.5s，从而使南北绿灯闪烁。又过 3s，M1 断开，Y003 线圈失电，南北绿灯灭；此时 M2 的动合触点闭合，Y004 线圈得电，南北黄灯亮，模拟南北向行驶车的甲灯、模拟行人通行的丁灯灭。再过 2s 后，M2 断开，Y004 线圈失电，南北黄灯灭；此时起动累计时间达 25s，M2 断开同时使 Y002 线圈失电，东西红灯灭，M3 的动合触点闭合，Y005 线圈得电，南北红灯亮，Y000 线圈得电，东西绿灯亮。1s 后，模拟东西向行驶车的乙灯、模拟行人通行的丙灯亮。又经过 20s，即起动累计时间为 45s 时，M4 的动合触点接通，与该触点串联的 T3 动合触点每隔 0.5s 导通 0.5s，从而使东西绿灯闪烁；闪烁 3s，M4 断开，Y000 线圈失电，东西绿灯灭；此时 M5 的动合触点闭合，Y001 线圈得电，东西黄灯亮，模拟东西向行驶车的乙灯、模拟行人通行的丙灯灭。维持 2s 后，M5 断开，Y001 线圈失电，东西黄灯灭。这时启动累计时间达 50s，M5 断开同时使 Y005 线圈失电，即维持了 25s 的东西红灯灭。

上述是一个工作过程，然后循环往复地重复此过程。

五、实验分析及结论

（1）编写程序。

（2）观察、记录、分析实验过程及结果。

（3）得出结论，结论中有根据白天与夜晚、车流高峰时段与非高峰时段，自行设计交通灯不同的指挥方式与车流顺序，并根据横向与纵向不同的车流量，设置不同的通行时间，尝试编译新的控制程序，运用相应的梯形图程序，实现不同于示例程序的控制效果。

六、注意事项

（1）检查全部接线，无误后才接通 PLC 主机电源。

（2）根据白天与夜晚、车流高峰时段与非高峰时段、横向与纵向不同的车流量，设置不同的通行时间，尝试编译新的控制程序并运行模拟实验结果。

实验五　电机的速度控制系统设计实验

从控制工程的角度来看，伺服电机的速度控制系统属于抗干扰控制系统。对于伺服电机的速度控制，可以采用运动控制卡调用各种库函数，编写相应的控制程序等来实现。

一、实验目的

（1）掌握在 Windows 系统下动态连接库与库函数的使用。

（2）通过实验，编写控制，掌握采用驱动器、运动控制卡对控制电机的速度控制。

（3）通过实验，能够选用不同的运动控制模式来完成控制目的，训练工程意识。

（4）通过编写实验程序，提高设计控制系统的能力。

二、实验原理

控制电机也称为执行电机，一般用于自动控制、随动系统以及计算机装置中的微特电机，在控制系统中用作执行元件，将电信号转换为轴上的转角或者转速，改变控制电压的大小和相位（或极性），即可改变伺服电机的转速、转角和转向。本实验通过在程序中设置速度参数，实现对电机转速的控制，即抗干扰控制。

三、实验设备

电控箱、运动控制卡、计算机、驱动器以及控制电机等。

四、实验步骤

（1）打开计算机，电控箱上电。

（2）打开 VC＋＋的集成编程环境，选择 MFC AppWizard [exe] 微软基础类（Microsoft Foundation Classes）选项，新建一个命名为“速度控制”的项目，并创建一个“基本对话”的应用程序类型。

（3）在用户程序中加入：＃ include“GT400. h”。

（4）将 GT400. lib、GT400. dll 两个文件分别存放于该项目文件夹中，以便用户在程序中调用动态链接库中的函数。

（5）在对话框里面设计与实验目的相关的编辑框、按钮，并插入菜单，建立类向导，选择一个现成的类，定义成员函数与成员变量，根据控制要求与控制卡的库函数编写控制程序。

参考程序如下：

1）返回值处理函数。

```
voidCMyDlg:：error (short rtn)
{
```

```
switch (rtn)
{
case - 1:
printf ( "error: communication error \ n " ); break;
case 0:
/ * no error, continue * / break;
case 1:
printf ( "error: command error \ n " ); break;
case 2:
case 3:
case 4:
case 5:
case 7:
printf ( "error: parameter error \ n " ); break;
case 6:
printf ( "error: map is error \ n " ); break;
default:
break;
}
}
```

2）控制卡的初始化成员函数。

```
voidCMyDlg::GTInitial ()
{short rtn;
rtn=GT_Open();              error(rtn);
rtn=GT_Reset();             error(rtn);
rtn=GT_SwitchtoCar(1);      error(rtn);
rtn=GT_SetSmplTm(200);      error(rtn);
for(int i=1;  i<4;  i++)
{
rtn=GT_Axis(i.);
rtn=GT_setIntrMsk(0);
}
}
```

3）专用输入信号参数设置的成员函数。

```
voidCMyDlg::InputCfg()
{
short rtn;
unsigned short LmtSense=0;
unsigned int EncSense=0xF;
rtn=GT_LmtSns(LmtSense);        error(rtn);
rtn=GT_EncSns(EncSense);        error(rtn);
}
```

4）控制轴的初始化成员函数。

```
voidCMyDlg::AxisInitial()
{
short rtn;
rtn=GT_Axis(1);
rtn=GT_ClrSts();
rtn=CtrlMode(0);
rtn=CloselosLp();
rtn=GT_SetKp(20);
rtn=GT_SetKi(0);
rtn=GT_SetKd(10);
rtn=GT_SetKvff(0);
rtn=GT_SetKaff(0);
rtn=GT_SetMtrBias(10);
rtn=GT_Update();
rtn=GT_AxisOn();
rtn=GT_Axis(2);
rtn=GT_ClrSts();
rtn=GT_CtrlMode(0);
rtn=GT_OpenLp();
rtn=GT_AxisOn();
}
```

5）运动轴控制的成员函数。

```
voidCMyDlg::VMotion()
{
short rtn;
rtn=GT_PrflV(); error(rtn);
rtn=GT_SetAcc(0.01); error(rtn);
rtn=GT_SetVel(1);  error(rtn);
rtn=GT_Update();
}
```

五、实验分析与结论

在实验中，通过程序运行对运动控制卡初始化，对专用输入信号进行参数设置，控制轴上电，设置当前轴，选择相应的运动控制模式以及设置相应的速度参数，实现对电机即运动轴的速度控制。

六、注意事项

（1）本实验由两人共同完成，一人负责开关机，一人负责操纵工控机，按要求打印有关数据。两人既要明确分工，又要密切配合，严格要求正确操作，决不鲁莽操作。

（2）在实验前，需要经过教师的确认，才能进行上电实验与控制程序的运行，以确保人员、设备的安全。

（3）各设备、仪器要有良好的接地，一是为了防止外界干扰，二是预防触电。

（4）正式设备上电前，注意检查系统连接是否正确、程序的限位语句等保护措施是否正确。实验完成后，注意先退出控制程序，再关断设备电源。

（5）实验过程中，若设备、仪器有异常现象，须及时向指导教师报告，便于妥善处理。

（6）严格控制实验时间，各组在规定时间内完成实验。实验结束，待指导教师验收完毕后方可关机离开实验室。

七、讨论与思考

（1）为什么要在控制程序中加上限位开关的语句？

（2）控制卡初始化的目的是什么？控制轴初始化的目的是什么？

（3）程序中，哪个语句是用于轴上电的？

实验六　电机的位置控制系统设计实验

伺服电机的位置控制系统，从控制工程的角度来看，属于随动控制系统。伺服电机的位置控制可以采用运动控制卡等来进行。

调压回路用来控制系统的工作压力，使其不超过某一预先调定值，或者使系统在不同工作阶段具有不同的压力。

一、实验目的

（1）掌握在 Windows 系统下动态连接库与库函数的使用。

（2）掌握通过驱动器、运动控制卡对控制电机的位置控制。

（3）通过实验，能够选用不同的运动控制模式。

（4）通过实验，获得伺服电机控制的理论知识与实践知识。

二、实验原理

控制电机也称为执行电机，一般用于自动控制、随动系统以及计算机装置中的微特电机，在控制系统中用作执行元件，将电信号转换为轴上的转角或者转速，改变控制电压的大小和相位（或极性），即可改变伺服电机的转速、转角和转向。本实验通过在程序中设置位置参数，实现对电机转角的控制，即随动控制或者位置控制。

三、实验设备

电控箱、运动控制卡、计算机、驱动器以及控制电机等。

四、实验步骤

通过编写位置控制程序，达到对控制电机位置的控制。

（1）打开计算机，电控箱上电。

（2）打开 VC＋＋的集成编程环境，选择 MFC AppWizard [exe] 微软基础类（Microsoft Foundation Classes）选项，新建一个命名为“位置控制”的项目，并创建一个“基本对话”的应用程序类型。

（3）在用户程序中加入：＃ include“GT400. h”。

（4）将 GT400. lib、GT400. dll 两个文件分别存放于该项目文件夹中，以便用户在程序中调用动态链接库中的函数。

（5）在对话框里面设计与实验目的相关的编辑框、按钮，并插入菜单，建立类向导，选择一个现成的类，定义成员函数与成员变量，根据控制要求与控制卡的库函数，编写控制程序。

参考程序：

1）返回值处理函数。

```
voidCMyDlg::error(short rtn)
{
switch (rtn)
{
case -1:
printf("error: communication error\n "); break;
case 0:
/* no error,continue */ break;
case 1:
printf("error: command error\n "); break;
case 2:
case 3:
case 4:
case 5:
case 7:
printf("error: parameter error\n "); break;
case 6:
printf("error: map is error\n "); break;
default:
break;
}
}
```

2）控制卡的初始化成员函数。

```
voidCMyDlg::GTInitial ()
{
short rtn;
rtn=GT_Open();              error(rtn);
rtn=GT_Reset();             error(rtn);
rtn=GT_SwitchtoCar(1);      error(rtn);
rtn=GT_SetSmplTm(200);      error(rtn);
for(int i=1;  i<5;  i++)
{
rtn=GT_Axis(i);
rtn=GT_setIntrMsk(0);
}
}
```

3）专用输入信号参数设置的成员函数。

```
voidCMyDlg::InputCfg()
{
short rtn;
unsigned short LmtSense=0;
unsigned int EncSense=0xF;
rtn=GT_LmtSns(LmtSense);        error(rtn);
rtn=GT_EncSns(EncSense);        error(rtn);
}
```

4）控制轴的初始化成员函数。

```
voidCMyDlg::AxisInitial()
{
for(int i=0; i<4; i++)
{
rtn=GT_Axis(i);
rtn=GT_ClrSts();
rtn=GT_StepPulse();
rtn=GT_AxisOn();
}
}
```

5）运动轴控制的成员函数。

```
voidCMyDlg::SMotion()
{
rtn=GT_PrflS();
rtn=GT_SetJerk(0.00000002);
rtn=GT_SetMAcc(0.004);
rtn=GT_SetVel(4);
rtn=GT_SetPos(80000);
rtn=GT_Update();
```

五、注意事项

（1）本实验由两人共同完成，一人负责开关机，一人负责操纵工控机，按要求打印有关数据。两人既要明确分工，又要密切配合，严格要求正确操作，决不鲁莽从事。

（2）在实验前，需要经过教师的确认，才能进行上电实验与控制程序的运行，以确保人员、设备的安全。

（3）各设备、仪器要有良好的接地，一是为了防止外界干扰，二是预防触电。

（4）正式设备上电前，注意检查系统连接是否正确、程序的限位语句等保护措施是否正确。实验完成后，注意先退出控制程序，再关断设备电源。

（5）实验过程中，若设备、仪器有异常现象，须及时向指导教师报告，便于妥善处理。

(6) 严格控制实验时间，各组在规定时间内完成实验。实验结束，待指导教师验收完毕后方可关机离开实验室。

六、讨论与思考

(1) 什么是电子齿轮模式？

(2) T形模式曲线和S形模式曲线有什么区别？

(3) 对于不同系列的控制卡，为什么卡的初始化程序不一样？

第十三章 精密和超精密加工

实验一 基于四轴加工中心的复杂箱体零件精密加工实验

一、实验目的

(1) 掌握四轴加工中心的基本操作技能。

(2) 掌握四轴加工中心开关机步骤。

(3) 熟练掌握 MDA 的运行方式。

(4) 掌握辅助指令、主轴指令及相关的 G 代码准备功能指令的使用。

二、实验设备

(1) 配备西门子 802D 数控系统的四轴加工中心一台。

(2) 圆柱形毛坯一块($\phi102\times112$ 的尼龙毛坯)。

(3) 游标卡尺、塞尺各一把，对刀棒一根。

(4) 端面铣刀一把，键槽铣刀一把。

三、实验原理

超精密加工的精度比传统的精密加工提高了一个以上的数量级。超精密加工对工件材质、加工设备、工具、测量和环境等条件都有特殊的要求，需要综合应用精密机械、精密测量、精密伺服系统、计算机控制以及其他先进技术。工件材质必须极为细致均匀，并经适当处理以消除内部残余应力，保证高度的尺寸稳定性，防止加工后发生变形。加工设备要有极高的运动精度，导轨直线性和主轴回转精度要达到 0.1μm 级，微量进给和定位精度要达到 0.01μm 级。对环境条件要求严格，须保持恒温、恒湿和空气洁净，并采取有效的防振措施。加工系统的系统误差和随机误差都应控制在 0.1μm 级或更小。

加工中心操作面板如图 13-1-1 所示。

加工中心常用按键如图 13-1-2 所示。

(1) 急停键。在下列情况下按下此键：①有生命危险时；②存在机床或者工件受损的危险。

(2) 按下此键机床将使用最大制动力矩停止所有驱动。按下红色按键，系统断电。按下绿色按键，系统上电。

(3) RESET 键。

1) [RESET] 中断当前的程序的处理；NCK 控制系统保持和机床同步。机床保持初始设置，准备好重新运行程序。

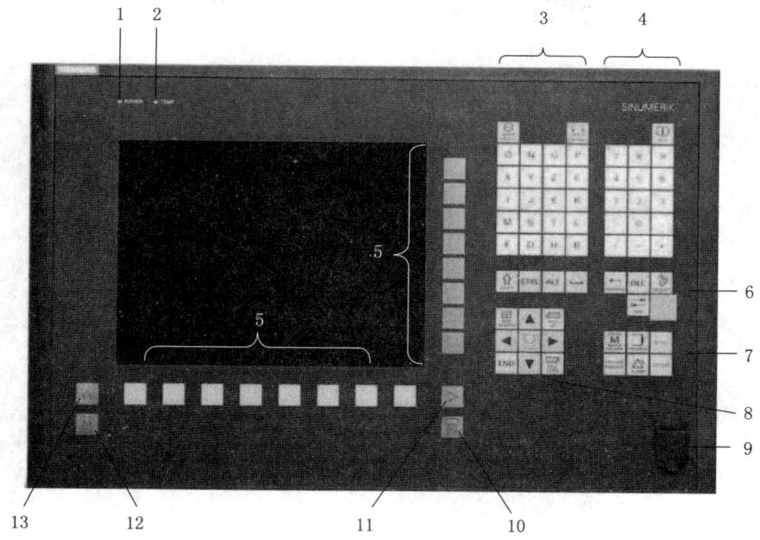

图 13-1-1　操作面板 OP010 视图

1—状态 LED 灯：POWER；2—状态 LED 灯：TEMP；3—字母区；4—数字区；5—软键；6—控制键区；7—热键区；8—光标区；9—USB 接口；10—菜单选择键；11—菜单扩展键；12—加工区域键；13—菜单返回键

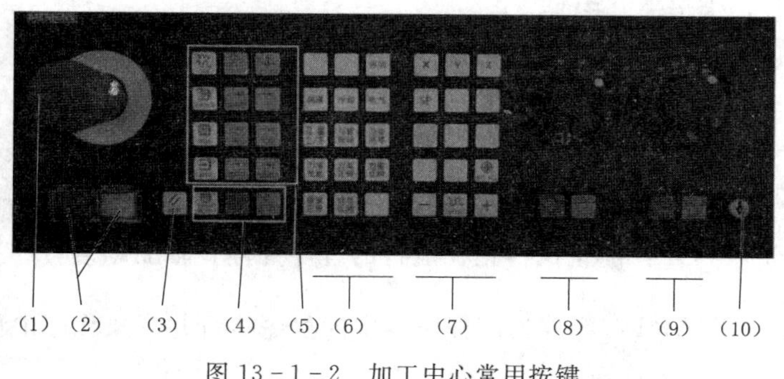

图 13-1-2　加工中心常用按键

2）删除报警。

（4）程序控制。

1）SINGLE BLOCK：打开/关闭单程序段模式。

2）CYCLE START：开始执行程序。

3）CYCLE STOP：停止执行程序。

（5）运行方式，机床功能。

1）JOG：选择运行方式“JOG”。

2） TEACH IN：选择子运行模式“示教”。

3） MDA：选择运行方式“MDA”。

4） AUTO：选择运行方式“AUTO”。

5） REPOS：再定位、重新逼近轮廓。

6） REF POINT：返回参考点。

7） Inc（VAR）可变增量进给：以可变增量运行。

Inc（增量进给）。以设定的增量值 1，…，10000 运行。

（6）辅助功能键。

（7）运行轴，带快速移动叠加和坐标转换。包括以下按键：X 轴按键；Z 选择轴；+ 方向键；- 选择待运行方向；RAPID 按下方向按键时快速移动轴；WCS MCS 在工件坐标系（WCS）和机床坐标系（MCS）之间切换。

（8）主轴控制，带倍率开关。

1） SPINDLE STOP：主轴停止。

2） SPINDLE START：释放主轴。

（9）进给控制，带倍率开关。

1） FEED STOP：停止执行正在运行的程序并停止轴驱动装置。

2） FEED START：释放当前程序段中的程序执行并释放程序中预设的进给值。

（10）钥匙开关（四个位置）。

四、实验步骤

（1）机床通电，启动系统并进行回零操作。

（2）将编制、检查好的数控程序认真输入数控系统。

（3）安装棒料，完成对刀操作，正确设定坐标数据及刀具补偿参数。

（4）加工前进行图形模拟显示，检查程序有无错误。

（5）进行自动加工，并测量所加工的零件，进行误差分析。

五、实验分析及结论

对加工零件的工艺路线进行分析并提出优化方案。

六、讨论与思考

（1）工件坐标系和编程坐标系零点有什么关系？

（2）加工中心如何换刀？

七、注意事项

（1）遵守实验纪律，听从指导教师安排。

（2）加工零件之前，先关闭加工中心的防护门；加工完毕后，先停止主轴，后打开防护门。

实验二　六方笔筒的精密加工实验

一、实验目的

（1）掌握智能制造创新设计装配系统的基本操作流程。

（2）掌握智能制造创新设计装配系统开关机步骤。

二、实验设备

（1）智能制造创新设计装配系统。

（2）圆柱形毛坯一块（$\phi 79\times 90$ 的铝制毛坯一个）。

（3）游标卡尺、塞尺各一把，对刀棒一根。

（4）端面铣刀一把，键槽铣刀一把，中心钻一把，立铣刀一把。

三、实验原理

1. 工业机器人

工业机器人是面向工业领域的多关节机械手，拥有多自由度的机械装置，它能自动执行工作，主要依靠自身动力和控制能力来实现各种功能的一种机器。它可以接受人类指挥，也可以按照预先编排的程序执行相应的轨迹运动。现代工业机器人的普及是实现自动化生产、提高生产效益、推动企业和社会生产力发展的有效手段。

2. 工业机器人组成

机器人由机器人本体、机器人示教器、机器人控制柜等部分构成，如图 13－2－1 所示。

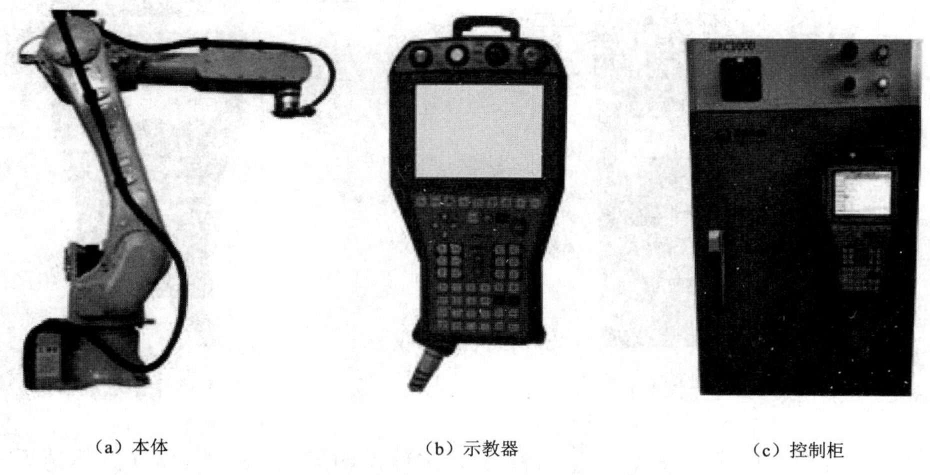

（a）本体　　（b）示教器　　（c）控制柜

图 13－2－1　机器人本体、示教器、控制柜

工业机器人由以伺服电机驱动的轴和手腕构成的机械部分组成，具有进行作业所需的机械手等末端执行器。

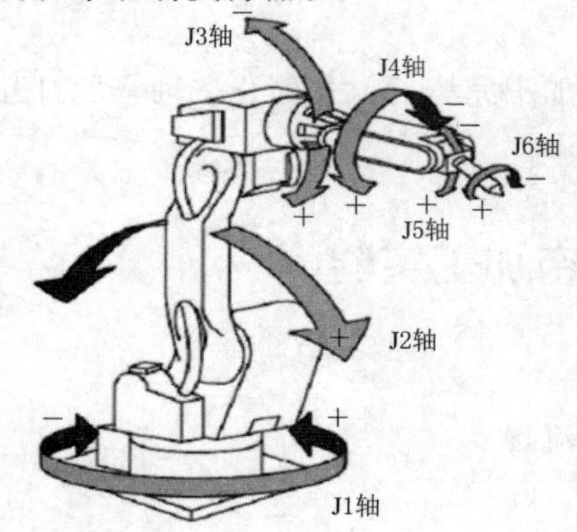

图 13－2－2　机器人旋转方向（整体）

手腕也叫手臂，手臂的结合部位叫作轴杆或者关节。图 13－2－2 所示为工业机器人手臂，其中最初的 3 轴（J1、J2、J3）叫作基本轴，J4、J5、J6 叫作手腕轴，它们为同心轴。工业机器人基本轴分别由几个直线轴和旋转轴构成。手腕轴对安装在法兰盘末端的执行器进行操控，如进行旋转、上下摆动、左右摆动之类的动作。

在机器人本体上方增加了电磁阀，用于控制机器人手臂末端执行器的更换以及抓手的开合动作。

六轴法兰盘末端安装了快换夹具装置（末端执行器），可实现不同形状物料的抓取，提高生产效率。

控制柜也称电控柜，如图 13－2－3 所示，主要给机器人提供电源动力。控制柜外带有 380V 电压转换器，可将 380V 的电压转换为三相 220V 交流电。控制柜内除了本身的驱动器单元以及控制单元外，接入了时间计时器、输入输出信号、modbus 通信网线等，非实验指导教师，不能打开控制柜，触碰电缆，以免发生短路的危险。电源等相关说明请参考《固高工业机器人系统用户手册》。

示教器（手持终端）用于操控机器人移动、在线编程、程序回放等。

在示教器最上方有四个特殊的功能键，从左往右分别是启动按钮、暂停按钮、三位旋钮开关、急停旋钮，如图 13－2－4 所示。

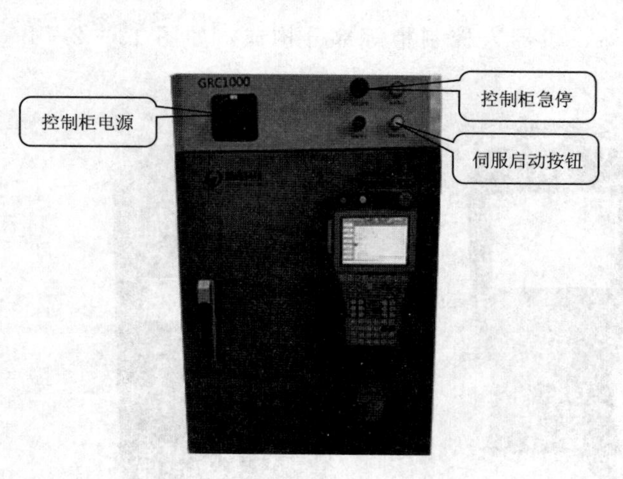

图 13－2－3　控制柜

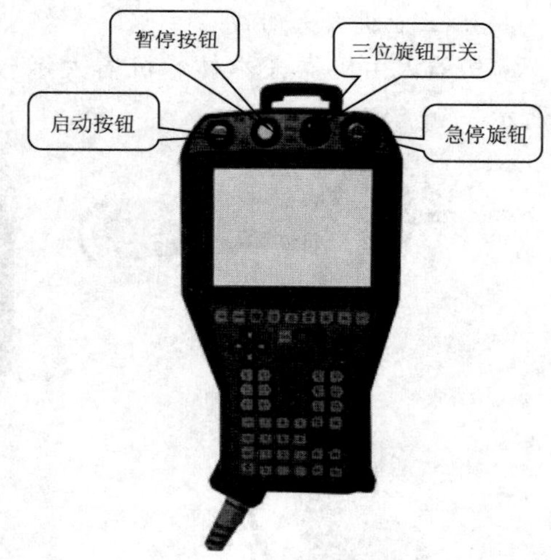

图 13－2－4　手持操作示教器部分布局图

常用示教器功能按键如图 13－2－5 所示，按键说明见表 13－2－1（具体请看《固高工业机器人系统用户手册》）。

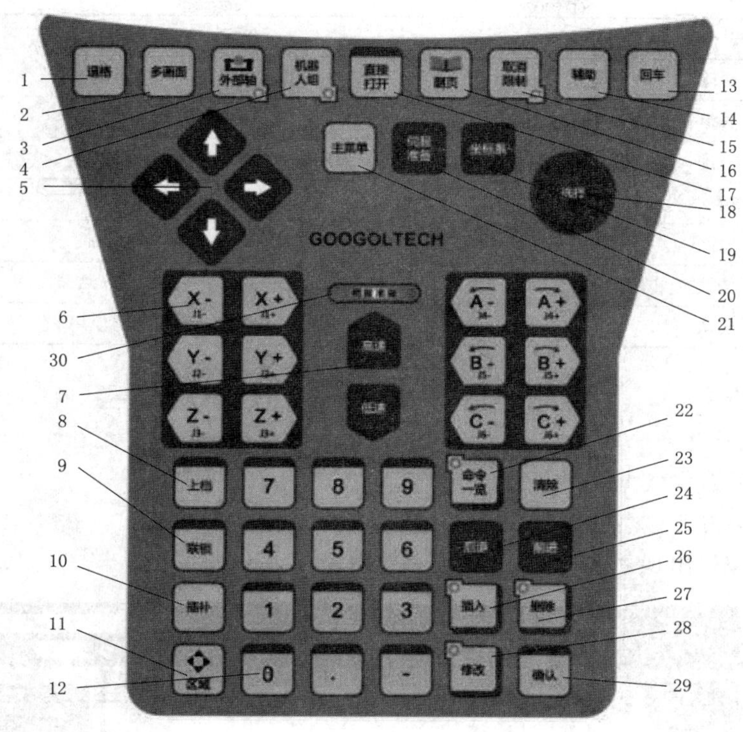

图 13－2－5　按键功能说明

表 13－2－1　　　　**部分按键功能**

序号	按　键	作　　用
1	退格	删除最后的一个字符
5	移动键	光标朝指定方向移动
6	轴操作键	可操作机器人进行移动
7	手动速度键	可以调节手动模式下机器人的移动速度
8	上档键	可与其他键配合使用
9	联锁键	联锁＋前进键可实现程序连续执行
12	数值键	可输入键的数值与符号
13	回车	表示确认的作用，能够进入选定的文件夹
16	翻页	可在程序选择以及程序内容界面显示下一页
18	选择	指令列表中可选中指令
19	坐标系	切换机器人到不同坐标系下进行移动
20	伺服准备	伺服电源有效接通
21	主菜单	显示主菜单
22	命令一览	在程序界面可键入所需的指令

续表

序号	按　键	作　　用
23	清除	清除“人机交互区”的报警信息
24	后退	程序逆向执行
25	前进	程序按照示教点路径单步执行
26	插入	插入新的一行程序指令
27	删除	删除已输入的程序点
28	修改	修改已示教点的位置数据、指令数据
29	确认	配合插入、删除、修改按键使用

四、实验步骤

（一）触摸屏总系统准备

（1）闭合所有空气开关。

（2）上电后旋起“急停”按钮（复位）。

（3）待触摸屏出现如图 13-2-6 所示界面。

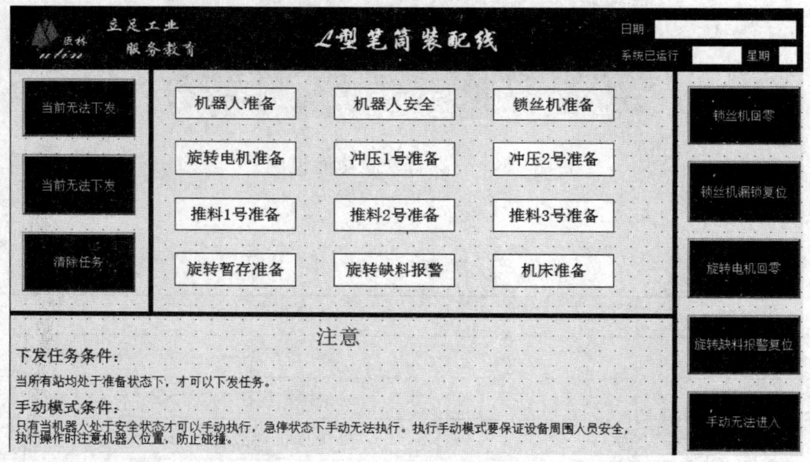

图 13-2-6　“急停”按钮旋起后界面

（4）按住旋转电机回零 旋转电机回零 约 3s，等待旋转电机回零完成。

（5）按住锁丝机回零 锁丝机回零 约 3s，等待锁丝机回零完成。

（6）若旋转缺料报警亮红灯，则放好料后按住旋转缺料报警复位 旋转缺料报警复位 3s，等待旋转暂存准备信号。

（7）等待所有准备信号后，即可下发任务 下发任务2 下发任务1 。

（8）准备完成界面如图 13-2-7 所示。

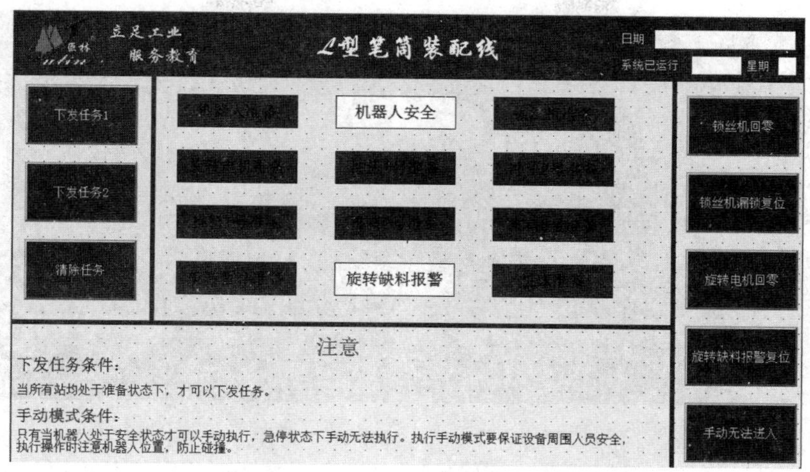

图 13－2－7　准备完成界面

（二）机床准备

（1）将机床背面的旋钮旋至 ON。

（2）机床控制面板启动“开机”按钮。

（3）开机后，旋起“急停”按钮，按下“复位”按键，然后按下“主轴使能”和“进给使能”。

（4）选择“手动”工作方式，“主轴倍率”旋钮选择 100%，“进给倍率”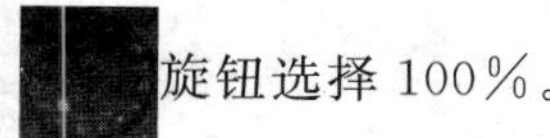旋钮选择 100%。

（5）按下“程序管理”按键，然后打开如图 13－2－8 光标所在的“MAIN”文件，按下“执行”按键，最后按下“循环启动”按键。

（三）机器人准备

（1）机器人控制柜“电源开关”顺时针旋至 ON。

（2）旋起控制柜面板与示教器面板两处“急停旋钮”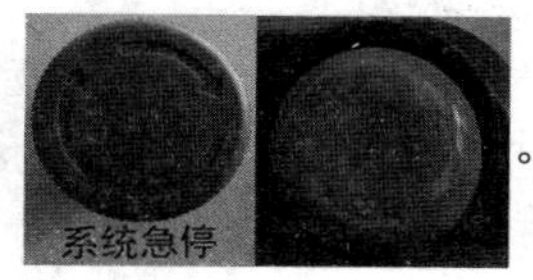。

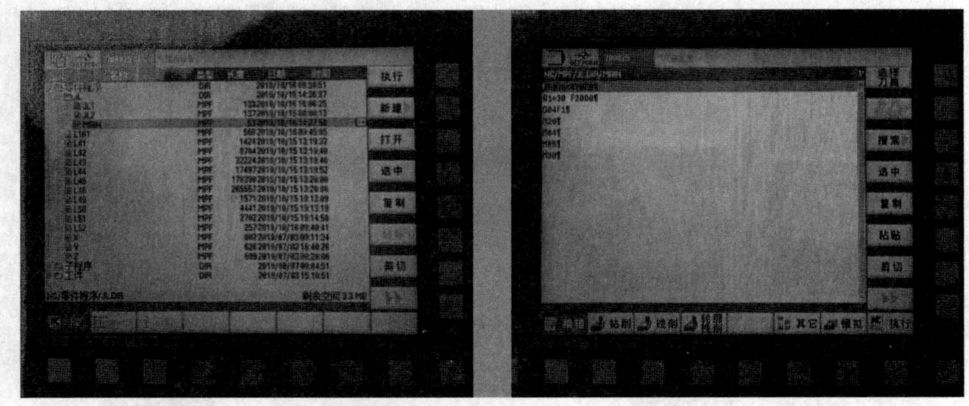

图 13-2-8　“MAIN”文件

(3) 按下示教器功能键中的“清除”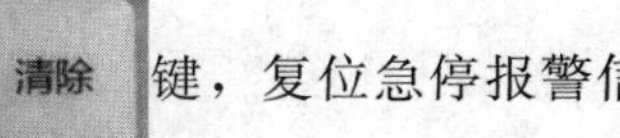键，复位急停报警信息提示。

(4) 点击屏幕中的“程序”图标，点击“选择程序”，选择“MAIN”，按下“选择”键。

(5) 将手自动拨码开关旋至“回放”。

(6) 按下控制柜面板上的“伺服启动”

按钮，按下示教器面板上的“伺服准备”

键与绿色“开始”按钮。

(四) 按下触摸屏中的下发任务 2 

五、实验分析及结论

分析智能装配生产线加工笔筒的主要流程。

六、讨论与思考

(1) 工件坐标系和编程坐标系零点有什么关系?

(2) 加工中心如何换刀?

七、注意事项

(1) 遵守实验纪律，一切行动听从指导教师。

(2) 加工零件之前，先关闭加工中心的防护门；加工完毕后，先停止主轴，后打开防护门。

（3）操作机床时不得戴手套及穿宽松的外衣。否则，很可能引起误操作或发生缠绕卷入危险。

（4）在完成操作后，如果操作者需要暂时离开机床的时候，应按急停按钮，防止他人误操作，造成事故。

（5）机器人在自动运行过程中，禁止人员进入机器人运动范围，以免造成人身伤害。

第十四章　塑料成形工艺与模具设计

实验一　热塑性塑料熔体流动速率的测定

一、实验目的

(1) 了解热塑性塑料熔体流动速率的实质和测定意义。

(2) 学习掌握 XRZ-400 型熔体流动速率测定仪的使用方法。

(3) 测定聚丙烯树脂的熔体流动速率。

二、实验原理

聚合物流动性即可塑性，是一个重要的加工性能指标，它对聚合物材料的成型和加工有重要意义，而且又是高分子材料的应用和开发的重要依据。大多数热塑性树脂材料都可以用熔体流动速率来表示其黏流态时的流动性能，熔体流动速率是指在一定温度和载荷下，聚合物熔体 10min 通过标准口模的质量，通常用英文缩写 MFR（Melt Flow Rate）表示。在相同的条件下，单位时间内流出量越大，熔体流动速率就越大，这对材料的选用和成型工艺的确定有重要实用价值。

熔体流动速率的测量是在熔体流动速率测定仪上进行的，是在给定的剪切应力下测得的，不存在广泛的应力-应变关系，不能用来研究黏度与温度、剪切速率的依赖关系，只能用来比较同类结构的高聚物的分子量和熔体黏度的相对值。

三、实验设备

熔体流动速率仪、天平、秒表等工具，以及聚丙烯粒料。

四、实验步骤

(1) 仪器安放平稳，调节水平，以活塞杆可在料筒内自然落下为准。

(2) 开启电源，将调温旋钮设定至 230℃，并开始升温。

(3) 当实际温度达到设定值后，恒温 5min，按照被测聚丙烯（PP）物料的牌号确定称取物料的质量。

(4) 将压料杆取出，将物料加入料筒并压实，最后固定好套件，开始计时。

(5) 等加入时间到 6～8min 后，在压料杆顶部加上选定的砝码（砝码负荷见表 14-1-1），熔融的试样即从出料口挤出，将开始挤出的 15cm 长度可能含有气泡的部分切除后开始计时。

(6) 按照表 14-1-2 选定取样时间切断塑料，样品数量取不少于 5 段，含有气泡的料段应弃去。

表 14-1-1　　常用的树脂测量 MFR 的标准条件

树　脂	实验温度/℃	负　荷/g	负荷压强/MPa
PE	190	2160	0.304
PP	230	2160	0.304
PS	190	5000	0.703
PC	300	1200	0.169
POM	190	2160	0.304
ABS	200	5000	0.703
PA	230	2160	0.304
纤维素酯	190	2160	0.304
丙烯酸树脂	230	1200	0.169

表 14-1-2　　试样用量与取样时间

MFR/(g/10min)	试　样　用　量/g	取　样　时　间/s
0.1～0.5	3～4	240
0.5～1.0	3～4	120
1.0～3.5（包含 3.5）	4～5	60
3.5～10.0	6～8	30
10.0～25.0	6～8	10

（7）将取下的料段用天平称取总质量，计算平均料重。

（8）每种树脂试样都应平行测定两次。若两次测定差距较大或同一次各段重量差距明显，应找出原因。

（9）实验完毕后，将剩余物料挤出，将料筒和压料杆趁热用软布清理干净，保证各部分无树脂熔体黏附。

五、数据处理

（1）记录切样时间、样品名称、测量温度、切割段平均重量。

（2）按照下式核算熔体熔融指数：

$$MFR = 600W/t \tag{14-1-1}$$

式中：W 为 5 个切割段的平均重量，g；t 为取样时间间隔，s。

（3）按表 14-1-3 填写实验结果。

表 14-1-3　　实验数据及实验结果记录表

切样时间	样品名称	测量温度	切割段平均重量	熔融指数

六、注意事项

（1）料筒压料杆和出料口等部位尺寸精密，光洁度高，故实验要谨慎，防止碰撞变形和清洗时材料过硬造成损伤。

（2）实验和清洗时要戴双层手套，防止烫伤。

（3）实验结束挤出余料时，要轻缓用力，切忌以强力施加，以免仪器损伤。

七、讨论与思考

（1）测定 MFR 的实际意义有哪些？

（2）可否一次性切取 10min 流出的熔体的重量作为 MFR 值？为什么？

实验二　塑料注射模塑工艺实验

一、实验目的

（1）熟悉注射机的结构、工作原理和设备操作步骤。

（2）掌握模具的安装调整方法，了解注射机工艺参数的调整方法。

（3）熟悉原料、注射机、模具等工艺参数与制品品质之间的关系，学会分析引起制品品质变化的原因。

二、实验设备

注射机一台（螺杆直径 40mm，螺杆转速 10～232r/s，注射压力 150MPa，喷嘴球头半径 12mm，孔直径 4mm），注射成型模具及装卸所用工具，秒表，原材料。

三、实验内容

（1）将模具安装到注射机模板上，调整闭模厚度尺寸。

（2）根据所使用的模具设定初始的注射机工艺参数。

（3）进行试模操作，观察所成型塑件的外观质量，修改工艺参数，直到制品合格。

（4）记录以上实验条件及其所导致的制品外观质量的变化，撰写实验报告。

四、实验步骤

（1）阅读使用注射机的资料，了解机器的工作原理、安全要求及使用程序。

（2）将模具安装到注射机模板上，调整闭模厚度尺寸。调节开合模速度，试验开合模动作。

（3）了解原料的性能、成型工艺特点及试样的质量要求，参考有关的试样成型工艺条件介绍，初步拟出下列实验条件：喷嘴温度、料筒前段温度、中段温度、进料段温度；螺杆转速、背压及加料量；注射速度、注射压力；保压压力、保压时间；模具温度、冷却时间。

（4）在注射机温度仪指示值达到实验条件时，在进行恒温 10～20min，加入塑料施行预塑程序，用慢速进行对空注射。从喷嘴流出的料条，观察离模膨胀和不均匀收缩现象。如料条光滑明亮、无变色、无银丝、无气泡，说明原料质量及预塑程序的条件基本适用，可以制备试样。

（5）根据试注射制品的形态，改进工艺参数，如注射速度、注射压力、保压时间、冷却时间、料筒温度。观察不同工艺参数条件下的制品外观质量，记录相关工艺参数。

五、实验数据及结果

将工艺参数与实验结果记录在表 14 - 2 - 1。

表 14-2-1　　工艺参数与实验结果记录表

<table>
<tr><th colspan="3">内　容</th><th>工艺参数</th><th>实测结果</th></tr>
<tr><td colspan="3">原材料</td><td></td><td></td></tr>
<tr><td rowspan="3">干燥条件</td><td colspan="2">干燥方法</td><td></td><td></td></tr>
<tr><td colspan="2">干燥温度/℃</td><td></td><td></td></tr>
<tr><td colspan="2">干燥时间/h</td><td></td><td></td></tr>
<tr><td rowspan="6">注射机</td><td colspan="2">型号</td><td></td><td></td></tr>
<tr><td rowspan="2">喷嘴结构参数</td><td>球头半径/mm</td><td rowspan="2"></td><td rowspan="2"></td></tr>
<tr><td>喷嘴孔径/mm</td></tr>
<tr><td colspan="2">固定模板定位孔径</td><td></td><td></td></tr>
<tr><td rowspan="2">允许模具厚度</td><td>H_{max}</td><td rowspan="2"></td><td rowspan="2"></td></tr>
<tr><td>H_{min}</td></tr>
<tr><td rowspan="14">成型条件</td><td rowspan="3">料筒温度/℃</td><td>前段</td><td rowspan="3"></td><td rowspan="3"></td></tr>
<tr><td>中段</td></tr>
<tr><td>后段</td></tr>
<tr><td colspan="2">喷嘴温度/℃</td><td></td><td></td></tr>
<tr><td colspan="2">熔体温度/℃</td><td></td><td></td></tr>
<tr><td colspan="2">模具温度/℃</td><td></td><td></td></tr>
<tr><td rowspan="2">成型压力/MPa</td><td>注射时</td><td rowspan="2"></td><td rowspan="2"></td></tr>
<tr><td>保压时</td></tr>
<tr><td colspan="2">塑化压力/MPa</td><td></td><td></td></tr>
<tr><td colspan="2">注射速度/(mm/s)</td><td></td><td></td></tr>
<tr><td colspan="2">螺杆转速/(r/min)</td><td></td><td></td></tr>
<tr><td colspan="2">注射保压时间/s</td><td></td><td></td></tr>
<tr><td colspan="2">冷却时间/s</td><td></td><td></td></tr>
<tr><td colspan="2">成型周期/s</td><td></td><td></td></tr>
<tr><td></td><td colspan="2">制品数量</td><td></td><td></td></tr>
</table>

六、注意事项

(1) 电器控制线路的电压维持在 380V。

(2) 在闭合动模、定模时，应保证模具方位的整体一致性，避免错合损坏。

(3) 安装模具的螺栓、压板、垫铁应适用、牢靠。

(4) 禁止料筒温度在未达到规定要求时进行预塑或注射动作。

(5) 主机运转时，严禁手臂及工具等硬质物品进入料斗内。

(6) 喷嘴阻塞时，禁用增压的办法清除阻塞物。

(7) 不得用硬质金属工具接触模具型腔。

(8) 不应任意调整泵溢流阀、顺序阀压力及电脑中的工艺参数。

(9) 严防人体触动有关电器，使设备出现意外动作，造成设备人身事故。

七、讨论与思考

(1) 写出实验所用的原材料及其特性和理论成型工艺参数。

(2) 注射成型周期包括哪几部分?

(3) 注射成型工艺参数中的温度控制包括哪些内容?

(4) 拟定注射成型工艺参数的依据是什么?

实验三 塑料模具拆装实验

一、实验目的

(1) 通过塑料注射模具的拆卸和装配，掌握模具的结构、各零部件的作用、零件的配合关系以及拆卸与装配方法。

(2) 掌握模具的工作原理和结构特点。

二、实验设备

典型注射模具、内六角扳手、活动扳手、螺丝刀、铜质（或木质）棒、钳子、刷子、锉刀、煤油、砂纸、棉纱等。

三、实验内容

(1) 按一定顺序拆卸一套塑料注射模，观察模具结构，了解各零件的装配关系、装配方法、各零件在模具中的位置及连接方法。然后再将模具重新安装组合起来。

(2) 记录拆解装配过程。

(3) 绘制出模具结构示意图，撰写实验报告。

四、实验步骤

(1) 观察注射模的整体结构，识别出各个零部件的功能，绘制外形图。

(2) 打开注射模，观察模具型腔、型芯以及浇注系统的布置，绘制出浇注系统结构图。

(3) 观察推出机构的特点，注意推出的部位，分析推出机构的复位方式。

(4) 拆解模具。在弄清楚模具结构的前提下，拆开模具。随时记录拆卸部位和零件，观察个零件的位置及连接方式，拆卸的零件按照拆解的顺序放置。

(5) 清洗模具零件，并擦拭干净。观察模具表面状态、加工痕迹，分析加工方法。涂上防锈润滑油，擦掉多余的润滑油。

(6) 装配模具。按照顺序将模具组装起来，保证各个运动部分动作平稳轻快。

五、注意事项

(1) 注意安全，搬动模具时需要戴手套。合模状态立放时不允许仅仅搬动上模，以免下模掉下砸伤或损坏模具。

(2) 不得野蛮拆卸或装配。拆解或装配时应均匀用力，敲击时只能使用软质棒材，并轻轻均匀敲击。

(3) 清洗零件时注意防火。

（4）零件安装时要对位准确，根据拆解时绘制的模具图按照顺序安装。螺钉要拧紧，避免松脱。

六、讨论与思考

（1）拆装的模具使用的是什么推出机构，推出机构如何复位？

（2）拆装的模具有几个分型面、一模几腔？采用的是什么类型的浇注系统（浇口）？

第十五章　冲压工艺与模具设计

实验一　冲　模　安　装

一、实验目的

（1）学会冲模在曲柄压力机上的安装和调整方法。

（2）了解曲柄压力机对模具的使用过程及寿命的影响。

二、实验设备

J23－16 型曲柄压力机一台，冲裁模一副，拉深模一副，平尺一把，活动扳手。

三、实验步骤

（一）冲裁模安装和调整

（1）松开压力机连杆的锁紧螺母，根据冲裁模的闭合高度将滑块调动适当位置；松开压力机推件机构的撞杆锁紧螺母，将撞杆调至较高位置；松开滑块的锁紧螺母及模柄紧定螺钉，将模柄固定块拉出少量距离。

（2）装模、紧固并调整连杆的长度使模具呈闭合状态。

（3）使滑块连同上模升至上止点，调整推件装置达到工作状态。

（4）在下模面上放置一块适当厚度的纸板，用手动或点动压力机，观察凸凹模闭合深度是否合适（深度以 0.5～1mm 为宜）。当深度不当时，再调整连杆的长度，直至合适为止。并观察推件机构是否正常，如不正常，应调整撞杆的位置，至正常为止。

（5）用金属板料进行试冲，观察整个模具的工作是否正常，如工作正常，装模调整即告结束。

（6）将滑块移至下止点，使模具闭合，松开模柄紧定螺钉及模柄固定块，拆下模具。

（二）拉深模安装和调整

（1）松开压力机连杆的锁紧螺母，根据拉深模的闭合高度将滑块调动适当位置；松开压力机推件机构的撞杆锁紧螺母，将撞杆调至较高位置；松开滑块的锁紧螺母及模柄紧定螺钉，将模柄固定块拉出少量距离。

（2）装模并紧固上模。

（3）调整凸凹模间隙，紧固下模。

（4）调整连杆的长度使模具呈闭合状态，调整推件和压料装置达到要求。

（5）试冲，观察冲出的冲件是否达到要求，推件和压料是否正常。如冲件不满足要求或压料、推件动作异常者，应及时调整模具的相应部分，继续试冲，直到达到要求，拉深模装模与试模即告结束。

四、实验报告与思考

（1）了解冲模尺寸与曲柄压力机的关系。

（2）简述冲模安装和调整过程的注意事项。

（3）简要说明曲柄压力机的精度对模具寿命的影响。

实验二　冲裁模间隙值实验

一、实验目的

（1）加强对冲裁断面组成及冲裁间隙对冲裁件切断面质量、尺寸和形状、精度、冲裁力的影响规律的理解。

（2）培养按照工件质量的要求及实际条件，确定凸凹模之间合理间隙的能力。

二、实验原理

冲裁是使板料按封闭轮廓线分离的冲压工序。普通冲裁的切断面一般由塌角、光面、毛面和毛刺四个部分组成。冲裁凸、凹模之间的间隙值会直接影响冲裁切断面上四个部分所占比例的大小（即冲裁间隙值变化），切断面上各部分所占的比例也发生变化。而且间隙值还影响冲裁件的尺寸与形状精度，间隙不同，所得冲裁件的尺寸精度和形状精度也不同。此外，冲裁间隙大小还影响冲裁力（即料力）、推件力和顶件力的大小，并影响模具的使用寿命。

冲裁合理间隙值可以按理论方法计算出来，但在生产中通常按照经验数据并结合实际情况确定。本实验通过改变凸、凹模间的间隙值进行冲裁，以验证不同冲裁间隙条件下的切断面和零件的尺寸精度、形状精度变化规律。

三、实验设备

（1）J23－40型曲柄压力机一台。

（2）厚度为2mm的低碳钢板，剪成条料。

（3）落料模一副，其凹模一个，不同尺寸的凸模一组。

（4）内六角扳手、游标卡尺、小平板、放大镜等各一件。

四、实验步骤

（1）测量各凸模及凹模的实际尺寸，记入表15－2－1中。

表15－2－1　　数据记录

实验序号	选择尺寸 $d_{凸}$/mm	间隙 z/mm	工件尺寸 D/mm	凹模尺寸 $D_{凹}$/mm
1				
2				
3				
4				
5				

注　D的尺寸不同的同学最好有区别，原则是：间隙z值越小，工件尺寸$D \geqslant D_{凹}$；间隙z值越大，工件尺寸$D < D_{凹}$。

(2) 按装模要求安装冲模，实验过程中改变凸模的尺寸，实现不同间隙冲载。注意按大小顺序实验，并做好记录。

(3) 测量不同间隙的落料件的尺寸，记入表 15－2－1 中。

(4) 将落料件置于小平台上，观看工件的不平度。

(5) 用放大镜观察工件断面质量。

五、注意事项

(1) 严格遵守压力机操作规程。

(2) 实验过程中同组同学必须分工明确，密切配合，严肃认真，仔细观察、测量，准确记录。

六、实验报告与思考

(1) 根据实验结果，分别给出落料件的尺寸与凹、凸模间隙之间的关系曲线。

(2) 根据实验结果和观察的现象，分析冲裁间隙对切断面质量、冲裁件精度、冲裁力、卸料力、推件等方面的影响。

(3) 根据实验结果，确定实验用材料的合理间隙值，并与理论数据比较。

实验三　弯曲件回弹值的确定实验

一、实验目的

(1) 通过试件在 V 形弯曲模中的弯曲实验，观察回弹现象，学习测定弯曲回弹角的方法。

(2) 培养分析材质和弯曲变形程度对回弹值影响的能力，懂得针对实际情况采取减少回弹力的措施。

二、实验原理

弯曲工艺中的回弹直接影响弯曲件的精度，研究影响弯曲回弹的因素和减少回弹的办法对保证弯曲件质量有重要意义。

弯曲的回弹值与下列因素有关：

(1) 材料的力学性能。材料的屈服强度 s 和硬化模数 n 越大，回弹值越大；材料的弹性模力 E 越大，回弹值越小。

(2) 相对弯曲半径 r/t。r/t 越小，弯曲变形程度越大，回弹值越小，反之回弹值越大。

(3) 弯曲中心角度 α。α 的大小表达了变形压的大小，弯曲中心角度越大，所代表的弯曲变形区越大，回弹值越大。

采用一副快换凸模的弯曲模进行弯曲实验，可以测出：①相同材料、不同 r/t 的弯曲回弹角；②不同材料、相同 r/t 的弯曲回弹角；③减小承压面积的凸模弯曲回弹角。

通过对实验数据的分析，可以看出 $\sigma s/E$ 和 r/t 对弯曲回弹的影响情况，以及使用减少承压面积的凸模达到减小回弹的良好效果。利用较厚材料的弯曲，使其弯曲变形程度超过材料的极限变形程度，即 $r/t \leqslant r_{\min}/t$，可以观察到变形区外层材料破裂的情况。

三、实验设备

（1）J23－40 型曲板柄压力机。

（2）长 50mm、宽 10mm 的 Q235 钢板 16 件，其中厚度分别为 0.5mm、1.5mm、2.5mm 的各 5 件，厚度为 4mm 的一件；厚度 0.5mm 的 08 钢 5 件；长宽同上的 H62 板 6 件，其中 0.5mm 的 5 件，4mm 的一件。

（3）实验用弯曲模一副，快换凸模 5 个，弯曲中心角度 90°，弯曲半径分别 0.1mm、0.8mm、1.5mm、2.5mm、4mm，以及一个减少承压面积的弯曲凸模。

四、实验步骤

（1）按冲裁安装的方法安装弯曲模。

（2）按弯曲半径从小到大的顺序对每一种材料进行弯曲实验，仔细观察变形过程，记录回弹角度。

五、实验报告与思考

（1）根据实验所得数据，做出不同材料的 $r/t-\Delta\alpha$ 曲线。

（2）根据实验所得数据分析材料 $\sigma s/E$ 和变形程度对回弹值的影响。比较承压面小的凸模与具有相同圆角半径的普通凸模实验结果的差别，并说明其原因。

（3）根据影响回弹值的诸因素，简述减少回弹的措施。

实验四　拉　深　实　验

一、实验目的

（1）了解拉深过程中的金属变形特点及拉深力的变化情况；了解成形条件（如凸模、凹模间隙、圆角、压边力、润滑等）对拉深工艺的影响。

（2）学会测定板料拉深性能的实验方法。

二、实验原理

拉深变形过程中，凸缘变形区主要是纬向压缩产生增厚变形，筒壁传力区是径向伸长而产生变薄变形。如图 15－4－1 所示，带有扇形网格的毛坯拉深成形后，其网格的变化是纬向缩短，径向伸长。由于凸缘变形区主要是压缩，在该区容易起皱。筒壁传力区是径向伸长变形，容易开裂。可见拉深的破坏形式主要是起皱和开裂。

通常以拉深系数 m（拉深后坯料的直径 d 与拉深前的直径 D 之比）作为衡量板料拉深变形程度的指标。m 越小，说明拉深变形程度越大，相反，变形程度越小。

三、实验设备

（1）J23－40 型曲柄压力机一台。

（2）$\phi 30$ 的钢板。

（3）拉深模一套，其凹模一个，不同尺寸的凸模一组。

（4）量角规、画针、直尺一套。

四、实验步骤

（1）按拉深网格的变化图在试件上画好网格。

（2）在 J23－40 型曲柄压力机上安装拉深模。

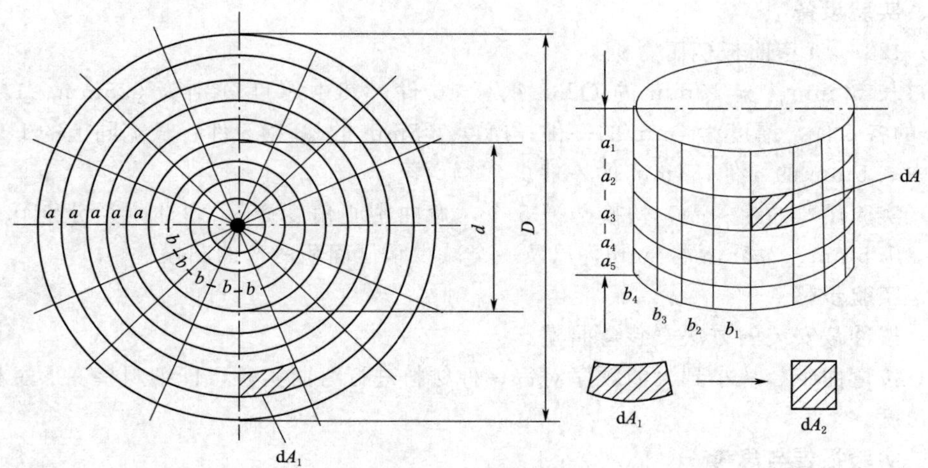

图 15-4-1　拉深网格的变化图

（3）改变拉深模工作零件，进行拉深。

五、实验报告

（1）根据试件上网格的变化情况，分析板料拉深时金属变形的特点。

（2）根据实验结果，简述拉深系数对拉深质量的影响。

第十六章　模 具 制 造 技 术

实验一　数控电火花加工实验

一、实验目的

(1) 了解电火花成型加工的原理、特点和应用。

(2) 了解电火花成型加工机床的组成。

(3) 了解电火花成型加工机床的操作方法。

二、实验原理

电火花成型加工是电火花加工的一种，其基本原理如图 16-1-1 所示。

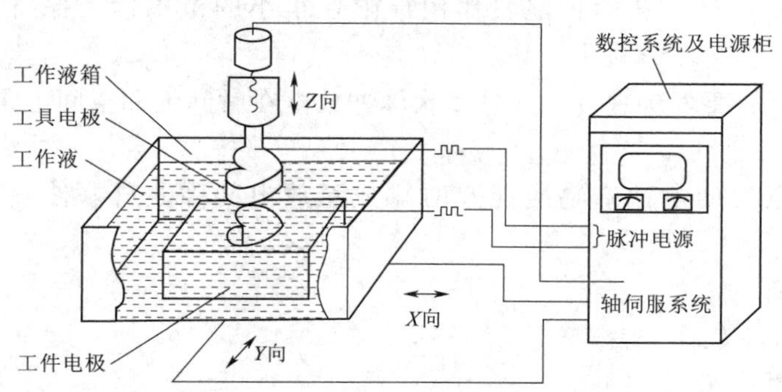

图 16-1-1　电火花成型加工原理

被加工的工件作为工件电极，紫铜（或其他导电材料如石墨）作为工具电极。脉冲电源发出一连串的脉冲电压，加到工件电极和工具电极上，此时工具电极和工件电极均被淹没在具有一定绝缘性能的工作液（绝缘介质）中。在轴伺服系统的控制下，当工具电极与工件电极的距离小到一定程度时，在脉冲电压的作用下，两极间最近点处的工作液（绝缘介质）被击穿，工具电极与工件电极之间形成瞬时放电通道，产生瞬时高温，使金属局部熔化甚至气化而被蚀除下来，使局部形成电蚀凹坑。这样以很高的频率连续不断地重复放电，工具电极不断地向工件电极进给，就可以将工具电极的形状“复制”到工件电极上，加工出需要的型面来。

1. 特点

电火花成型主要有以下特点：

(1) 由于脉冲放电的能量密度高，使其便于加工用普通的机械加工难于加工或无法加工的特殊材料，以及便于加工复杂形状的零件，并且不受被加工材料切削性能及热处理状况的影响。

(2) 电火花加工时，工具电极与工件材料不接触，两者之间宏观作用力极小，工具电极不需要比加工材料硬，即可以柔克刚，故电极制造更容易。

2. 应用

电火花成型加工一般应用在加工各种高硬度、高强度、高韧性、高脆性的导电材料，并且常用于模具的制造过程中。

3. 实现电火花成型加工的条件

(1) 工具电极和工件电极之间必须加以 60～300V 的脉冲电压，同时还需维持合理的工作距离，即放电间隙。工作距离大于放电间隙，介质不能被击穿，无法形成火花放电；工作距离小于放电间隙，会导致积炭，甚至发生电弧放电，无法继续加工。

(2) 两极间必须充满具有一定绝缘性能的液体介质。电火花成型加工一般用煤油作为工作液。

(3) 输送到两极间的脉冲能量应足够大。即放电通道要有很大的电流密度，一般为 104～109A/cm^2。

(4) 放电必须是短时间的脉冲放电。一般放电时间为 0.001～1ms。这样才能使放电产生的热量来不及扩散，从而把能量作用局限在很小的范围内，保持火花放电的冷极特性。

(5) 脉冲放电需要多次进行，并且多次脉冲放电在时间上和空间上是分散的，避免发生局部烧伤。

(6) 脉冲放电后的电蚀产物应能及时排放至放电间隙之外，使重复性放电能顺利进行。

三、实验设备

电火花成型加工机床一台。

四、实验步骤

1. 了解电火花成型加工机床的组成

电火花成型机床包括机床本体、脉冲电源、轴向伺服系统（*Z* 轴）、工作液的循环过滤系统和基于窗口的对话式软件操作系统。

(1) 机床本体：由床身、工作台、主轴箱等组成。

(2) 脉冲电源：其作用是把 50Hz 交流电转换成高频率的单向脉冲电流。加工时，工具电极接电源正极，工件电极接负极。

(3) 轴向伺服系统：其作用是控制 Z 轴的伺服运动。

(4) 工作液循环过滤系统：由工作液、工作液箱、工作液泵、滤芯和导管组成。工作液起绝缘、排屑、冷却和改善加工质量的作用。每次脉冲放电后，工件电极与工具电极之间必须迅速恢复绝缘状态，否则脉冲放电就会转变为持续的电弧放电，影响加工质量。在加工过程中，工作液可把加工过程中产生的金属颗粒迅速从电极之间冲走，使加工顺利进行。工作液还可冷却受热的电极和工件，防止工件变形。

(5) 基于窗口的对话式软件操作系统：使用本操作系统，工具电极可以方便地对工件进行感知和对中等操作，可以将工具电极和工件电极的各种参数输入并生成程序，可以动态观察加工过程中加工深度的变化情况，还可进行加工和文件管理等手动操作。

2. 具体操作

(1) 开启机床。主要按键是紧急停止开关、主电源开关、控制软件开关、主轴锁止开关。

(2) 手控盒操作。主要按键是开液按钮、电极方向按钮、液面控制按钮、睡眠开关、放电加工按钮。

(3) 对话式操作屏。指示灯为深度到达、碰边指示、防火指示、积碳指示。

键盘和计算机用键盘功能一样。

五、实验分析与结论

记录加工零件的图形及尺寸，记录加工过程中选择的各项电参数，分析加工的零件精度及加工速度。

六、注意事项

(1) 工作液工作一段时间后会变质，使性能退化，应及时更换。

(2) 当工作液面没有达到指定高度，液面指示灯会报警，此时不能启动主电源，应按下伺服停止按钮解除报警，等液面达到要求后再进行加工。

(3) 加工过程中，如发生故障，应立即切断电源，并请专业维修人员进行检修。

(4) 加工达到要求后，按主电源停止按钮，即关主电源，然后按电极点升按钮抬起电极，再按伺服停止按钮和关闭液泵。也可设定加工到指定深度后自动关机并关主电源。

七、讨论与思考

(1) 简述数控电火花成型加工原理。

(2) 分析电火花成型加工的精度影响因素。

实验二　数控线切割编程加工实验

一、实验目的

(1) 了解数控线切割机床的结构、工作原理及操作方法。

(2) 掌握数控编程的基本方法，并在线切割机床上验证所编零件切割加工程序是否正确。

(3) 掌握工件的装夹过程及找正方法。

(4) 了解线切割加工工件的工艺性。

二、实验原理

利用移动的细金属导线（钼丝或铜丝）作电极，对工件进行脉冲火花放电、切割成型，切割机分为快走丝和慢走丝线切割机，如图 16-2-1 所示。

被切割的工件作为工件电极，钼丝作为工具电极，脉冲电源发出一连串的脉冲电压，加到工件电极和工具电极上。钼丝与工件之间施加足够的具有一定绝缘性能的工作液（图中未画出）。当钼丝与工件之间的距离小到一定程度时，在脉冲电压的作用下，工作液被击穿，在钼丝与工件之间形成瞬间放电通道，产生瞬时高温，使金属局部熔化甚至气化而被蚀除下来。电极丝与工件之间脉冲性地火花放电，电极丝沿其轴向（垂直或 Z 方向）

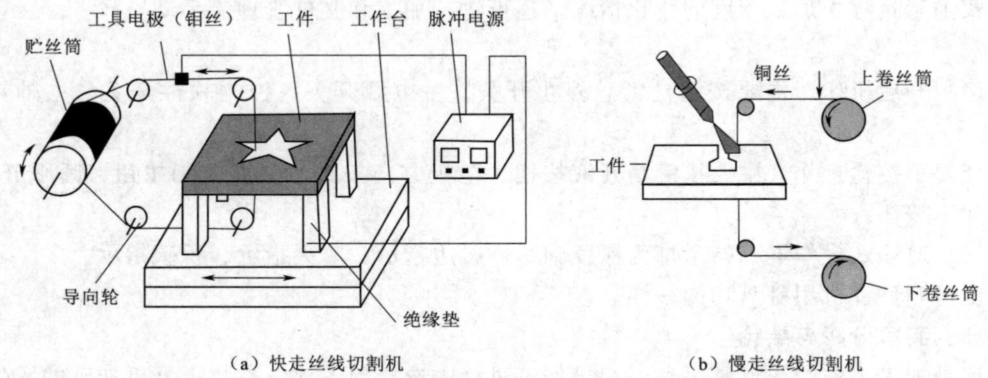

（a）快走丝线切割机　　（b）慢走丝线切割机

图 16－2－1　线切割机

做走丝运动，工件相对于电极丝在 X、Y 平面内做相对运动，工作台在水平面两个坐标方向各自按预定的控制程序，根据火花间隙状态做伺服进给移动，从而合成各种曲线轨迹，把工件切割成型。

电火花线切割加工设备一般由脉冲电源、自动控制系统、机床床身和工作液循环过滤系统组成。脉冲电源为电火花加工提供放电能量；自动控制系统使电极与工件间维持适当的间隙距离（通常为数微米到数百微米），防止短路和拉弧烧伤等异常情况发生；机床床身给加工过程提供支撑，并使电极与工件的相对运动保持一定的精度；工作液有助于脉冲放电，并起冷却及间隙消电离（使通道中的带电粒子恢复为中性粒子）作用，循环过滤系统保证蚀出产物的有效排出，以防止工作液中的导电微粒过多而减小绝缘强度。

三、实验设备

（1）HCKX250A 线切割机床。

（2）电极丝若干。

（3）夹具、量具、毛坯等若干。

四、实验步骤

介绍数控线切割机床的主要部件的结构及作用，机床各按键和旋钮的功用，工件的装夹方法以及加工的操作过程。然后在实验教师的指导下，按下列步骤进行实验：

（1）接通电源，给控制柜和机床供电；把工件放到机床工作台上，找正加工位置，并将其夹紧；装好电极丝（钼丝）。

（2）进入全绘式编程界面，点击清屏；绘制要加工的零件图形。

（3）排序，添加引入线和引出线。

（4）后置生成 G 代码加工单，存盘。

（5）进入加工界面，读取所存的 G 代码文件。

（6）根据加工工件的材料、结构特点及技术要求，预选一组电规准（工作电压、脉冲电流、脉冲宽度、脉冲频率等），并调好相应按钮的档位。

（7）起动走丝电动机，接通脉冲电源，找正钼丝起切点的位置，然后记下滑板进给（X、Y 方向）手柄上刻度的初始值。

（8）开动切削液泵，按下执行键，开始切割加工。加工时，要注意观察各项电参数是否正常，并通过相应的调整旋钮进行调节，使加工过程趋于稳定，但要防止调节量过大，以免造成断丝。切割中途需要换丝或装丝时（当断丝或改变起切点位置时），不要用手动进给方式移动工作台，而应采用程序控制的机动快速进给来完成，以保持切割程序运行的连续性。

(9) 切割完毕，按操作要求关闭机床。

(10) 检测工件。

(11) 整理实验现场，填写实验报告。

五、实验分析与结论

记录加工零件的图形及尺寸，记录系统生成的G代码程序，分析切割的零件精度及加工速度。

六、注意事项

(1) 工作台架范围内有下臂启动，绝对不允许在此范围内放置杂物，以防损坏下臂或电机。

(2) 在穿丝、紧丝过程中，一定注意电极丝不要从导轮槽中脱出，并且要与导电块接触良好。

(3) 加工过程中，工作液有一部分会以雾的形式散发，故应经常检查液箱中工作液面高度，及时补充工作液。

(4) 工作液工作一段时间后会变质，使性能退化，应及时更换。

(5) 当Z轴大行程运行时，张丝机构的贮丝量不足以补偿走丝回路中丝的变化量，此时需先抽去丝，待Z轴移动至适当位置后再重新穿丝、紧丝，方可进行放电加工。

(6) 在加工过程中，请勿打开运丝系统上、下门罩，否则开门断电保护功能将启动，中断加工。

(7) 加工过程中，如发生故障，应立即切断电源，请专业维修人员进行检修。

七、讨论与思考

(1) 电火花线切割加工与电火花成型加工有什么不同?

(2) 简述线切割加工操作过程中加工参数选择规则。

第十七章　智能控制技术基础

实验一　模糊控制系统 Matlab 仿真实验

一、实验目的

(1) 了解模糊控制的基本原理、模糊模型的建立和模糊控制系统的设计过程。

(2) 熟悉在 Matlab 下建立模糊控制器的方法，并能利用 Matlab 对给定参数的模糊控制系统予以仿真。

二、实验原理

采用模糊控制理论来设计加热炉温度控制系统。

三、实验设备

(1) 硬件：计算机。

(2) 软件：Matlab (包含模糊控制模块)。

四、实验内容

本实验要求设计一个采用模糊控制的加热炉温度控制系统。被控对象为一热处理工艺过程中的加热炉，加热设备为三相交流调压供电装置，输入控制信号电压为 0～5V，输出相电压为 0～220V，输出最大功率为 180kW，炉温变化室温 75～625℃，电加热装置如图 17-1-1 所示。

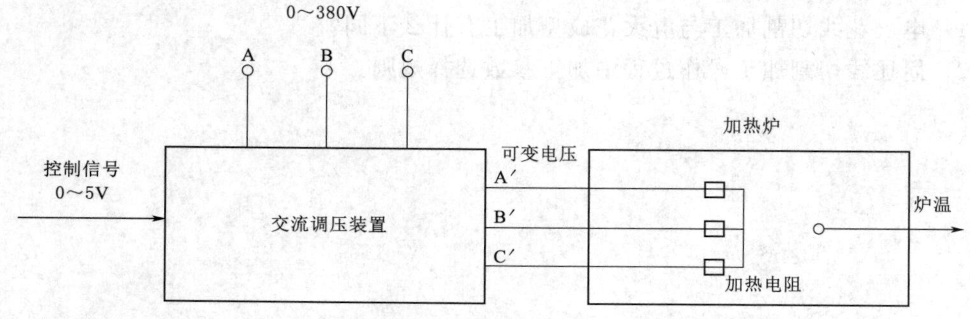

图 17-1-1　电加热装置示意图

实验数据：本实验输入变量为偏差 e 和偏差的变化 e_c，输出变量为控制电压 U，变量模糊集量化论域均为［−6，6］，采用常用的三角形隶属函数。

初选值 (归-化)：初始偏差 $K_e=0.3$，初始偏差变化量 $K_{ec}=4.5$，初始控制电压 $K_U=0.0167$，初始输入变量 $K_i=0.01$。

控制规则见表 17－1－1。

表 17－1－1　　　　　　　　控　制　规　则

U		输入变量 e_c						
		NB	NM	NS	ZO	PS	PM	PB
输入变量 e	NB	NB	NB	NB	NB	NM	NS	ZO
	NM	NB	NB	M	M	MS	ZO	ZO
	NS	NV	NM	NM	NS	ZO	ZO	PS
	ZO	NM	NS	NS	ZO	PS	PS	PM
	PS	NS	ZO	ZO	PS	PM	PM	PB
	PM	ZO	ZO	PS	PM	PM	PB	PB
	PB	ZO	PS	PM	PB	PB	PB	PB

注　NB—negative big，负大；NM—negative middle，负中；NS—negative small，负小；PB—positive big，正大；PM—positive middle，正中；PS—positive small，正小。

五、实验步骤

1. 建立系统仿真图

在 Matlab 主窗口单机工具栏中，单击 Simulink 快捷图标弹出“Simulink Library Browser”窗口，单击“Create a new model”快捷图标弹出“模型编辑”窗口。

依次将 Signal Generator（信号源）、Subtract（减运算）、Gain（增益）、Derivative（微分）、Mux（合成）、Fuzzy Logic Controller（模糊逻辑控制器）、Transfer Fcn（传递函数）、Saturation（限幅）、Memory（存储器）、Scope（显示器）模块拖入窗口并连接成系统仿真图，如图 17－1－2 所示。

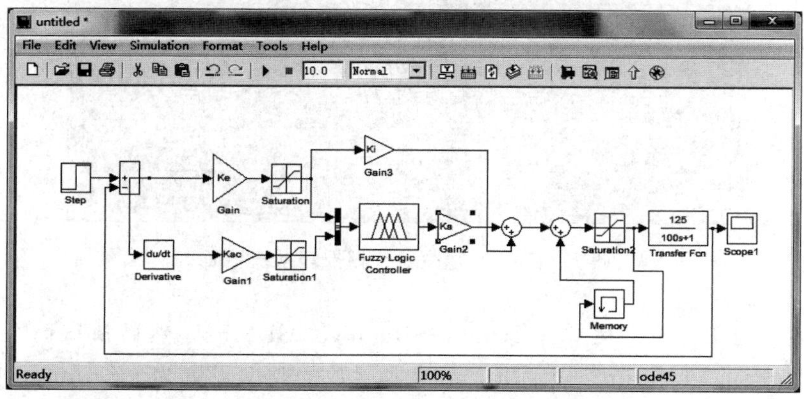

图 17－1－2　系统仿真图

2. 在模糊推理系统编辑器中设置变量

在 Matlab 命令窗口输入 fuzzy 并按回车键，启动 FIS Editor（模糊推理系统编辑器），界面如图 17－1－3 所示。

在 FIS 编辑器界面上执行菜单 Edit→Add Variable→Input，为模糊控制系统添加变量，并将变量名修改为 E、EC，输出变量为 U，如图 17－1－4 所示。

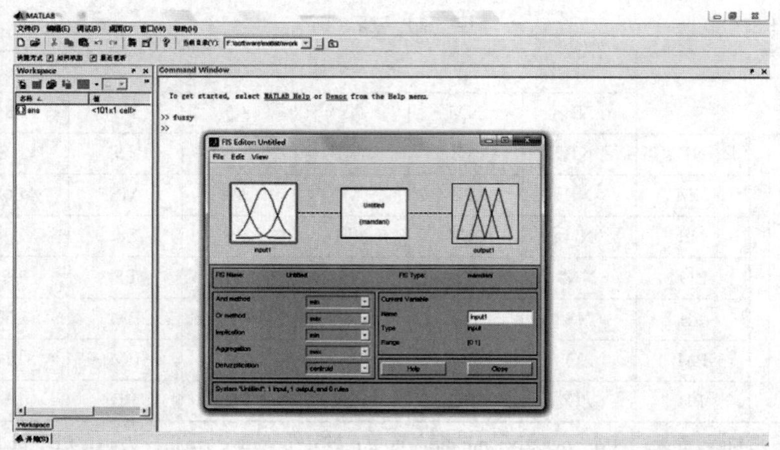

图 17－1－3　FIS Editor 界面

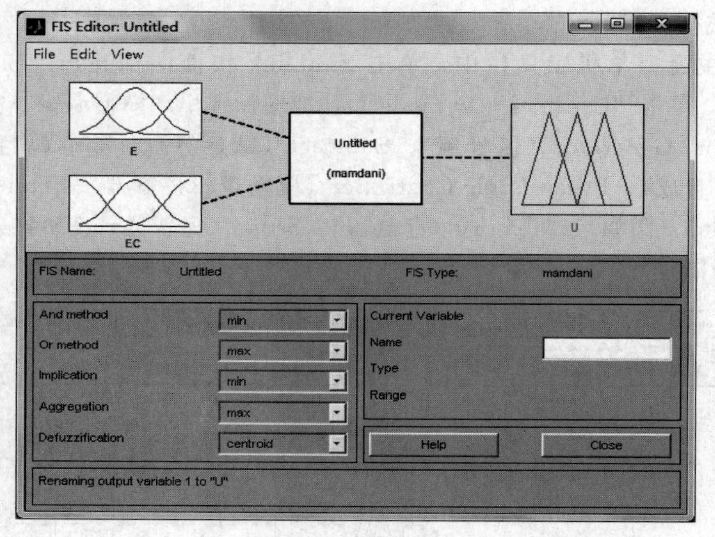

图 17－1－4　双变量模糊推理系统界面

双击输入变量 E，执行菜单命令 Edit→Remove All MFs，然后执行命令 Add MFs，弹出“Membership Function”对话框，将隶属函数的类型设置为 gaussmf ，并将隶属函数的数目修改为 7。在“Current Membership Function”区域编辑模糊子集的名称及位置，将各变量的取值范围 Range 和显示范围 Display Range 均设置为 [－6 6]。在输入变量 E 的图形显示区域选中相应的曲线，即可编辑该子集。语言值的隶属函数类型设置为高斯型函数 Gaussmf，名称分别设置为 NB、NM、NS、ZO、PS、PM、PB，其参数（宽度、中心点）将会自动生成，如图 17－1－5 所示。

按同样的方式设置输入变量 EC 和输出变量 U，但 U 的语言值隶属函数类型为三角形函数 trimf，如图 17－1－6 和图 17－1－7 所示。

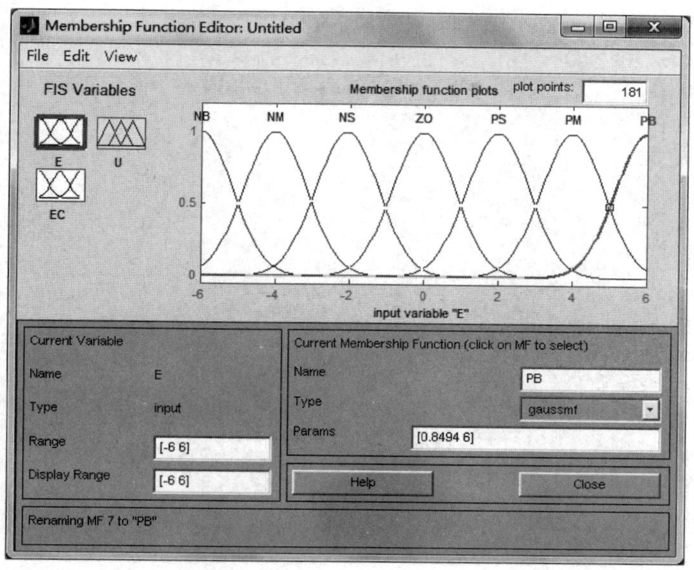

图 17－1－5　输入变量 E 的参数设置

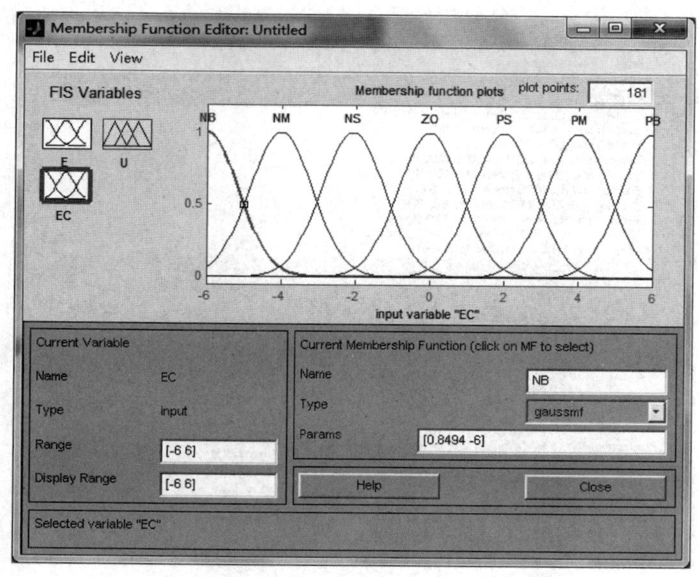

图 17－1－6　输入变量 EC 的参数设置

3. 在 FIS 中设置变量规则

在 FIS Editor 中执行菜单命令 Editor→Rules，打开规则编辑器，将已知 49 条控制规则输入到 Rule 编辑器中，如图 17－1－8 所示。

4. 检验模糊规则输入/输出特性曲面

利用编辑器的 View→Rules 和 View→Surface 菜单命令即可得到模糊规则输入/输出

特性曲面，如图 17－1－9 和图 17－1－10 所示。

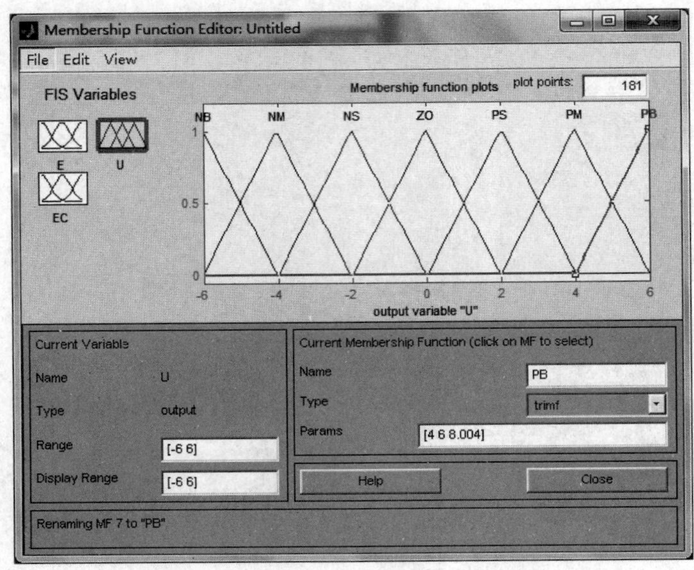

图 17－1－7　输出变量 U 的参数配置

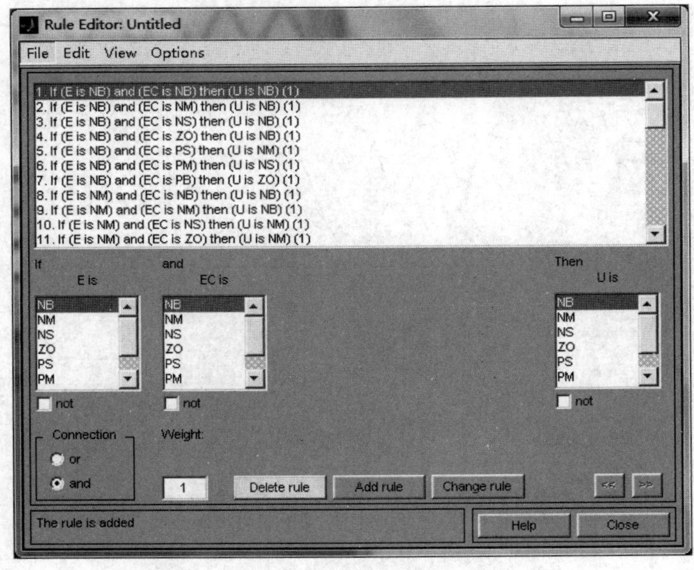

图 17－1－8　模糊编辑器规则设置

5. 对模糊控制系统进行仿真

将 FIS 与 Simulink 连接，执行 FIS 编辑器的菜单命令 File→Export to workspace，将当前模糊推理系统保存到 Matlab 工作空间的推理矩阵中。

在 Simulink 中双击 Fuzzy Logic Controller 模糊逻辑控制器模块，然后选择 Look Under Mask 选项，将 FIS 嵌入，如图 17－1－11 所示。

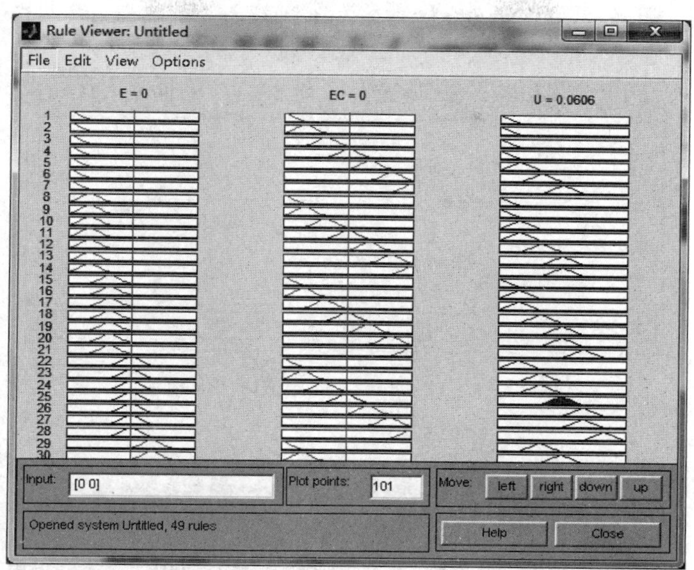

图 17－1－9　模糊规则特性曲面

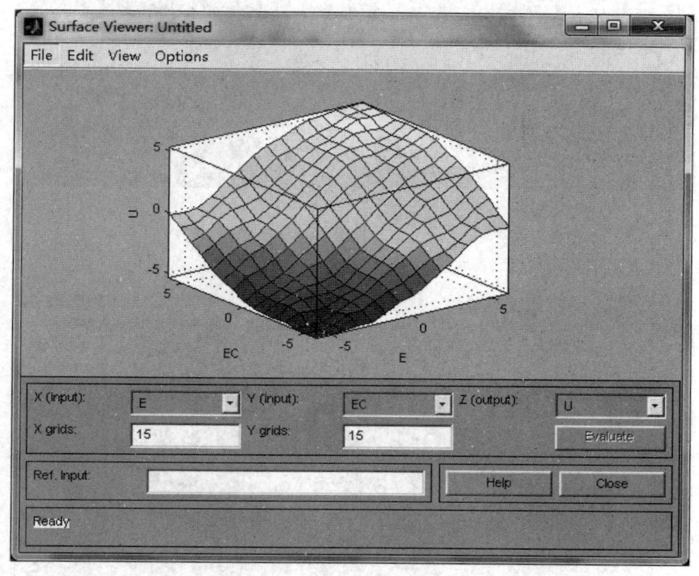

图 17－1－10　模糊输入/输出特性曲面

六、实验结论与结果

初选参数 $K_e=0.3$、$K_{ec}=4.5$、$K_U=0.02$、$K_i=0.01$ 进行仿真，当系统输入为阶跃信号 $r(t)=400$℃时，其系统响应如图 17－1－12 所示。

将系数 K_e 减小，取 $K_e=0.1$、$K_{ec}=4.5$、$K_U=0.02$、$K_i=0.01$，再次仿真得到如图 17－1－13 所示的曲线。

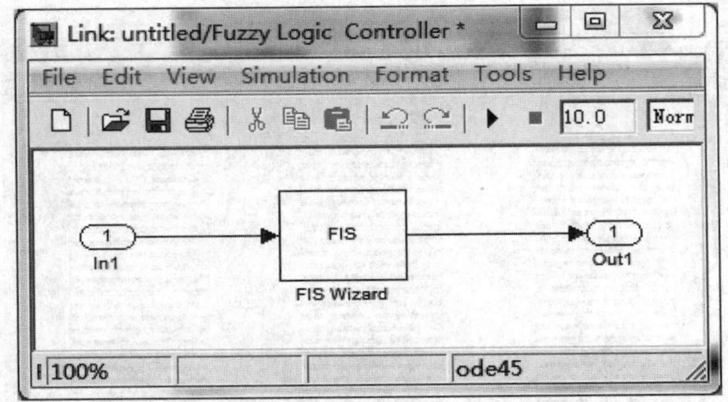

图 17－1－11　Simulink 中嵌入 FIS 模块

图 17－1－12　系统响应（一）

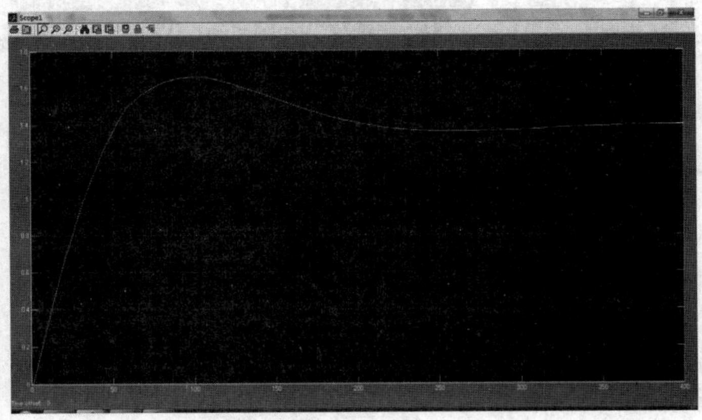

图 17－1－13　系统响应（二）

七、实验问题

在进行仿真时可能遇到如下问题：

MinMax does not accept 'boolean' signals. The input and output signal(s) of 'untitled/Fuzzy Logic Controller/FIS Wizard/Defuzzification1/Max(COA)' must be one of the Matlab 'uint8', 'uint16', 'uint32', 'int8', 'int16', 'int32', 'single', or 'double' data types, or one of the Fixed - point data types.

解决方案：经检查，模糊控制模型搭建过程中按照实验指导来做完全没有错误，而实际操作中却会出现这样的提示。经搜集资料，在 simulink 模型窗口菜单中，Simulation - Configuration Parameters - Implement logic signals as boolean data 前面默认的勾选去掉，就可以解决。

实验二 单神经元自适应 PID 控制器仿真实验

一、实验目的

（1）熟悉神经元 PID 控制器原理。

（2）通过实验进一步掌握有监督的 Hebb 学习规则及其算法仿真。

二、实验原理

1. 单神经元模型

单神经元的 McCulloch - Pitts 模型如图 17 - 2 - 1 和图 17 - 2 - 2 所示。x_1，x_2，…，x_j，…，x_n 是神经元接收的信息，w_1，w_2，…，w_i，…，w_n 为连接权值。利用简单的线性加权求和元算把输入信号的作用结合起来构成净输入 input$=\sum w_j x_j-\theta$。此作用引起神经元的状态变化，而神经元的输出 y 是其当前状态的激活函数。

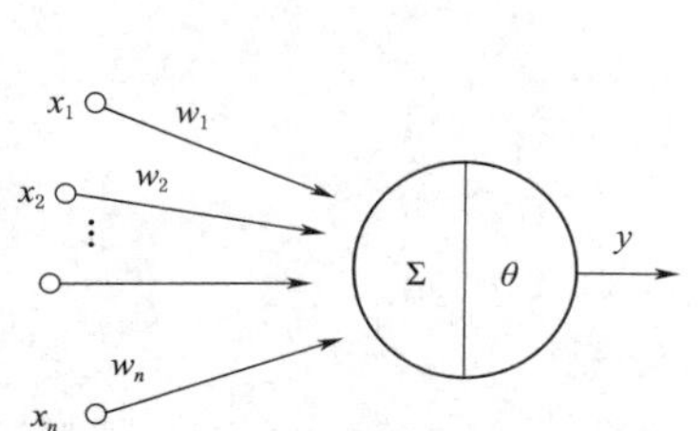

图 17 - 2 - 1 单神经元模型图

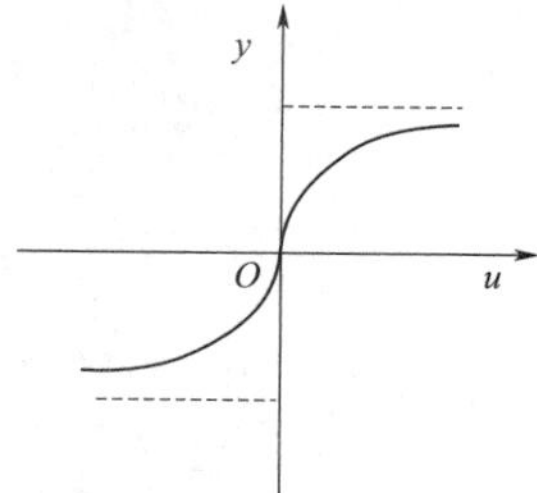

图 17 - 2 - 2 Sigmoid 单神经元活化函数

2. 神经网络学习有监督的 Hebb 学习规则

学习规则是修改神经元之间连接强度或者加权系数的算法，使获得的知识结构适应周围环境的算法。两个神经元同时处于兴奋状态或同时处于抑制状态时，它们之间的连接强度将得到加强，当一个神经元兴奋而另外一个抑制时，它们之间的连接强度就应该减弱。这一论述的数学描述被称为 Hebb 学习规则。神经网络有监督的 Hebb 学习规则为

$$\Delta w_{ij}(k)=\eta[d_i(k)-o_i(k)]o_i(k)o_i(k) \tag{17-2-1}$$

式中：o_i 为单元 i 的输出；o_j 为单元 j 的输出；w_{ij} 为单元 j 到单元 i 的连接加权系数；d_i 为网络期望目标输出；η 为学习速率。

3. 基于神经元的 PID 控制

单神经元自适应控制器的结构如图 17 - 2 - 3 所示。

三、实验设备

(1) 硬件：计算机。

(2) 软件：Matlab。

四、实验步骤

(1) 编写程序实现单神经元的自适应 PID 控制器。

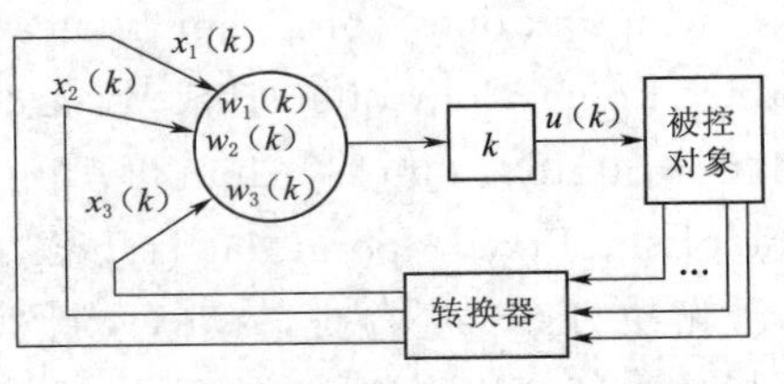

图 17-2-3　单神经元自适应控制器结构图

(2) 输入阶跃信号。

(3) 查看阶跃信号仿真结果。

(4) 输入正弦信号。

(5) 查看正弦信号仿真结果。

五、实验结论

(1) 初始加权系数 $w_1(0)$，$w_2(0)$，$w_3(0)$ 的选择对输出结果影响较大，若初始权值选择不当可能导致系统不稳定。

(2) 比例、积分、微分的学习速率应当选择不同的数值以便对不同的权系数分别调节。

(3) 增益 K 的选择非常重要，如果偏大则会导致系统响应超调过大，而 K 值偏小则导致过渡过程变长。另外调试时还发现当被控对象的延时增大时，必须减小 K 值，否则会引起系统振荡。

第十八章 智能制造装备概论

实验一 工业机器人搬运实验

一、实验目的

(1) 掌握工业机器人图形任务示教操作。

(2) 熟悉关节空间示教与直角坐标示教的原理、特点和区别。

(3) 掌握 GRB400 机器人使用图形示教程序编制搬运作业示教程序的编程方法。

(4) 熟悉 GRB200 机器人在工作空间范围内绘制曲线。

二、实验原理

任务示教：任务是一个描述机器人执行系列操作的工作程序。一个机器人任务既可完全通过图形示教获得，也可通过机器人语言编程获得。如何通过图形示教获得示教任务，图形示教是指通过运行计算机上的机器人图形示教程序，一步步操作机器人动作完成一定的功能，在机器人运动过程中记录一系列关键示教点，保存为示教列表文件。

三、实验设备

平面关节型（SCARA）机器人。

四、实验步骤

1. 示教前的准备

在进行示教操作前，请执行以下操作：

(1) 确定在机器人运转范围内不会触及其他人或障碍物。

(2) 对于 GRB400，确保机器人电磁手爪的控制信号线不会由于缠绕而拉断；对于 GRB200，注意提升绘图笔，防止笔尖损坏。

(3) 确定机器人电控箱上电。

(4) 运行机器人图形示教程序，依次执行打开控制器→伺服上电→自动回零等操作，使机器人处于运动待命状态。

2. 图形示教程序界面

图 18-1-1 是机器人图形示教程序主界面，主界面分为不同的功能分区。

(1) 菜单栏。

1) 文件。

新建：清空示教列表，新建一个示教列表文件。

打开（*.tch)：弹出打开文件对话框，选择示教列表文件打开。

保存：保存示教列表记录为文件。

退出：退出机器人图形示教程序。

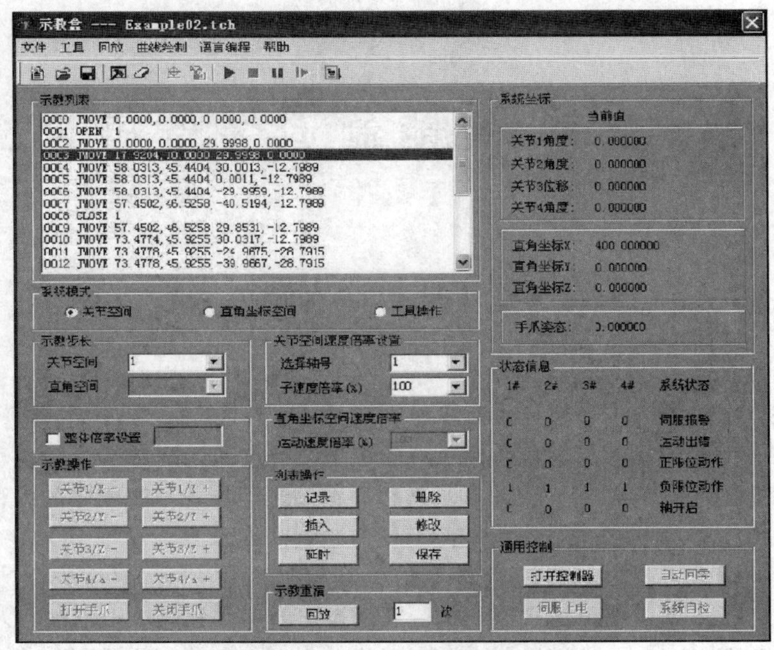

图 18－1－1　机器人图形示教程序主界面

2）设置。

机器人类型：选择操作设备型号为 GRB200 或者 GRB400。

联机模式：点选设置为网络联机模式。

3）回放。

回放：开始回放示教列表中的示教记录。

停止：停止回放示教列表中的示教记录，机器人动作将在当前回放的一条示教记录完成后停止继续执行。

暂停：暂停回放，使用继续菜单继续执行回放动作。

继续：在暂停回放后，使用继续菜单继续回放动作。

单步：每点击一次单步，菜单执行一条示教记录。

4）曲线绘制。对 GRB200 机器人有效，使用笔和笔架作曲线绘制实验。

矩形：在 GRB200 工作台上绘制一个矩形。

圆：在 GRB200 工作台上绘制一个圆。

四叶玫瑰线：在 GRB200 工作台上绘制一个四叶玫瑰线。

心形线：在 GRB200 工作台上绘制一个心形线。

5）语言编程。转化示教列表为 GRL。

程序：转化示教列表中的内容为机器人语言编程程序。

GRL 编译器：打开 GRL 编译器，进行语言编程实验。

6）帮助。

关于：程序版本和版权说明。

（2）工具栏。工具栏提供一些菜单快捷方式，实现功能和对应菜单相同。

工具栏从左到右分别是：新建、打开、保存对应文件菜单；修改（示教记录）、删除（示教记录）对应列表操作；自动回零对应通用控制中的自动回零；回放、停止、暂停、继续、单步对应回放菜单项。

（3）示教列表。显示示教记录如图 18－1－2 所示。

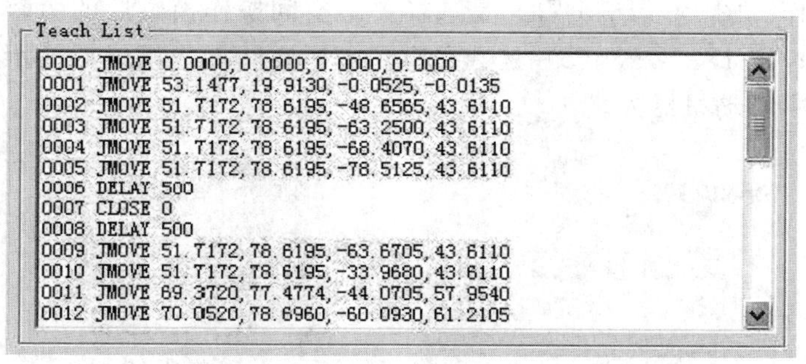

图 18－1－2　示教列表

（4）操作模式（即系统模式）。操作模式显示如图 18－1－3 所示。

图 18－1－3　操作模式

1）关节空间。在关节空间中操纵机器人，每个关节分别动作。对于 GRB400 有关节 1、关节 2、关节 3、关节 4 分别运动，对于 GRB200 有关节 1、关节 2 运动。

2）直角坐标空间。在直角坐标空间中操纵机器人，一个方向的直角坐标空间运动将会使多个关节联动。对于 GRB400 有 X、Y、Z、Theta 四个维度运动，对于 GRB200 有 X、Y 两个维度运动。

3）夹具操作。操作 GRB400 机器人电磁手爪的打开和关闭。

（5）关节空间示教参数和直角空间示教参数（图 18－1－4）。选择关节空间操作模式运动时需要设置关节空间示教参数，选择直角坐标空间操作模式时需要设置执教空间示教参数。

图 18－1－4　关节空间示教参数和直角空间示教参数

1）关节空间示教参数。

运动步长（度/mm）：选择每一次点击示教操作中的“关节 1－”“关节 1＋”等按钮后，机器人关节移动步长，对于关节 1、2、4 单位为度，对于关节 3 单位为 mm。

运动速度倍率（%）。设置各个关节移动速度为标准速度的百分比。

2）直角空间示教参数。

运动距离（mm）：选择每一次点击示教操作中的“X－”“X＋”等按钮后，机器人末端手爪在机器人坐标系中运动距离，单位为 mm。

运动速度倍率（%）：设置直角坐标运动速度为标准速度的百分比。

（6）示教操作。图 18－1－5（a）是选择关节空间操作模式后的示教操作，分别操作移动每一个关节；图 18－1－5（b）是选择直角坐标空间操作模式后的示教操作，在机器人直角坐标空间中移动机器人。

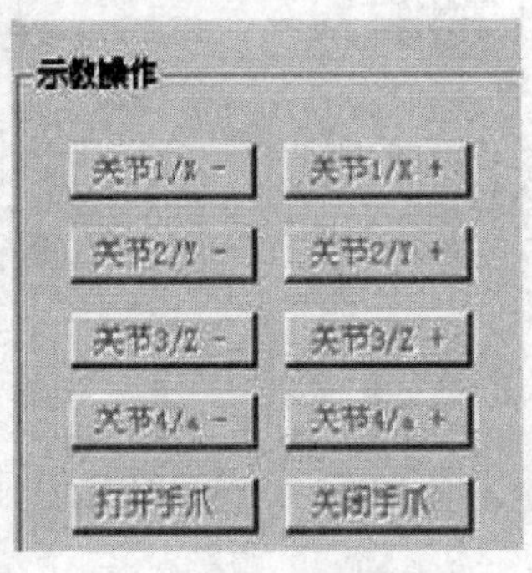

（a）关节空间操作模式

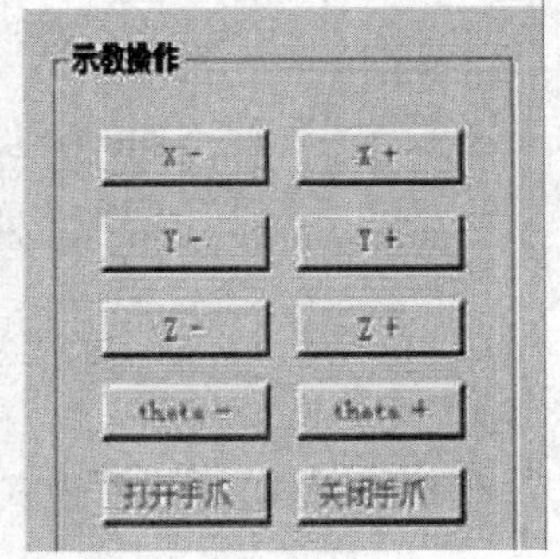

（b）直角坐标空间操作模式

图 18－1－5　示教操作

（7）列表操作。对示教列表内容的操作，如图 18－1－6 所示。

记录：根据当前的操作模式记录一条示教记录，插入到示教列表末端。

插入：根据当前的操作模式记录一条示教记录，插入到示教列表当前选择记录后面。

延时：插入一条延时指令到示教列表当前选择记录后面，一般工具操作 OPEN1、CLOSE1 等指令后需要添加一条延时指令，保证电磁手爪吸合或者打开动作完成。

删除：删除示教列表中的当前选择记录。

修改：修改示教列表中的当前选择记录。

保存：保存示教列表内容为文件。

（8）示教重演。示教列表标记修改完成并且单步运行通过后可以执行连续回放作业，如图 18－1－7 所示。

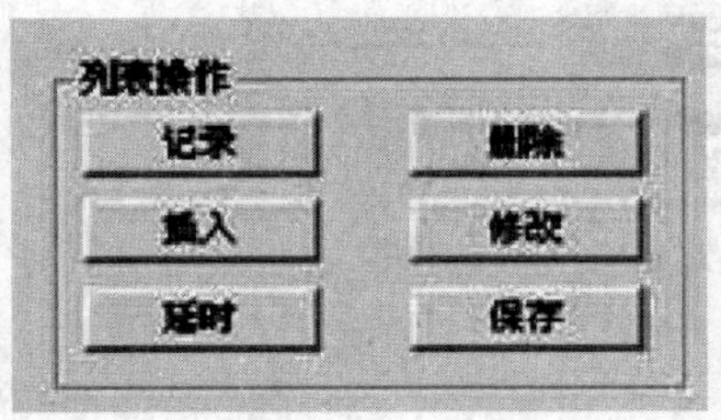

图 18－1－6　列表操作

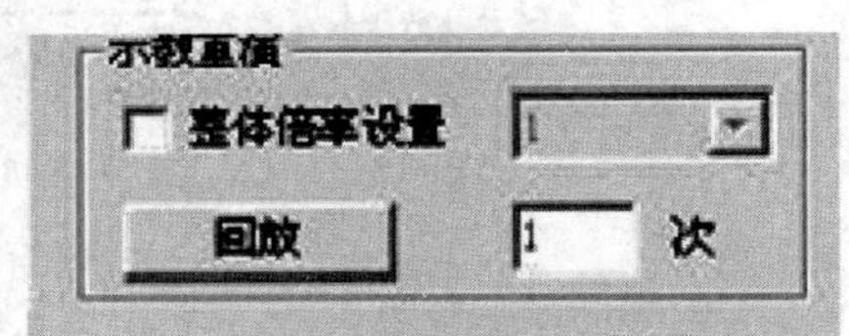

图 18－1－7　示教重演

（9）关节坐标信息/直角坐标信息/状态信息。显示一些当前设备信息，分别是关节坐标信息、直角坐标信息和状态信息。

（10）通用控制。机器人操作前需要进行的伺服上电和自动回零等操作，如图 18-1-8 所示。

打开控制器：打开运动控制器，使机器人图形示教软件和运动控制器建立通讯连接，打开运动控制器后才能执行伺服上电等操作。

伺服上电：给机器人系统的执行电机伺服驱动器上电，上电后机器人可以动作。

自动回零：执行机器人各个控制轴依次寻找零点。

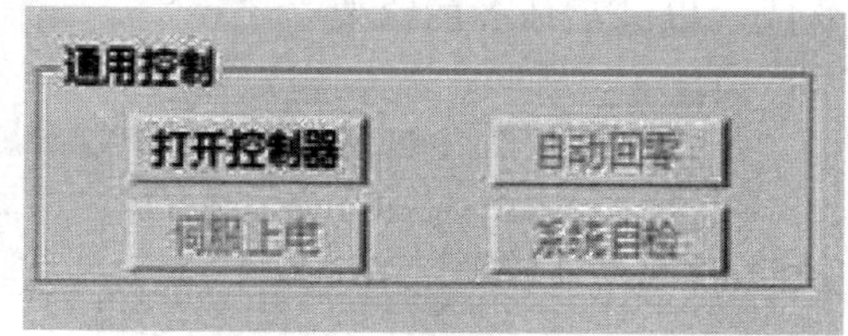

通用控制
打开控制器
自动回零
伺服上电
系统自检
图 18-1-8　通用控制

系统自检：出厂时机器人检测使用。

（11）联机状态显示栏。图形示教软件的最下面显示机器人联机操作时的一些状态信息，如图 18-1-9 所示。

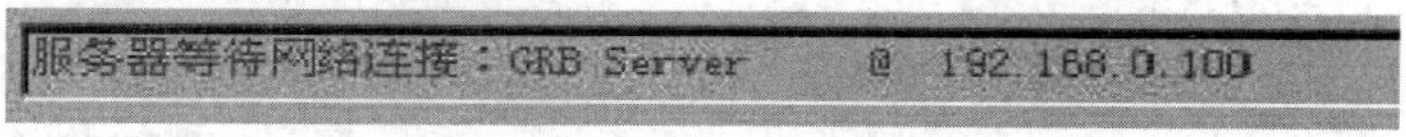

服务器等待网络连接：GRB Server　@ 192.168.0.100
图 18-1-9　联机操作时的状态信息

3. 示教操作基本流程

使用通用控制中的按钮执行：打开控制器→伺服上电→自动回零，等待回零结束后可以执行机器人示教操作。

（1）新建一个示教任务。

（2）按下“关节空间”“直角坐标空间”“工具操作”按钮选择操作模式；如果选择“关节空间”和“直角坐标空间”操作模式，设置“关节空间示教参数”和“直角空间示教参数”。

（3）使用示教操作中的按钮进行示教操作。

（4）记录主要位置的数据（示教点）为示教记录。

（5）保存示教记录为示教文件（*.tch）。

4. 示教路径确认

任务示教完成后，选择菜单→单步功能键，逐条语句检查机器人运动（每一条语句为一步），以确保示教点（位置和速度信息）安全、准确无误。

按“下一次”按钮（单步执行），确认操作臂运动一步。每按下一次单步执行按钮，则执行一条示教语句，机器人移动一步。当完成所有运动步骤的确认后，保存该示教任务程序。

5. 示教任务修改

在示教列表中用鼠标选中要修改的示教点，按下列表操作栏中“修改”键，或直接双击要修改的示教点，弹出“修改示教记录”的对话框。

如果目前是在关节空间中示教，则对话框中“关节空间示教点修改”栏使能，修改栏为两行四列，四列分别对应四轴，两行分别对应各轴位置和速度。

如果目前是在直角坐标空间示教，则“直角坐标空间示教点修改”栏使能，用户可直接修改机器人操作末端的位置参数（X，Y，Z）、姿态角和合成速度。

如图 18-1-10 所示，用户可以根据实际需要，对所记录示教点的位置、速度信息进行修改，以满足任务的需要。

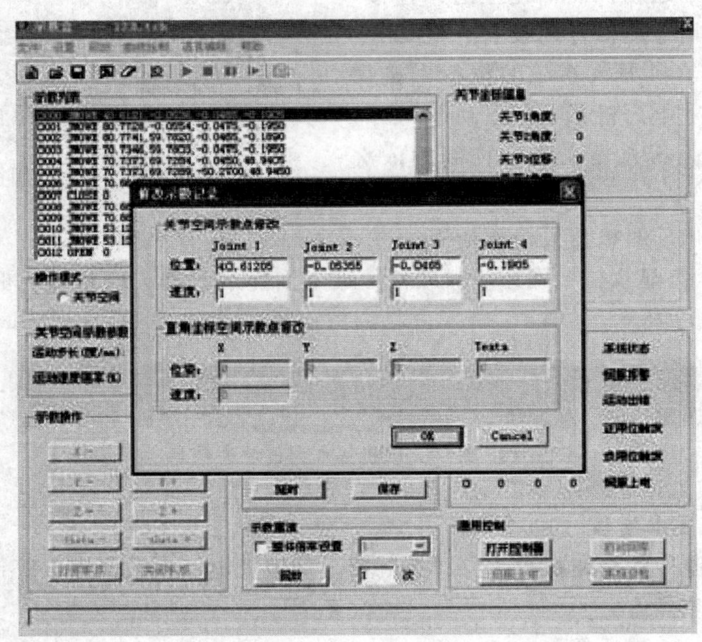

图 18-1-10 示教任务修改对话框

关节空间示教点修改中的位置表示修改的示教记录中各个关节的运动目标位置，速度 1 表示示教速度为标准运动速度。

6. 插入/删除一个示教点

该功能可以让用户方便地添加多个示教点或删除冗余的示教点，便于示教任务的拓展或更改。

插入/删除示教点示例：

以某任务为例，设其前两条语句示教如下：

0000 Jmove −9.9342，27.0120，0.0000，−29.9976

0001 Jmove −9.9342，27.2556，−38.7952，−29.9997

现要在 0001 语句后打开手爪，切换到“工具操作”模式，按“打开”键；“记录”该示教点，示教列表显示为：

0000 Jmove −9.9342，27.0120，0.0000，−29.9976

0001 Jmove −9.9342，27.2556，−38.7952，−29.9997

0002 Open 1（记录自动添加到示教列表最末位置）

按“闭合手爪”键，使电磁手爪关闭。

用光标选中 0001 语句，按下“插入”光标，示教列表显示为：

0000 Jmove　−9.9342，27.0120，0.0000，−29.9976

0001 Close 1（插入示教点会添加示教信息到所选位置的上一位置）

0002 Jmove　−9.9342，27.2556，−38.7952，−29.9997

0003 Open 1（记录自动添加到示教列表最末位置）

光标选中 0001 语句，按“删除”键，删除 0001 示教点

0000 Jmove　−9.9342，27.0120，0.0000，−29.9976

0001 Jmove　−9.9342，27.2556，−38.7952，−29.9997

0002 Open 1（记录自动添加到示教列表最末位置）

可以看出，与示教点记录不同的是，在示教列表中，“插入”示教点是把示教点添加在所选示教点位置的后面，“记录”则是把示教点添加在整个示教列表的最末端，“删除”键是在示教列表中删除用鼠标选中的示教点。

7. 任务回放

打开示教文件（*.tch)，示教文件自动显示在示教列表中，在“示教重演”栏的编辑框中输入要回放的次数，按“回放”键示教重演，或直接点击工具条里的按钮▶进行示教重演。其他与回放相关按钮介绍如下：

■键：急停按钮。

❚❚键：暂停运行按钮。

❙▶键：继续运行按钮。

☰键：单步执行按钮。可以通过整体倍率设置回放速度，也可以直接设置回放次数。

注意：在进行机器人任务回放以前，请首先执行“自动回零”操作。

搬运作业示教举例：如图 18-1-11 为一个零件搬运作业的例子。下面介绍该作业任务的创建过程，见表 18-1-1。

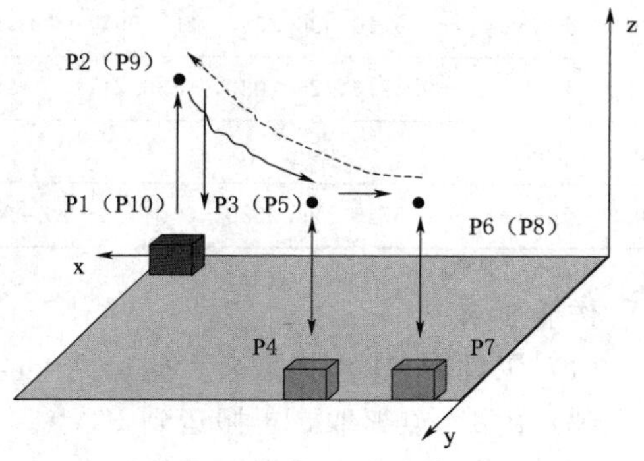

图 18-1-11　零件搬运作业示例

表 18-1-1　　**数据处理与实验过程**

行指令	说明
0000　Jmove　−9.9342，27.0120，0.0000，−29.9976	移动机械手到等待工作位置
0001　Open　1	手爪打开
0002　Jmove　−9.9342，27.2556，−38.7952，−29.9997	关节空间移动手爪到 P1 点
0003　Close　1	手爪闭合，夹持工件
0004　Jmove　−9.9342，27.2556，25.2857，−29.9997	手爪抬起，运动到 P2 点
0005　Jmove　65.1524，26.9455，25.2857，−15.9989	快速移动到靠近 P4 点的上面 P3 点

续表

行　指　令	说　明
0006　Jmove　65.1524，26.9455，－36.7112，－15.9989	移动到 P4 点
0007　Open　1	放置工件，完成作业要求（1）
0008　Jmove　65.1524，26.9455，25.2857，－15.9989	手爪抬起
0009　Jmove　65.1524，26.9455，－36.7112，－15.9989	手爪回落，准备抓取工件
0010　Close　1	手爪闭合，夹持工件
0011　Jmove　65.1524，26.9455，25.2857，－15.9989	手爪夹持工件后抬起
0012　Jmove　80.5590，26.1527，25.2872，－28.9976	移动到 P7 点的上方 P6 点
0013　Jmove　80.5590，26.1527，－36.7112，－28.9976	下移到 P7 点
0014　Open　1	手爪打开，放置工件，完成作业要求（2）
0015　Jmove　80.5590，26.1527，25.2872，－28.9976	手爪抬起，运动到 P8 点
0016　Jmove　80.5590，26.1527，－36.7112，－28.9976	手爪回落，准备抓取工件
0017　Close　1	夹持工件
0018　Jmove　80.5590，26.1527，25.2872，－28.9976	
0019　Jmove　－9.5710，26.2080，25.7997，－29.9976	快速移动到靠近 P1 点正上方 P9（P2）点
0020　Jmove　－9.5710，26.2080，－36.7112，－29.9976	手爪下移到 P1（P10）点
0021　Open　1	放置工件，完成作业要求（3）
0022　Jmove　－9.5710，26.2080，0.000，－29.9976	手爪抬起，移动到等待工作位置

作业要求：

（1）工件由 P1 点抓取后，搬运到 P4 点后放置。

（2）由 P4 点抓取，再搬运到 P7 点。

（3）工件由 P7 点再搬运回 P1 点。

8. 手爪操作指令的使用

在机器人图形示教程序中定义了 OPEN 和 CLOSE 两个指令来操作和控制安装在机器人末端的电动手爪。在示教过程中，只需在示教面板上点击相应按钮，控制器就会发出 IO 指令控制手爪的松开和夹紧，一般需要在 OPEN 和 CLOSE 指令后面添加延时指令。

9. 示教过程

（1）等待作业。

0000 Jmove　－9.9342，27.0120，0.0000，－29.9976

0001 Open　1

该操作是在“关节空间”内通过“关节 1－”、“关节 1＋”、“关节 2－”和“关节 2＋”示教操作，将机械手末端（手爪）靠近到要抓取工件的上方，并打开手爪，准备夹持。记录以上操作，并可对速度倍率进行修改。

(2) 运动到 P1 点，并夹持工件。

0002 Jmove −9.9342，27.2556，−38.7952，−29.9997

0003 Close 1

(3) 运动到 P4 点，放置工件。

0004 Jmove −9.9342，27.2556，25.2857，−29.9997

0005 Jmove 65.1524，26.9455，25.2857，−15.9989

0006 Jmove 65.1524，26.9455，−36.7112，−15.9989

0007 Open 1

“0004”指令是在“关节空间”按“关节 3+”，使工件在夹持住后抬起；快速运动到 P4 点位置的上方后，记录位置。然后降低速度，慢速将工件放置在 P4 点。

(4) 同样的示教方法，将工件由 P4 点抓取后，放置到 P7 点。

0008 Jmove 65.1524，26.9455，25.2857，−15.9989

0009 Jmove 65.1524，26.9455，−36.7112，−15.9989

0010 Close 1

0011 Jmove 65.1524，26.9455，25.2857，−15.9989

0012 Jmove 80.5590，26.1527，25.2872，−28.9976

0013 Jmove 80.5590，26.1527，−36.7112，−28.9976

0014 Open 1

(5) 返回初始点。

0015 Jmove 80.5590，26.1527，25.2872，−28.9976

0016 Jmove 80.5590，26.1527，−36.7112，−28.9976

0017 Close 1

0018 Jmove 80.5590，26.1527，25.2872，−28.9976

0019 Jmove −9.5710，26.2080，25.7997，−29.9976

0020 Jmove −9.5710，26.2080，−36.7112，−29.9976

0021 Open 1

0022 Jmove −9.5710，26.2080，0.000，−29.9976

示教完成以后，保存该示教文件（*.tch）。

注意：在关节空间记录各关节旋转的角度值，“回放”时将角度转化为脉冲数，直接下发给运动控制器；如果在直角坐标空间记录，则记录机器人末端所对应的 x、y、z 值，“回放”时，先进行运动学反解，计算出各关节对应角度值，然后转化为脉冲数下发给控制器。

五、注意事项

(1) 熟练掌握机器人图形示教软件界面的各个功能模块的功能和操作。

(2) 写出执行机器人图形示教首先要执行的机器人准备流程；如果要退出机器人图形示教程序，反过来应该执行什么样的流程。

六、数据处理与实验过程

数据处理与实验过程见表 18-1-2。

表 18-1-2　　数据处理与实验过程

行　指　令			说　明
0000	Jmove	−9.9342，27.0120，0.0000，−29.9976	移动机械手到等待工作位置
0001	Open	1	手爪打开
0002	Jmove	−9.9342，27.2556，−38.7952，−29.9997	关节空间移动手爪到 P1 点
0003	Close	1	手爪闭合，夹持工件
0004	Jmove	−9.9342，27.2556，25.2857，−29.9997	手爪抬起，运动到 P2 点
0005	Jmove	65.1524，26.9455，25.2857，−15.9989	快速移动到靠近 P4 点的上面 P3 点
0006	Jmove	65.1524，26.9455，−36.7112，−15.9989	移动到 P4 点
0007	Open	1	放置工件，完成作业要求（1）
0008	Jmove	65.1524，26.9455，25.2857，−15.9989	手爪抬起
0009	Jmove	65.1524，26.9455，−36.7112，−15.9989	手爪回落，准备抓取工件
0010	Close	1	手爪闭合，夹持工件
0011	Jmove	65.1524，26.9455，25.2857，−15.9989	手爪夹持工件后抬起
0012	Jmove	80.5590，26.1527，25.2872，−28.9976	移动到 P7 点的上方 P6 点
0013	Jmove	80.5590，26.1527，−36.7112，−28.9976	下移到 P7 点
0014	Open	1	手爪打开，放置工件，完成作业要求（2）
0015	Jmove	80.5590，26.1527，25.2872，−28.9976	手爪抬起，运动到 P8 点
0016	Jmove	80.5590，26.1527，−36.7112，−28.9976	手爪回落，准备抓取工件
0017	Close	1	夹持工件
0018	Jmove	80.5590，26.1527，25.2872，−28.9976	
0019	Jmove	−9.5710，26.2080，25.7997，−29.9976	快速移动到靠近 P1 点正上方 P9（P2）点
0020	Jmove	−9.5710，26.2080，−36.7112，−29.9976	手爪下移到 P1（P10）点
0021	Open	1	放置工件，完成作业要求（3）
0022	Jmove	−9.5710，26.2080，0.000，−29.9976	手爪抬起，移动到等待工作位置

七、讨论与思考

（1）根据机器人电机编码器的特点分析每一次运行机器人图形示教程序必须要先执行“自动回零”操作的原因，并得出结论。

（2）分析表 18-1-1 所示任务示教作业并得出结论。

实验二　微工厂智能生产线实验

一、实验目的

（1）掌握多轴机器人配合工作的原理。

（2）了解机器人完成作业的过程及工业现场的零部件装配。

（3）掌握机器人示教作业的方法。

二、实验原理

（1）PLC 编程与机器人运动控制实训台结合了机器人搬运单元、分拣单元、码垛单元、PLC 控制系统、滑动台运动控制、机器运动控制等，掌握机器人结构、机器人编程、PLC 编程、多机械臂协同控制等技术。

（2）六自由度工业机器人及其主要参数如图 18－2－1 所示。

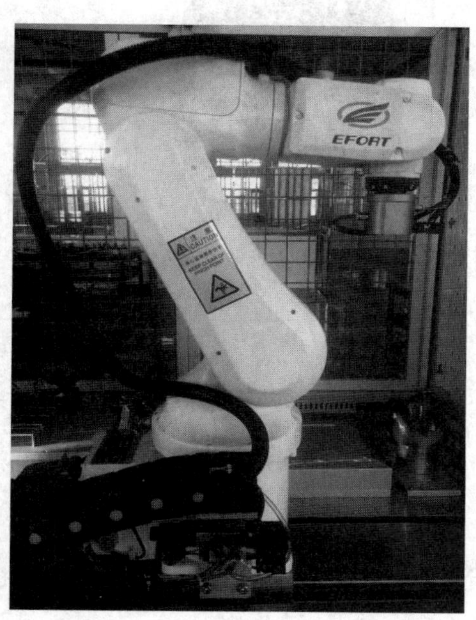

EFORT 机器人参数明细表

型号		EFORT-C10
动作类型		多关节型
控制轴		6轴
放置方式		任意角度
最大动作速度	1轴（J1）	230°
	2轴（J2）	230°
	3轴（J3）	250°
	4轴（J4）	320°
	5轴（J5）	320°
	6轴（J6）	420°
最大动作范围	1轴（J1）	±167°
	2轴（J2）	+90° /−130°
	3轴（J3）	+101° /−71°
	4轴（J4）	±180°
	5轴（J5）	±113°
	6轴（J6）	±360°
手腕允许扭矩	4轴（J4）	4. 45N·m
	5轴（J5）	4. 45N·m
	6轴（J6）	2. 2N·m
手腕允许惯性力矩	4轴（J4）	0. 27kg·m²
	5轴（J5）	0. 27kg·m²
	6轴（J6）	0. 03kg·m²
最大活动半径		630mm
手部最大负载		3kg
重复精度		±0. 02mm
机器人底座尺寸		180mm×180mm
环境温度		0～40℃
相对湿度		40%—90%（40℃）
大气压力		86kPa—106kPa

图 18－2－1 ER3A－C10 六自由度工业机器人（ER3A－C10 六自由度工业机器人是EFDRT 机器人的一种）及其主要参数

三、实验设备

（1）数字化工业机器人培训装置一套。

（2）ER3A－C10 六自由度工业机器人系统。

（3）滑动台。

（4）PLC、物料。

（5）IO 模块、颜色传感器、气动系统。

四、实验步骤

（1）PLC 编程与机器人控制实训台通过机械臂、滑动台、物料托盘组成搬运、分拣、码垛的系统，其中机械臂负责分拣、码垛，滑动台负责将物料托盘移动到指定位置。

本实训平台结合了多轴机器人运动控制、滑动台运动控制、多运动协同控制、PLC

编程、工业以太网通信技术来达到物块的分拣与码垛，能够很好地提升学生对基础知识的认知以及 PLC 编程控制能力。

(2) PLC 编程与机器人控制实训台的各工序的先后逻辑顺序由 PLC 控制，机械臂本体的运动由控制器控制实现，控制器与 PLC 之间采用 IO 信号传递状态指令。

(3) 机器人物料抓取与码垛，示教盒如图 18-2-2 所示。

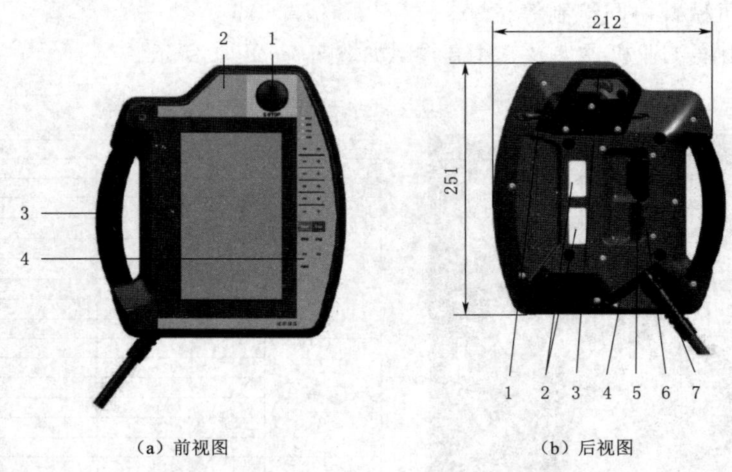

(a) 前视图　　(b) 后视图

图 18-2-2　示教盒

(a) 1—急停按钮；2—模式选择开关（手动、自动、远程）；3—手带；4—按键；
(b) 1—触控笔；2—铭牌；3—安装挂架；4—USB 接口（可用来报告导出、程序文件的导入/导出）；5—手压开关；6—电缆连接区域；7—线缆护套

1) 示教器使用。具体操作参看“EFORT 机器人 C10 系统编程手册 V5.0 (20180120) .pdf”第 2～3 章。

2) 编程，具体操作参看“EFORT 机器人 C10 系统编程手册 V5.0 (20180120) .pdf”第 4 章指令详解。

3) 码垛应用。根据学习机器人编程的程度，自行编写一个简单的码垛程序。

//Maduo. safety 开启滑轨移动，将机器人移到码垛工位。

```
//an quan wei zhi
Tool(DefaultTool)
RefSys(World)
PTP(ap_safety)
WaitIsFinished()
Stop()
// an quan wei zhi xin hao Kai
ER_ModbusSet. IOut[6] :=1
WaitIsFinished()
WaitTime(5000)
Stop()
// an quan wei zhi xin hao Guan
```

```
ER_ModbusSet. IOut[6] :=0
WaitIsFinished()
Stop()
//Maduo. maduo码垛可行性判断
IF (ER_ModbusGet. IIn[0]=0)AND (bSigIn17. val=TRUE)THEN   //吸盘不在平台，而在手腕上。
GOTO can_stack  //才能执行码垛子程序，跳转到 LABEL can_stack
ELSE
// can not stack
Stop()     //否则停止程序
END_IF
LABEL can_stack
IF (ER_ModbusGet. IIn[4]=1)AND (ER_ModbusGet. IIn[5]=1)AND (ER_ModbusGet. IIn[6]=1)AND (ER_
ModbusGet. IIn[7]=1)THEN
CALL stack1()
END_IF
```

码垛方案 1：

```
//stack1()开始码垛代码
PTP(ap0)
PTP(ap1,speedv)
LinAbs(cp1,cd0)//运用偏移指令
Lin(cp1)
WaitIsFinished()
xipan. Set(TRUE)
WaitTime(500)
LinAbs(cp1,cd0)
LinAbs(cp0,cd0)
Lin(cp0)
WaitIsFinished()
xipan. Set(FALSE)
LinAbs(cp0,cd0)
PTP(ap1,speedv)
PTP(ap0)
```

码垛方案 2：参考使用偏移指令完成码垛程序。

```
Tool(DefaultTool)        #工具坐标
PTP(home)                #home 安全点
Tool(t2)                 #调用工具坐标系 t2
PTP(ap1)                 #定义一个在码垛范围内的安全点
DynOvr(20)               #速度限制指令
// qu 1                  #注解:取 1 号物料
LinAbs(cp1,cd0)          #基于抓取 1 号料的位置偏移
Lin(cp1)                 #1 号物料抓取点
WaitIsFinished()         #等待上一指令动作完成
```

```
bSigOut22.Set(TRUE)      #置位吸盘开信号
WaitTime(1000)           #等待时间1秒
LinAbs(cp1,cd0)          #基于抓取1号料的位置偏移
// fang 1                #注解:放1号物料
LinAbs(cp2,cd1)          #基于放1号物料的位置偏移
Lin(cp2)                 #放1号物料位置
WaitIsFinished()         #等待上一指令动作完成
bSigOut22.Set(FALSE)     #置位吸盘关信号
WaitTime(500)            #等待时间0.5秒
LinAbs(cp2,cd1)          #基于放1号物料的位置偏移
// qu 2                  #注解:取2号物料
LinAbs(cp1,cd3)          #基于抓取1号料的位置偏移
LinAbs(cp1,cd4)          #2号物料抓取点
WaitIsFinished()         #等待上一指令动作完成
bSigOut22.Set(TRUE)      #置位吸盘开信号
WaitTime(1000)           #等待时间1秒
LinAbs(cp1,cd3)          #基于抓取1号料的位置偏移
// fang 2                #注解:放2号物料
LinAbs(cp2,cd5)          #基于放2号物料的位置偏移
LinAbs(cp2,cd6)          #放2号物料位置
WaitIsFinished()         #等待上一指令动作完成
bSigOut22.Set(FALSE)     #置位吸盘关信号
WaitTime(500)            #等待时间0.5秒
LinAbs(cp2,cd5)          #基于放2号物料的位置偏移
```

以上程序简单地做出了两个物料，试想如果物料继续码垛第三、第四块料该如何做，需要用到哪些指令，除了用偏移指令外，还有没有方法可以做出码垛程序。当然也可以进一步了解 EFORT 机器人码垛包程序架构的使用。

五、注意事项

（1）在开始实训前务必做好理论知识的储备，了解整个柔性制造系统的工作流程及操作规章制度。绝大多数情况下，机器人都属于一条生产线的一部分，因此机器人出现故障往往不只影响机器人工作站本身，当生产线其他部分出现问题时也可能会影响到机器人工作站。因此应由对整个生产线非常熟悉的人员来设计故障补救方案，以提高安全性。

（2）进行实训时应在受过这方面培训的专业老师的指导下进行。

（3）不需要操作机器人时，应断开机器人控制装置的电源，或者在按下急停按钮的状态下进行作业。

（4）当有工作人员处于机器人的安全防护区域内时，只能使用手动模式操作机器人。

（5）进入机器人的安全防护区域时，必须要将示教器拿在手上，以确保机器人在控制之下。

（6）留意安装在机器人上的会活动的工具，例如电钻、电锯等。在靠近机器人之前，要确保这些工具已经停止运行。

(7) 留意工件表面或者机器人本体的问题，在长时间工作后，机器人的电机和外壳温度可能会非常高。

(8) 留意机器人抓手及所抓持的物品。如果抓手打开，工件有可能会掉落造成人员受伤或者设备损坏。此外机器人使用的抓手可能抓力很大，如果不按规范使用也可能会造成伤害。

(9) 留意机器人和控制柜内的电力部件。即使已经断电了，器件内留存的能量仍然是非常危险的。

(10) 未经允许，严禁使用U盘、软盘或其他存储设备。

(11) 严禁修改桌面、系统设置及相应的程序，严禁删除系统设置参数及相应的程序。

(12) 手动模式下：在手动降速操作方式下，机器人工具中心点（TCP）的运行速度限制在250mm/s以内。外部安全装置（如安全门、安全光栅等）信号将被旁路，即在手动模式下即使安全门被打开系统也不会处于急停状态，以方便进行调试。此方式适用于机器人的慢速运行、任务编程和程序验证。不论是手动降速操作方式还是手动高速方式，机器人的使用安全要求如下：

1) 严禁携带水杯、饮品进入操作区域。

2) 严禁用力摇晃、扳动机械臂和悬挂重物，禁止倚靠机器人控制器或其他控制柜。

3) 在使用示教盒和操作面板时，为防止发生误操作，禁止戴手套进行直接操作，并应穿戴适合于作业内容的工作服、安全鞋、安全帽等。

4) 非工作需要，不宜擅自进入机器人操作区域，如果编程员和维护技术员需要进入操作区域，应随身携带示教盒，防止他人误操作。

5) 在编程与操作前，应仔细确认系统安全保护装置和互锁功能正常，并确认示教盒能正常操作。

6) 手动移动工业机器人时，应事先考虑机器人本体的运动趋势，宜选用低速运行。

7) 在手动移动工业机器人过程中，应确保逃生退路，以避免由于机器人和外围设备而堵塞路线。

8) 时刻注意周围是否存在危险，做好准备，以便在需要的时候可以随时按下紧急停止按钮。

(13) 自动模式下：机器人控制系统按照任务程序运行的一种操作方式，也称为Auto模式或生产模式。当查看或测试机器人系统对任务程序的反应时，机器人使用的安全要求如下：

1) 执行任务程序前，应确认安全栅栏或安全防护区域内没有人员停留。因为自动模式下，机器人会按照用户程序中设定的速度运动，机器人末端最高速度可达到2m/s，请注意此模式下，人员不可进入机器人运动范围，否则极有可能会发生人员损伤。

2) 检查安全保护装置安装到位且处于运行中，如有任何危险或者故障发现，在执行程序前，应排除故障或危险并再次完成测试。

3) 仅执行本人编辑或了解的任务程序，否则应在手动模式下进行程序验证。

4) 在执行任务过程中，机器人本体在短时间内未做任何动作，切勿盲目认为程序执行完毕，此时机器人很可能在等待让它继续动作的外部输入信号。

六、实验结论

(1) 试寻找 ER3A－C10 工业机器人初始位姿。

(2) 建立 ER3A－C10 机器人杆件坐标系，绘制机器人杆件坐标系图。

(3) 制作 DH 参数表见表 18－2－1。

表 18－2－1　　ER3A－C10 机器人 DH 参数表

i（连杆编号）	θ（连杆间夹角）		d（连杆间距离）	a（连杆长度）	α（连杆扭角）
	初始夹角	夹角范围			
1					
2					
3					
4					
5					
6					

七、讨论与思考

(1) 试论述工件坐标系和用户坐标系的区别？

(2) 试论述世界坐标系和机座坐标系的区别？

(3) 试论述 TCP 和 TCS 的关系？

(4) 当机器人运动时，随着工具尖端点 TCP 的运动，工具坐标系也随之运动。用户可以选择在工具坐标系 TCS 下进行示教运动。TCS 坐标系下的示教运动包括沿工具坐标系的 X 轴、Y 轴、Z 轴的移动运动，以及绕工具坐标系轴 X 轴、Y 轴、Z 轴的旋转运动。工具坐标系 TCS 随着工具尖端点 TCP 的运动而运动，那么如何理解在此坐标系下的运动？

实验三　串联机器人运动与位置控制实验

一、实验目的

(1) 掌握串联机器人的基本结构，加深对串联机器人工作原理的理解。

(2) 掌握串联机器人的常见的运动命令、编程操作方法。

(3) 了解串联机器人示教与再现的原理及示教和再现过程的操作方法。

(4) 掌握机器人常用编程指令示教和示教编程操作。

(5) 熟练操作串联机器人，独立完成实验操作，仔细观察机器人运动中各参数变化情况。

二、实验原理

(1) 熟悉珞石工业机器人编程软件使用，掌握机器人示教步骤。

(2) 通过完成任务，学习点到点运动的几种运动方式，感受几种运动方式下机械臂的不同轨迹。

(3) 操作机机构运动简图及关节轴定义如图 18－3－1 和图 18－3－2 所示。

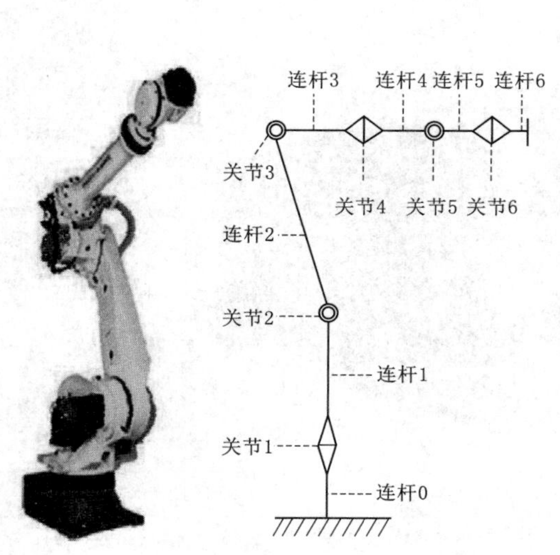

图 18-3-1　操作机机构运动简图

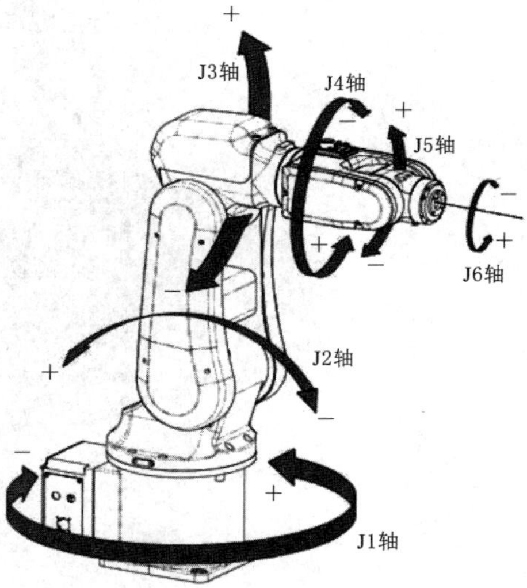

图 18-3-2　XB4-R596 珞石工业机器人关节轴

(4) 机器人运动学坐标系描述如图 18-3-3 和图 18-3-4 所示。

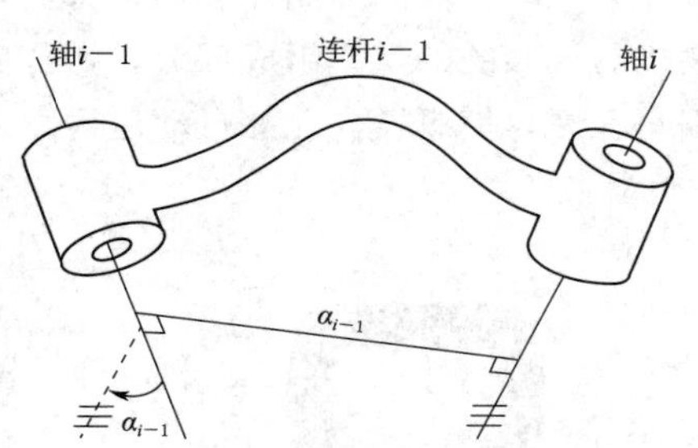

图 18-3-3　单连杆描述

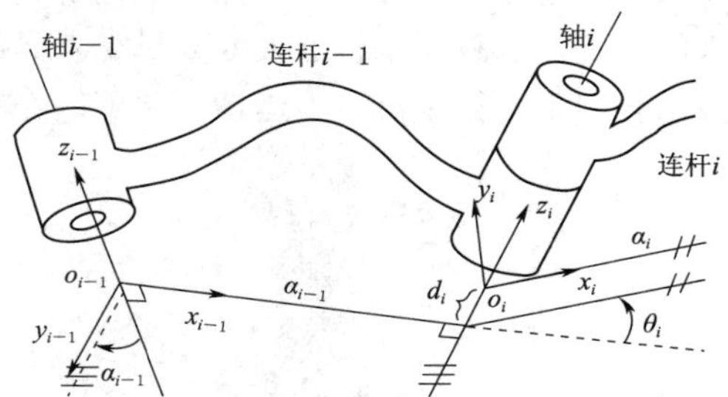

图 18-3-4　两连杆关系描述及运动学坐标系建立

(5) 工业机器人系统坐标系如图 18-3-5 所示。

三、实验设备

主要仪器设备有 XB4-R596 珞石机器人系统一套、示教器、控制器、方形小物体。

四、实验内容

工业机器人品牌较多，且采用不同厂家的控制器，但是工业机器人的操作及编程方法基本相似，通过学习一种工业机器人的操作方法，举一反三，快速掌握多种品牌机器人的操作方法。下面对工业机器人运动进行介绍。

任务描述：机器人本体、控制柜、示教器是机器人的重要组成部分，示教器与控制柜通信，然后控制机器人本体运动。首先认识机器人的人机交互界面——示教器，然后学习开关机操作。在掌握机器人多种运动模式的基础上，实现手动控制机器人运动。

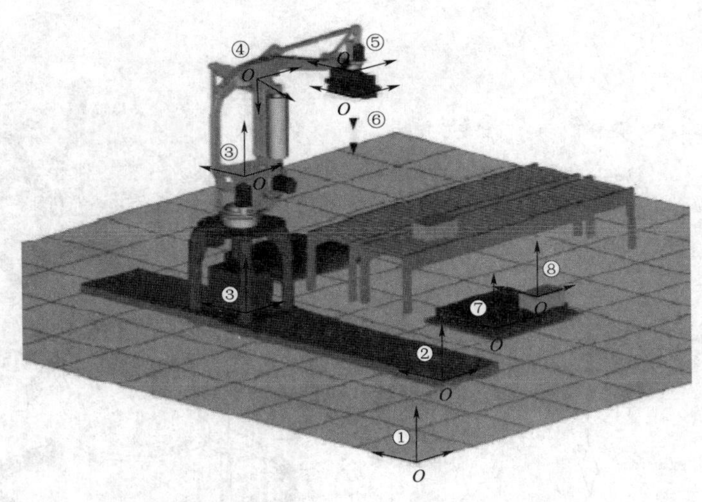

图 18-3-5　工业机器人系统坐标系

①—世界坐标系 $\{O\}$；②—移动平台坐标系 $\{P\}$；③—机座坐标系 $\{l\}$；④—关节坐标系 $\{A\}$；⑤—机械接口坐标系 $\{M\}$；⑥—工具坐标系 $\{T\}$；⑦—工作台坐标系 $\{K\}$；⑧—工件坐标系 $\{J\}$

1. 工业机器人示教器

工业机器人一般由机器人本体、控制柜、示教器组成，如图 18-3-6 所示。机器人本体是完成作业任务的物理实体。控制柜包含了控制机器人运动所需的控制器和驱动部分，是机器人的大脑。示教器是机器人的人机交互界面，是机器人系统的重要组成部分，操作者可以通过示教器手动控制机器人运动，并可以在其上编写程序，使机器人能够自动运行。

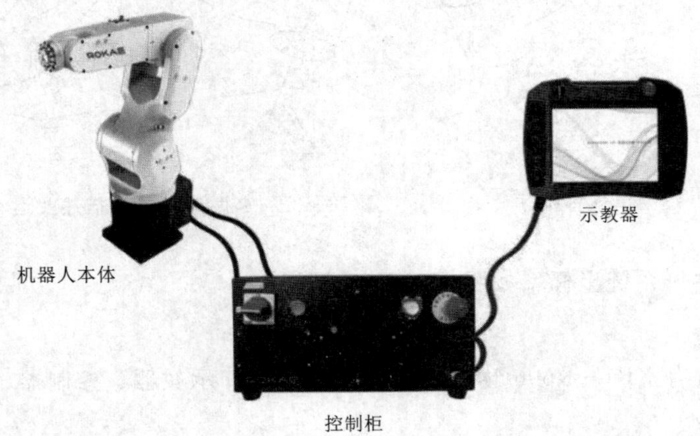

图 18-3-6　工业机器人组成

工业机器人采用 KEBA C10 系列机器人控制器，与其配套的机器人示教器可用于控制机器人运动，可创建、修改及删除程序以及变量，可提供系统控制和监控功能，也包括安全装置（启用装置和紧急停止按钮）。示教器前面板如图 18-3-7 所示。

示教器前面板各部分名称为：A 模式选择钥匙开关（手动、自动、远程）：选择切换机器人工作模式；B 急停按钮：危险情况下触发紧急停止；C 单步运行按钮：向前或向后

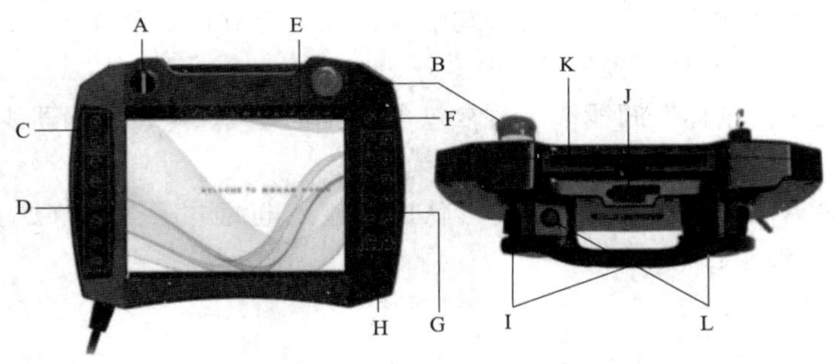

图 18-3-7　示教器前面板

运行 1 条指令，用来调试机器人程序；D 自定义功能按钮：可为每个按钮单独制定功能，其中 fn6 已占用，不可以定义；E 停止按钮：用来停止机器人程序的运行；F 开始按钮：用来启动机器人程序的运行；G 为 Jog 按钮：共 6 组 12 个，对应机器人的 6 个关节或者笛卡儿空间 6 个自由度；H 为 R 按钮：用于在自动模式时对电机上电；I 三位使能开关：用于在手动模式下对机器人进行运动使能；J 为 USB 接口：用来连接 U 盘，采用橡胶盖保护；K 触摸笔凹槽：用来存放触摸笔；L 预留按钮：用于后续功能扩展。

示教器后视图如图 18-3-8 所示。习惯于右手操作用户需要使用左手握持示教器，然后使用右手操作示教器上的按钮和触摸屏。

三位使能开关是一个具有 2 段按压 3 个位置的特殊开关，又称使能开关，用于在手动模式下控制机器人动力电源的通断，由此来实现机器人的运动使能。

只有按下使能开关并保持在中间位置时才会接通电机电源，使得机器人处于允许运动的状态，松手放开或者用力按压到底都会将电源切断，如图 18-3-9 所示。

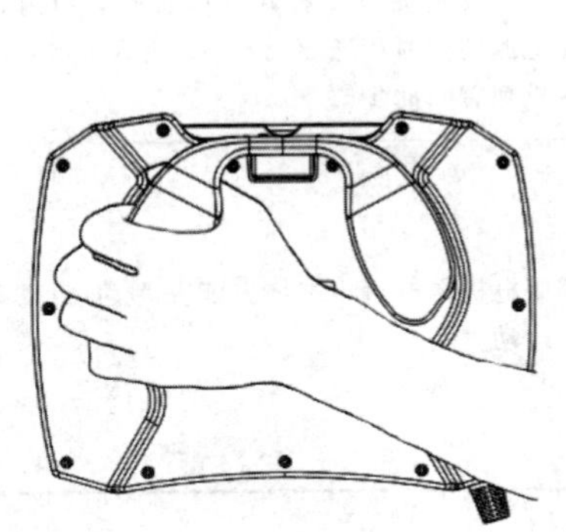

图 18-3-8　示教器后视图

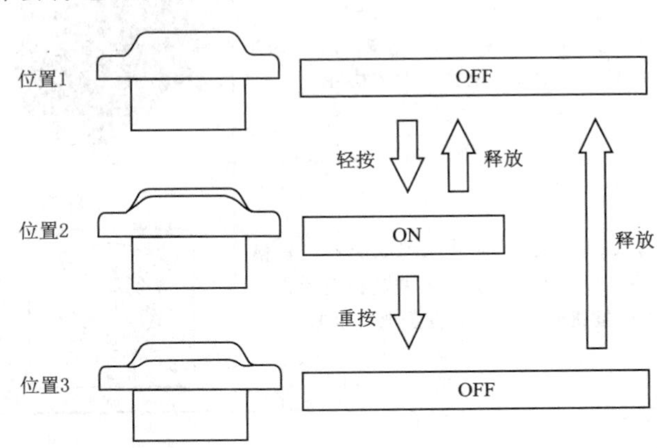

图 18-3-9　三位使能开关操作示意图

2. 开/关机操作步骤

正确的开关机操作不仅能够减少对系统元器件的损伤，有效延长系统使用寿命，也能减少意外情况的产生。具体操作如下：

（1）开机步骤。进行操作前，请首先做好充分的准备工作，并做好安全防护措施。具体来说，准备工作依次如下：

1）将电柜、本体放置在预设位置。其中电柜周围要有良好的通风环境，本体要固定牢固，条件容许下，在本体周围安装护栏。

2）连接“电柜—本体”间线缆。通常包含电机动力线、电机编码器线、电机抱闸线，某些机型电机动力线、电机抱闸线为同一线缆。

3）给电柜接通电源。注意接入前请确认电柜输入电源电压、线径要求，并注意接线引脚定义，做好校线工作。

开机步骤详见表 18-3-1。

表 18-3-1　　　　开　机　步　骤

步　　骤	插　　图	说　　明
1. 打开电柜主电源开关		手柄水平方向：关闭（逆时针旋转）； 手柄竖直方向：打开（顺时针旋转）
2. 待示教器进入系统登录界面并无任何报警信息，登录系统		进入登录界面后表示系统已准备就绪
3. 检查急停按钮是否被按下，若按钮被按下，则需释放急停按钮		共两处：电柜、示教器；提示：急停按钮处于按下状态时，握住蘑菇头并顺时针旋转，即可释放按钮（按钮弹起并伴有声响）
4. 点击开伺服按钮，　注意：高频率的开关伺服易对驱动器内部造成伤害		点击一次即可，操作成功后按钮被点亮，同时驱动器 RST 接入电源。 提示：某些机型没有开伺服按钮，打开电柜主电源的同时接通驱动器 ST 输入电源，故某些机型省略此步骤
5. 将示教器 A 模式选择钥匙开关转换到自动模式后，需要按下控制柜上的复位/上电按钮或 R 按键，伺服电机得电	手动模式　自动模式 T　A	伺服电机得电后，本体方能在手动/自动模式下运动

(2) 关机步骤。注意按开机相反的步骤操作（略）。

以下按操作手册示例演示。

参看 R-BJ-RJ-006Titanite 机器人控制系统操作手册 v3.3.0.pdf。在不同坐标系下操控机器人，观察其运动规律。

1）开机。

2）关节坐标系模式（Joint Coordinate）下单轴移动机器人，并记录各轴旋转角度范围。如图 18-3-10 所示。

注意：示教器后面板上的速度加减键进行速度调节，为了安全起见，在开始的时候尽量以较低的速度（10%）移动机器人，并确认不会发生碰撞时，再适当提高移动速度。

3）直角坐标模式下移动机器人。此时，机器人不再单轴转动，而是：当按下前面三组 J1、J2、J3 键时，机器人的 TCP 以直线运动；当按下前面三组 J4、J5、J6 键时，机器人的 TCP 位置固定不动，而绕相应的坐标轴旋转运动。

注意：切换示教模式之后机器人移动速度会自动降低到 10%。

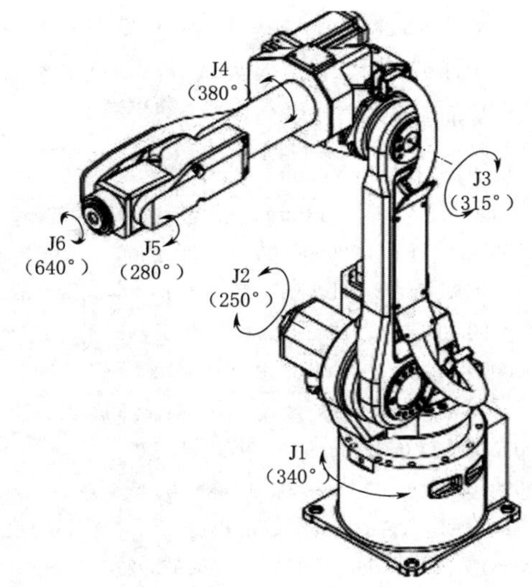

图 18-3-10　工业机器人在关节坐标系下的运动范围

3. XB4-R596 珞石工业机器人系统坐标系认识操控实验

如图 18-3-11 所示，分别以基座坐标系和工件坐标系作为运动学参考对象，以关节坐标系和工具坐标系作为运动学研究对象，利用示教器操控机器人，观察机器人的运动规律。

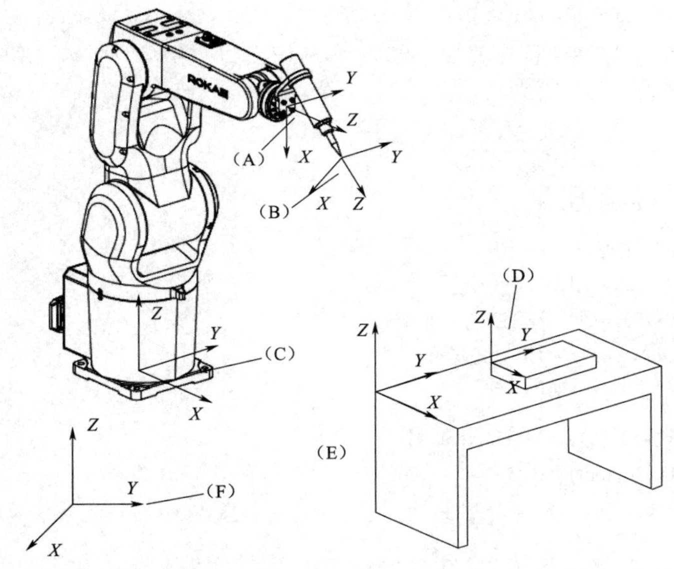

A. 法兰坐标系，定义在机器人末端法兰盘的中心位置，不具有实际意义，仅在定义工具/工件坐标系时充当参考系。
B. 工具坐标系，定义在工具上的坐标系，机器人编程的位置指的是工具坐标系的位置，有关工具坐标系的进一步信息请参考工具。
C. 基座坐标系，定义在机器人底座的中心位置，用于确定机器人的摆放位置。
D. 工件坐标系，定义在工件上的坐标系，良好定义的工件坐标系可以大幅降低编程复杂度并提高程序复用性，有关工件坐标系的进一步信息请参考工件。
E. 用户坐标系，在定义工件坐标系时充当参考系，不单独使用。
F. 世界坐标系，该坐标系并没有具体的位置，当只有一个机器人时，该坐标系可认为就在机器人底座中心，与基坐标系重合；当有多个需要协调运动的机器人或外部设备时，世界坐标系可为这些设备提供一个唯一的参考系，在满足方便标定其他设备基坐标系的前提下，其具体位置可任意指定。

图 18-3-11　XB4-R596 珞石工业机器人的直角坐标系（笛卡儿坐标系）

4. 自动模式下工业机器人运动控制实验

打开码垛程序“\workspace\maduo\ main.mod”。代码如下，注意：此演示实验需要提前打开气泵供气。

```
MODULE MainModule
LOCAL VAR jointtarget j1 = j:{0.000000000, 0.000000000, 0.000000000, 0.000000000, 90.000000000, 0.00000000}{EJ 0.000000000, 0.000000000, 0.000000000, 0.000000000, 0.000000000, 0.000000000}
LOCAL VAR robtarget d1up = p:{{498.035392959, -180.328117762, 384.703814250}, {0.015211095, -0.000090326, 0.999884299, -0.000056939}}{cfg -1, 0, -1, 0}{EJ 0.000000000, 0.000000000, 0.000000000, 0.000000000, 0.000000000, 0.000000000}
LOCAL VAR robtarget d1 = p:{{500.215610283, -180.309039578, 312.786877739}, {0.015169546, -0.000011752, 0.999884934, 0.000050847}}{cfg -1, 0, -1, 0}{EJ 0.000000000, 0.000000000, 0.000000000, 0.000000000, 0.000000000, 0.000000000}
LOCAL VAR robtarget d4up = p:{{506.632364725, 121.964405595, 454.520333710}, {0.012922212, 0.006018578, 0.999874071, 0.006973927}}{cfg 0, 0, 0, 0}{EJ 0.000000000, 0.000000000, 0.000000000, 0.000000000, 0.000000000, 0.000000000}
LOCAL VAR robtarget p4 = p:{{506.632376631, 121.964355821, 454.520333332}, {0.012922290, 0.006018559, 0.999874072, 0.006973608}}{cfg 0, 0, 0, 0}{EJ 0.000000000, 0.000000000, 0.000000000, 0.000000000, 0.000000000, 0.000000000}
LOCAL VAR robtarget d1down = p:{{509.337776393, 123.448469853, 348.676896655}, {0.012745264, 0.005958989, 0.999877149, 0.006909133}}{cfg 0, 0, 0, 0}{EJ 0.000000000, 0.000000000, 0.000000000, 0.000000000, 0.000000000, 0.000000000}
GLOBAL PROC main()
SetDO sj,true  //手抓松开
SetDO sj,false  //手抓抓取
SetDO sj,true  //手抓松开
MoveAbsJ j1,v500,z50,tool0
MoveJ d1up,v500,z50,tool0  //PTP方式移动
MoveL d1,v600,z50,tool0  //CP方式移动
SetDO sj,false
MoveL Offs(d1up,0,0,50),v600,z50,tool0
MoveJ d4up,v500,z50,tool0
MoveL d1down,v200,z50,tool0
SetDO sj,true
MoveL d4up,v150,z50,tool0
MoveJ Offs(d1up,0,100,50),v150,z50,tool0
MoveL Offs(d1,5,100,0),v200,z50,tool0
SetDO sj,false
MoveL Offs(d1up,0,100,50),v150,z50,tool0
MoveL d4up,v200,z50,tool0
MoveL Offs(d1down,0,0,32),v200,z50,tool0
SetDO sj,true
MoveL d4up,v200,z50,tool0
```

```
MoveJ Offs(d1up,0,200,50),v150,z50,tool0
MoveL Offs(d1,9,200,0),v200,z50,tool0
SetDO sj,false
MoveL Offs(d1up,0,200,50),v200,z50,tool0
MoveL d4up,v200,z50,tool0
MoveL Offs(d1down,0,0,64),v200,z50,tool0
SetDO sj,true
MoveL d4up,v200,z50,tool0
MoveAbsJ j1,v200,z50,tool0

ENDPROC
ENDMODULE
```

五、注意事项

工业机器人作为工业现场的执行装置，具有动作灵活、任务适应性强、安全可靠等特点，但是仍会发生意外伤人情况，因此，在操作机器人的过程中，需要遵守以下规定：

(1) 仅当机器人和控制系统正确安装完毕后才可投入作业。

(2) 系统安装和投入作业只能在拥有足够空间安放机器人及其配套的工作区内进行，安全围栏内不得通行。同时，必须检查机器人正常运动条件下与工作区（结构承重柱、供电线缆等）内或安全围栏内部件是否有冲突碰撞。

(3) 所有保护措施均应位于工作区外，并且在可以纵观机器人活动的地点。

(4) 机器人安装区域应尽量避免出现任何障碍性或妨碍视野的器材。

(5) 将机器人固定在支架上，所有外部螺栓和螺钉均应按照产品使用规范紧固至规定的扭矩。

(6) 确保电源电压值符合控制单元需求值。

(7) 在控制单元通电前，检查确定电源的电路断流器处于打开位置。

六、实验结论

(1) 试寻找 XB4 – R596 珞石工业机器人初始位姿。

(2) 建立 XB4 – R596 珞石 6 自由度关节型工业机器人杆件坐标系，绘制机器人杆件坐标系图。

(3) 制作 DH 参数表，见表 18 – 3 – 2。

表 18 – 3 – 2　　XB4 – R596 珞石六自由度关节型工业机器人 DH 参数表

i（连杆编号）	θ（连杆间夹角）		d（连杆间距离）	a（连杆长度）	α（连杆扭角）
	初始夹角	夹角范围			
1					
2					
3					
4					
5					

七、讨论与思考

(1) 工业机器人系统由哪三个部分组成?

(2) 工业机器人示教器的作用是什么?

(3) 工业机器人在开机和关机之前需要注意的事项有哪些?

(4) 工业机器人常见的运动方式有哪些?

(5) 工业机器人示教器上的手压开关的作用是什么?

(6) 工业机器人常用的运动指令有哪些，其特点是什么?

(7) 工业机器人编程中的项目和程序的关系是什么?

(8) 工业机器人的手动操作和自动运行的区别及作用是什么?

第十九章　汽车电子控制技术

实验一　电喷发动机故障诊断实验

一、实验目的

（1）掌握电喷发动机基本原理，熟悉电喷发动机的常见故障，掌握使用实验设备对电喷发动机进行故障诊断的方法。

（2）熟悉发动机故障诊断仪操作方法，并按步骤排除电喷发动机故障。

二、电控汽油机燃料喷射系统的组成和作用

1. 空气供给系统

了解空气供给系统的组成及作用，掌握进气管、节气门体的构造、工作原理。

2. 燃油供给系统

了解燃油供给系统的作用及组成，掌握汽油泵、压力调节器、油压脉动衰减器和喷油器的构造和工作原理。

3. 电控系统

了解电控系统各传感器的作用、类型，掌握各种空气流量计、压力传感器、节气门位置传感器、发动机转速传感器、水温传感器、进气温度传感器、氧传感器等的构造、工作原理。

4. 电控单元（Electronic Control Unit，ECU）与汽油喷射电子控制

掌握ECU的作用，掌握汽油泵和喷油器的控制方法，掌握喷油量和喷油时间的控制方法。

三、电控发动机常见故障诊断与排除

电控燃油喷射发动机常见故障有发动机不能启动、发动机启动困难、发动机怠速不良、发动机加速性能不良、混合气过稀或者过浓、发动机动力不足、发动机失速、发动机点火不良等。

1. 电控发动机各类故障主要现象说明

（1）发动机不能起动：起动发动机时，发动机不转或能转动但不着火。

（2）发动机起动困难：发动机不易起动，起动着火后很快又熄火。

（3）怠速过高：发动机在正常怠速工况下，其转速明显高于标准。

（4）怠速不稳、易熄火：怠速转速过低，且不稳定，经常熄火。

（5）加速性能不良：发动机加速时，无力且有抖动现象，转速不易提高。

（6）混合气过稀：进气管有回火现象。

（7）混合气过浓：排气管有冒黑烟或放炮现象。

(8) 发动机失速：发动机正常运转时，转速忽高忽低，不稳定。

2. 电控发动机故障诊断的基本流程

电控发动机故障诊断的一般程序为：

(1) 向车主调查。

(2) 外部检查。接插件是否松动；导线是否断路；真空管有无接错；高压导线是否接好；分缸高压线有无插错；蓄电池基桩是否松动；燃油表指示值是否正常显示。

(3) 调取故障码。

3. 故障码调取方法

(1) 利用随车自诊断系统调取故障码。

根据不同车型，可采用以下方式读取故障码：

1) 利用仪表板盘上“故障指示灯”的闪烁规律读取故障码。

2) 利用指针式万用表的指针摆动规律或自制二极管灯的闪烁规律读取故障码。

3) 利用电控单元上红、绿色发光二极管灯的闪烁规律读取故障码。

4) 利用车上显示器读取故障码。

(2) 使用故障诊断仪调取故障码。

第一代随车诊断系统（OBD－Ⅰ）的汽车，必须使用专用仪器和专用传输线与车上的诊断座对接来调取故障码。

第二代随车诊断系统（OBD－Ⅱ）的汽车，具有统一的故障诊断座和统一的故障代码，只需用一台仪器即可调取各汽车制造公司生产的各型汽车故障码。

(3) 间歇性故障诊断有振动法、加热法、水淋法、电器全部接通法、道路试验法。

4. 无故障码故障诊断

无故障码故障诊断步骤见表 19－1－1。

表 19－1－1　　无故障码故障诊断步骤

步骤	检查内容	正常	不正常时的处理方法
1	发动机不工作时检查蓄电池电压	不低于 11V	充电或更换蓄电池
2	盘转发动机检查曲轴能否转动	能转动	按“故障诊断表”诊断
3	起动发动机检查能否起动	能起动	直接转到步骤 7 进行检查
4	检查空气滤清器滤心是否过脏或损坏	滤心良好	清洁或更换滤心
5	检查发动机怠速运转情况	怠速运转良好	按“故障诊断表”诊断
6	检查发动机点火正时	点火正时准确	调整
7	检查燃油系统压力	压力正常	检查排除燃油系统故障
8	检查火花塞和高压线跳火情况	火花正常	检查排除点火系统故障
9	上述检查是否查明故障原因	查明故障原因	按“故障诊断表”诊断

四、实验步骤

(1) 对电喷发动机进行外部检查：接插件是否松动；导线是否断路；真空管有无接错；高压导线是否接好；分缸高压线有无插错；蓄电池基桩是否松动；燃油表指示值是否正常显示。

(2) 利用电喷发动机故障诊断仪对电喷发动机进行诊断，读取故障码，诊断后，排除故障，并清除故障码。

(3) 若无故障码，按表 19-1-1 步骤进行检查。

五、实验内容

记录检查到的故障、故障码等，简要说明所出现故障的一些表现和进行故障排除的步骤。

六、讨论与思考

对出现上述故障的原因进行分析，谈谈如何避免此类故障的再次发生。

实验二 汽车电子控制防抱死系统（ABS）的使用

一、实验目的

(1) 了解 ABS 系统主要作用，掌握 ABS 系统的基本工作原理。

(2) 通过实验掌握使用故障诊断仪对 ABS 系统常见故障的排除。

二、实验原理

ABS 系统能够防止车轮抱死，具有制动时方向稳定性好，制动时仍有转向能力、缩短制动距离等优点。

(一) ABS 系统的基本工作原理

汽车制动过程中，车轮转速器转速传感器不断把各个车轮的转速信号及时输送给 ABS 电子控制单元（ECU），ABS 系统 ECU 根据设定的控制逻辑对 4 个转速传感器输入的信号进行处理，计算汽车的参考车速、各车轮速度和减速度，确定各车轮的滑移率。如果某一车轮滑移率超过设定值，ABS 系统 ECU 就发出指令控制液压控制单元，使该车轮制动轮缸的制动压力减小；如果某一车轮滑移率还没达到设定值，ABS 系统 ECU 就发出指令控制液压控制单元，使该车轮制动轮缸的制动压力增大；某一车轮滑移率接近设定值，ABS 系统 ECU 就发出指令控制液压控制单元，使该车轮制动轮缸的制动压力保持一定。从而使各个车轮的滑移率保持在理想的范围之内，防止各个车轮完全抱死。

在制动过程中，如果车轮没有抱死趋势，ABS 系统将不参与制动压力控制，此时制动过程与常规制动系统相同。如果 ABS 出现故障，电子单元将不再对液压单元进行控制，并将仪表板上的 ABS 故障警告灯点亮，向驾驶员发出警告信号，此时 ABS 不起作用，制动过程与没有 ABS 制动系统的工作过程相同。

(二) ABS 刹车系统工作阶段

1. 开始制动阶段（系统油压建立）

开始制动时，驾驶员踩下制动踏板，制动压力由制动主缸产生，经进油阀（进油阀不通电则处于开启状态）作用到车轮制动轮缸上，此时出油阀（出油阀不通电处于关闭）关闭，ABS 刹车系统不参与控制，整个过程和常规液压制动系统相同，制动压力不断上升。

2. 油压保持

当驾驶员继续踩制动踏板，油压继续升高到车轮出现抱死趋势时，ABS 系统电子控制单元发出指令使进油阀通电，并关闭进油阀，出油阀依然不带电仍保持关闭，系统油压

保持不变

3. 油压降低

若制动压力保持不变，车轮有抱死趋势时，ABS 系统 ECU 发出指令使出油阀通电，并开启出油阀，系统油压通过低压储液罐降低油压，此时进油阀继续通电保持关闭状态，有抱死趋势的车轮被释放，车轮转速开始上升。此时电动液压泵开始起动，将制动液由低压储液罐送至制动主缸。

4. 油压增加

为了使制动最优化，当车轮转速增加到一定值后，ABS 系统 ECU 发出指令使进油阀、出油阀断电，进油阀开启，出油阀关闭，电动液压泵继续工作从低压储液罐吸取制动液输送至液压制动系统。

2、3、4 阶段反复循环，将车轮滑移率始终控制在 20%左右。

三、实验设备

ABS 刹车系统实训平台、故障诊断仪、万用表。

四、实验步骤

(1) 接通电源，打开点火开关，电压指示表显示正常，面板上 ABS 故障灯 3s 后熄灭，此时显示 ABS 电控单元状态正常。否则 ABS 电控单元存在故障，将故障诊断仪与 ABS 刹车系统演示平台上的 OBD-Ⅱ诊断座读取 ABS 系统故障并加以清除。

(2) 启动变频器，三相电机带动从动轮运转，此时四个车轮同向运行，调节变频器频率调节按钮，可对车轮运行速度任意调节。根据模拟实际需要，将速度调至以 30km/h 运行（通过故障诊断仪电子解码器读取数据流获得车轮传感器传输的实时轮速）。

(3) 进行常规制动实验时，踩下制动踏板，此时四个车轮抱死。

(4) 进行 ABS 防抱死实验时，先按下操作平台上的 ABS 制动按钮，此时 ABS 介入，踩下制动踏板，在车轮即将抱死时，ABS 系统开始工作，车轮处于抱死与不抱死的临界状态，此时在制动踏板上可明显感受到不断的反弹作用，同时反映制动总泵和制动分泵的压力变化的油压表表针不停摆动。

(5) 通过智能化故障设置系统，可通过设置 ABS 刹车系统演示平台上的“电路故障盒”来设置故障，此时 ABS 故障警报灯常亮，通过故障诊断仪电子解码器读取故障，同时也可用万用表测得电路中电压的变化，分析找到故障，并加以清除。

五、实验报告

实验报告包括实验目的、实验仪器、实验过程、实验结论。

六、注意事项

(1) 没有指令，不得开启电机开关，防止车轮高速运转时零件飞出带来伤害。

(2) 不得触碰车轮，防止意外发生。

(3) 遵守实验室纪律。

第二十章　汽　车　理　论

实验一　汽车燃油经济性实验

一、实验目的

(1) 通过策划路试实验，加深对汽车理论课程中汽车经济性的理解。

(2) 掌握汽车经济性实验的一般方法，学会准确记录和处理测量数据。

(3) 掌握实验设备的正确操作和测量原理。

(4) 培养汽车实验的组织能力。

二、实验内容

本次实验要求进行道路实验，测试汽车等速行驶燃料消耗量实验。

三、实验设备

实验用汽车、油耗测试仪、路障、对讲机以及与实验车相匹配的管路接头和软管。

四、实验路段设置

实验路段应为纵坡不大于0.3%的混凝土或沥青路面道路，路面干燥、平坦、清洁，长度为1000m。

五、实验内容

1. 测试路段

等速行驶燃料消耗量实验测试路段长度为1000m。

2. 实验方法

汽车用常用挡位，等速行驶，通过500m的测试路段，测量通过该路段的时间和燃油消耗量。实验车速从20km/h（最小稳定车速高于20km/h时，为30km/h）开始，以10km/h的整数倍均匀选取车速，至少测定2个实验车速。同一车往返两次，测量结果经重复性检验认可后，记入实验报告表20－1－1中。

表20－1－1　　　　**实　验　报　告**　　　　变速器挡位：

序号	行驶方向	速度表指示数/(km/h)	实际车速/(km/h)	通过测量段时间/s	燃料消耗量实验值/mL	燃料消耗量/(L/100km)	备注
1							
2							
3							
⋮							
12							

3. 绘制等速燃料消耗量特性曲线

以实验车速为横坐标，燃料消耗量为纵坐标，绘制等速燃料消耗量散点图。根据散点图，绘制等速行驶燃料消耗量特性曲线。

六、实验结果

分析实验车的燃料消耗量与车速的关系，并依据燃料消耗量对等速油耗曲线的要求，分析实验车的油耗合理性。

七、汽车燃料经济性实验报告

实验报告内容如下：

实验日期：__________ 实验地点：__________

实验车型号：__________ 制造厂名：__________

底盘号：__________ 发动机号：__________

变速器型号：__________ 出厂日期：__________

装载质量：__________kg 乘车人数：

总质量：__________kg

轮胎气压：前轮（左/右）__________bar

后轮（左/右）__________bar

使用燃料：__________ 里程表读数：__________km

路面状况：__________

天气：______ 气温：______℃ 气压：______kPa

相对湿度：______% 风向：______ 风速：______m/s

测试仪器和设备：__________

实验指导：__________ 驾驶员：__________

1. 燃料消耗量实验

2. 绘制等速行驶百公里油耗曲线

3. 实验结果分析

实验二 汽车制动性实验

一、实验目的

（1）通过汽车路试实验，加深对汽车理论课程中汽车制动性的理解。

（2）掌握汽车制动性能实验的一般方法，学会准确记录和处理测量数据。

（3）掌握实验设备的正确操作和测量原理。

二、实验内容

测试一定初速度下的汽车制动距离和制动减速度。

三、实验设备

实验用汽车、路障、标杆、卷尺。

四、实验步骤

本实验要求汽车在选定的道路上以一定的初速度（30km/h、40km/h、50km/h）开始紧急制动（使车轮“抱死”）。实验时用汽车速度仪表记录制动初速度、制动时间和制动距离。

实验时，汽车以预定的稳定车速（30km/h、40km/h、50km/h）行驶进入选定的路段。当在稳定后发出信号，通知驾驶员“紧急制动”。制动时，离合器分离或变速器置于空挡，直到汽车完全停止后，把汽车道路试验仪记录装置置于暂停位置，并记录各参数。检查各参数及记录曲线，必要时应重新做实验。

使汽车朝相反方向稳定行驶，重复上述实验。

在整个实验过程中，必须注意扶紧车厢板，以免跌伤或碰坏仪器。实验时，应精神集中，操纵仪器要准确无误。同时，要做好实验记录工作。

五、试验数据记录及实验报告要求

按实验报告中的表 20-2-1 要求填写并绘制制动减速度特性曲线。

表 20-2-1　　冷态制动效能实验结果

初速 /(km/h)	制动时间 /s	制动距离 /m	制动减速度 /(m/s²)	MFDD（充分发出的平均减速度）/(m/s²)	最大减速度 /(m/s²)

（1）绘制减速度曲线，分析实测减速度曲线与理论曲线产生差异的原因，并根据动态曲线分析整个制动过程。

（2）如果制动力检测值偏小，分析是什么原因，对汽车有何影响。

六、汽车制动性能实验报告

实验报告内容如下：

实验日期：________　　实验地点：________

实验车型号：________　　底盘号：________

发动机号：________　　制造厂名：________

出厂日期：________

变速器挡位：________　　装载质量：________kg

乘车人数：________　　总质量：________kg

使用燃料：________　　里程表读数：________km

天气：________　　气温：________℃

气压：________kPa　　风向：________

风速：________m/s　　路面状况：________

测试仪器和设备：________________

实验指导：________　　驾驶员：________

1. 冷态制动效能实验结果

(1) 冷态制动效能实验，实验结果记录见表 20-2-1。

(2) 计算道路附着系数。

2. 实验结果分析

第二十一章 快速成型技术

实验一 3D 打印实验

一、实验目的

(1) 了解 3D 打印快速成型制造基本原理与特点。

(2) 熟悉 3D 打印机的基本构造和模型制作过程，分析产品加工误差的原因。

(3) 了解 3D 打印快速成型制造与传统成型制造（机械加工或模具）的优缺点。

(4) 通过现场学习及实践，加深对 3D 打印快速成型工艺的理解。

二、实验设备

(1) 太尔时代 UP BOX+ 3D 打印机 1 台，如图 21-1-1 所示。

(2) 太尔时代 UP PLUS2 3D 打印机 2 台，如图 21-1-2 所示。

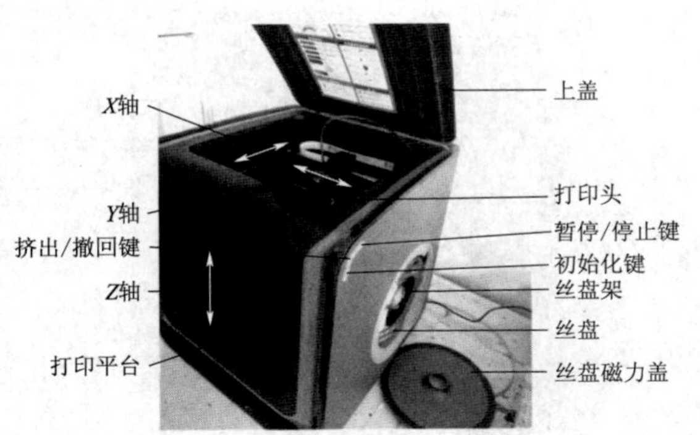

图 21-1-1 太尔时代 UP BOX+ 3D 打印机

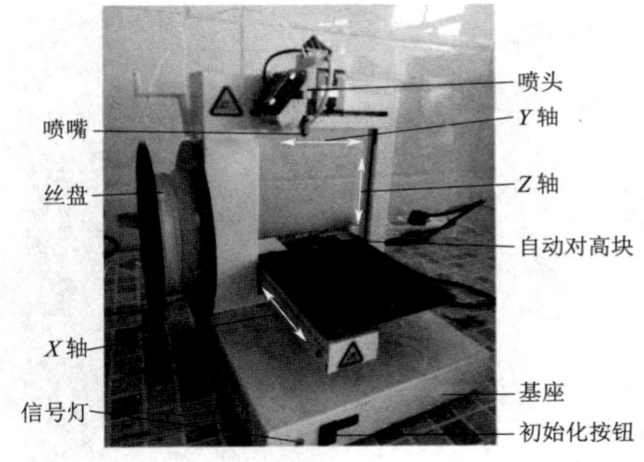

图 21-1-2 太尔时代 UP PLUS2 3D 打印机

(3) ABS 丝材 2 卷（直径 1.75mm）。

(4) 起型铲 1 把。

(5) 尖嘴钳 1 把，手套 1 双。

三、实验原理

3D 打印即快速成型技术的一种，又称增材制造。其成型原理，简单来说，就是通过采用分层加工、叠加成形、逐层增加材料来生成 3D 实体。首先是运用计算机设计出所加工部件的三维模型，然后根据工艺要求，按照一定规律，将模型离散为一系列的有序单元（通常在 Z 向，将其按照一定的厚度进行离散），把原有模型变成一系列的层片，逐层打印成型并自动黏结起来，最后得到三维物理实体。

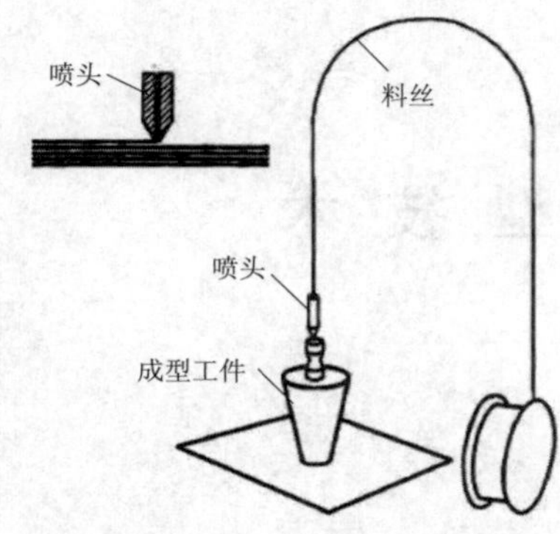

图 21-1-3 3D 打印工作原理（FDM 熔融沉积成型）

本实验以 ABS 材料为成型材料和支撑材料，控制系统将材料加热熔融（230～250℃），按照预设轨迹有规律地逐层喷射（每层厚度 0.1～0.4mm），然后层层堆积形成三维实体，工作原理如图 21-1-3 所示。

3D 打印不需要传统的机床、刀具、夹具和模具，就能直接将计算机图形数据打印成任何形状的部件，可有效缩短产品的开发周期，降低开发成本。同时，可将复杂的实体转变成一系列二维层片加工，大大降低了加工难度，使得成形过程的难度与成形物理实体的复杂程度无关，越复杂的零件越能体现此工艺的优势。

四、实验方法和步骤

1. 数据准备

（1）零件三维 CAD 造型，并保存为 STL 格式文件（使用 Pro/E、UG、SolidWorks、AutoCAD 等软件）。

（2）打开 UPStudio 软件，界面如图 21-1-4 所示，点击"+"载入模型，定义成型方向与置底。

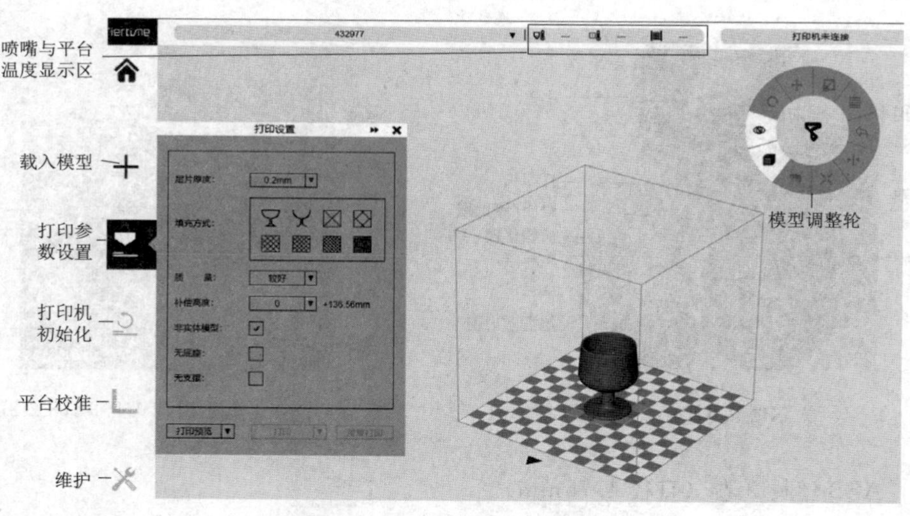

图 21-1-4 UPStudio 软件界面

（3）将 3D 打印机接通电源，采用 USB 连接至计算机。

2. 参数设置

（1）设置层厚。层厚数值越小，打印模型的精度越高，相应的打印时间越长。

（2）选择填充物类型，如图 21-1-5 所示，填充密度越大，结构越密实。若打印模型需有一定的功用或对强度有一定的要求，选实心填充物项；如打印的是外形结构的模型，根据需要，填充物类型在大孔、中空与松散填充物之间选择。

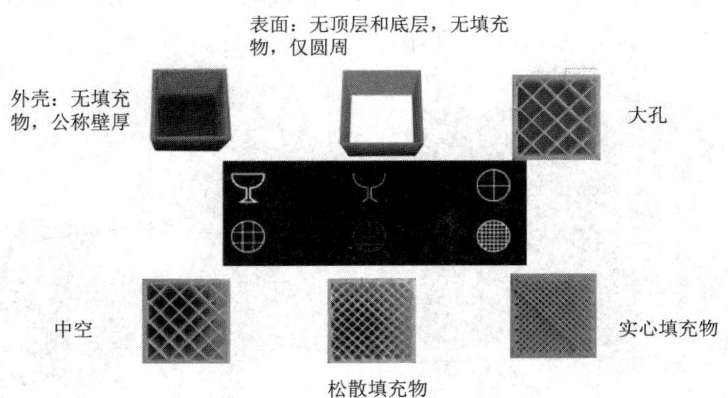

图 21-1-5　填充物类型

（3）选择打印质量与速度。

（4）选择材料类型，定义材料属性，输入喷头与底板温度参数。

3. 模型制造

（1）打印机初始化，机器每次打开时都需要初始化，在初始化期间，打印头和打印平台缓慢移动，并会触碰到 X、Y、Z 轴的限位开关（这一步很重要，因为打印机需要找到每个轴的起点）。初始化的方式有两种：

1）点击 UPStudio 软件菜单中的“初始化”选项，可以对 UP BOX+或 UP PLUS2 3D 打印机进行初始化。

2）当打印机空闲时，长按打印机上的初始化按钮也会触发初始化。

（2）平台校准与喷嘴对高。

1）自动平台校准与喷嘴对高：在校准菜单中，选择“自动对高”选项，校准探头将被放下，并开始探测平台上的 9 个位置。在探测平台之后，调平数据将被更新，并储存在机器内，调平探头也将自动缩回。当自动调平完成并确认后，喷嘴对高将会自动开始。

2）手动校准与喷嘴对高：在自动调平不能有效调平平台时，可选择手动校准。在校准菜单中，选择“手动校准”按钮，将校准片置于喷嘴与平台之间，点击“▲\▼”按钮，调整对应点平台高度，移动校准片，感觉有轻微阻力时该点调整完毕，然后点击“→”按钮，进行下一点校准，依次完成 9 个点后，点击“确认”，完成手动平台校准与喷嘴对高，如图 21-1-6 所示。

（3）打印准备。

1）点击软件界面上的“维护”按钮，从材料下拉菜单中选择 ABS 或所用材料。点击“挤出”按钮，打印头将开始加热，在大约 5min 后，打印头的温度将达到熔点。对于 ABS 而言，温度为 260℃。

2）轻轻地将丝材插入打印头上的小孔，通过打印头内的挤压机齿轮，丝材会被自动带入打印头内，如图 21-1-7 所示。

3）检查喷嘴挤出情况，如果塑料从喷嘴出来，将喷头中老化的丝材吐完，直至吐丝光滑，则表示丝材加载正确，可以准备打印。

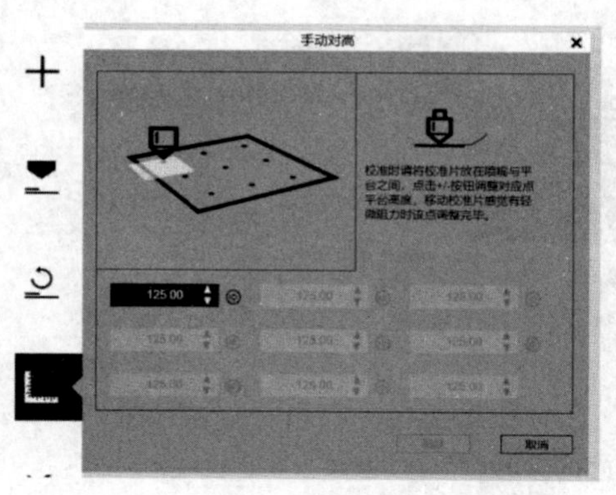

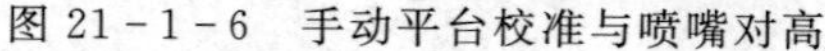

图 21-1-6 手动平台校准与喷嘴对高

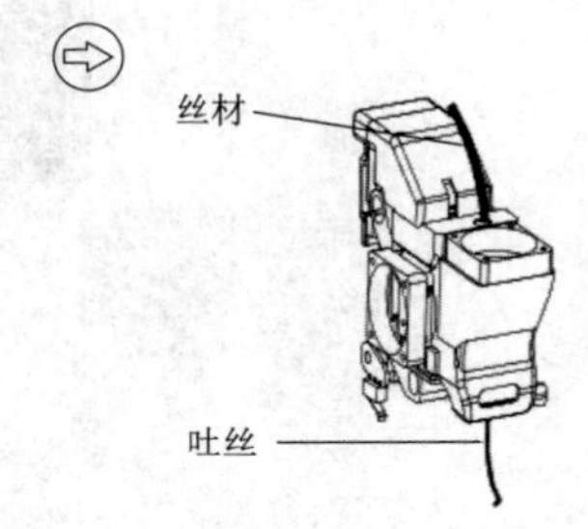

图 21-1-7 插入丝材

（4）打印。点击打印，数据发送至3D打印机后，程序将在弹出窗口中显示耗材量和打印所需时间。同时，喷嘴开始加热，将自动开始打印。此时，用户可以安全地断开打印机和计算机。

4. 后处理

（1）设备降温。模型打印完毕后，如不继续打印，即可将系统关闭，为使系统充分冷却，至少于30min后再关闭散热按钮和总开关按钮。

（2）模型保温。模型加工完毕，下降工作台，将原型留在成形室内，薄壁零件保温15～20min，大型零件20～30min，过早取出零件会出现应力变形。

（3）模型后处理。找出模型的起脚点，使用美工刀，让模型与打印平台分离。3D打印逐层叠加的工作原理导致打印件表面会出现台阶效应，一般需再经抛光打磨等处理。

五、注意事项

（1）在打印期间，打印机的喷嘴将达到260°C，打印平台可达到100°C。不能在高温状态下裸手接触，用耐热手套也不行，因为温度可能会损坏手套从而烫伤手。

（2）在打印期间，喷嘴和打印平台高速移动，不能在移动期间触摸这些部件。

（3）平台校准时，在校准之前需清除喷嘴上残留的塑料，在喷嘴未被加热时进行校准。

（4）受打印机空间和成型时间限制，设计模型大小应控制在30mm×30mm×20mm以内。

（5）应尽量避免设计过于细小的结构，如直径小于5mm的球壳、锥体等。

六、实验分析与结论

（1）根据所打印的模型（酒杯），分析成形工艺的优缺点。

（2）记录打印过程中选择的各项参数，测量打印零件的尺寸，分析打印零件的精度及加工速度情况。

（3）阐述在本实验项目中的收获、体会及建议等。

七、讨论与思考

（1）三维造型精度是否会影响零件成型精度？如何设置？

（2）切片的间距大小对成型零件精度与效率有哪些影响？

（3）填充密度的大小对成型零件质量有哪些影响？

（4）3D 打印技术可应用在哪些领域？

参考文献

[1] 刘鸿文，吕荣坤. 材料力学实验 [M]. 3 版. 北京：高等教育出版社，2006.
[2] 王海容. 工程力学 [M]. 北京：中国水利水电出版社，2018.
[3] 高为国，钟利萍. 机械工程材料 [M]. 3 版. 长沙：中南大学出版社，2018.
[4] 樊湘芳，叶江. 机械工程材料综合练习与模拟试题 [M]. 长沙：中南大学出版社，2019.
[5] 司家勇. 机械工程材料：辅导・习题・实验 [M]. 长沙：中南大学出版社，2016.
[6] 潘银松. 机械原理 [M]. 重庆：重庆大学出版社，2016.
[7] 朱双霞，张红钢. 机械设计基础 [M]. 重庆：重庆大学出版社，2016.
[8] 周青. 机械工程实验 [M]. 北京：人民邮电出版社，2013.
[9] 濮良贵. 机械设计 [M]. 北京：高等教育出版社，2019.
[10] 罗冬平. 公差配合与技术测量实训指导书 [R]. 南昌：南昌市精鹰科教实业有限公司，2015.
[11] 李必文. 互换性与测量技术基础 [M]. 长沙：中南大学出版社，2018.
[12] 孔珑. 工程流体力学 [M]. 北京：中国电力出版社，2014.
[13] 张学学. 热工基础 [M]. 3 版. 北京：高等教育出版社，2015.
[14] 杨世铭. 传热学 [M]. 4 版. 北京：中国电力出版社，2006.
[15] 朱明善. 工程热力学 [M]. 4 版. 北京：清华大学出版社，2011.
[16] 杨叔子. 机械工程控制基础 [M]. 7 版. 湖北：华中科技大学出版社，2017.
[17] 熊诗波，黄长艺. 机械工程测试技术基础 [M]. 3 版. 北京：机械工业出版社，2013.
[18] 左健民. 液压与气压传动 [M]. 北京：机械工业出版社，2018.
[19] 刘银水，许福玲. 液压与气压传动 [M]. 北京：机械工业出版社，2018.
[20] 江世明，许建明，李冬英. 单片机原理及应用 [M]. 北京：中国水利水电出版社，2018.
[21] 张鑫. 单片机原理及应用 [M]. 2 版. 北京：电子工业出版社，2017.
[22] 李朝青. 单片机原理及接口技术 [M]. 北京：北京航空航天大学出版社，2018.
[23] 孙莉，蒋从根. 单片机原理及应用 [M]. 北京：机械工业出版社，2017.
[24] 昝华，陈伟华. SINUMERIK828D 铣削操作与编程轻松进阶 [M]. 北京：机械工业出版社，2021.
[25] 冯清秀，邓星钟. 机电传动控制 [M]. 武汉：华中科技大学出版社，2019.
[26] 程宪平. 机电传动与控制 [M]. 武汉：华中科技大学出版社，2021.
[27] 刘守操. 可编程控制器技术与应用 [M]. 北京：机械工业出版社，2018.
[28] 李晓. 电气控制及可编程控制器 [M]. 北京：中国电力出版社，2018.
[29] 熊幸明. 电气控制与 PLC [M]. 北京：机械工业出版社，2017.
[30] 屈华昌. 塑料成型工艺与模具设计 [M]. 北京：高等教育出版社，2018.
[31] 胡成武. 冲压工艺与模具设计 [M]. 长沙：中南大学出版社，2018.
[32] 付建军. 模具制造工艺 [M]. 2 版. 北京：机械工业出版社，2018.
[33] 翁其金. 冲压工艺与模具设计 [M]. 北京：机械工业出版社，2012.
[34] 胡成武. 冲压工艺与模具设计 [M]. 长沙：中南大学出版社，2018.
[35] 卢秉恒. 机械制造技术基础 [M]. 北京：机械工业出版社，2019.
[36] 宋建丽. 模具制造技术 [M]. 北京：机械工业出版社，2019.
[37] 黄正洪，赵志华，唐亮贵，等. 信息技术导论 [M]. 北京：人民邮电出版社，2017.

［38］ 陈国嘉. 智能家居［M］. 北京：人民邮电出版社，2016.
［39］ 王从庆. 智能控制简明教程［M］. 北京：人民邮电出版社，2015.
［40］ 郭彤颖，安冬. 机器人学及其智能控制［M］. 北京：人民邮电出版社，2014.
［41］ 于京诺. 汽车电子控制技术［M］. 北京：机械工业出版社，2013.
［42］ 舒华，赵劲松. 汽车电器与电控制技术［M］. 北京：机械工业出版社，2019.
［43］ 余志生. 汽车理论［M］. 北京：机械工业出版社，2018.